国家出版基金项目
NATIONAL PUBLICATION FOUNDATION

氢氧火箭发动机及其低温技术

朱森元 著

中国宇航出版社
·北京·

图书在版编目（CIP）数据

氢氧火箭发动机及其低温技术/朱森元著．--北京：中国宇航出版社，2016.6

ISBN 978-7-5159-1064-2

Ⅰ.①氢…　Ⅱ.①朱…　Ⅲ.①液体推进剂火箭发动机　Ⅳ.①V434

中国版本图书馆CIP数据核字（2015）第322174号

责任编辑　易　新　　　**封面设计**　宇星文化

出　版
发　行　中国宇航出版社

社　址　北京市阜成路8号　　**邮　编**　100830
（010）68768548

网　址　www.caphbook.com

经　销　新华书店

发行部　（010）68371900　　（010）88530478（传真）
（010）68768541　　（010）68767294（传真）

零售店　读者服务部
（010）68371105

承　印　北京画中画印刷有限公司

版　次　2016年6月第1版　　2016年6月第1次印刷

规　格　880×1230　　**开　本**　1/32

印　张　11　　**字　数**　310千字

书　号　ISBN 978-7-5159-1064-2

定　价　60.00元

再版前言

《氢氧火箭发动机及其低温技术》一书是20世纪90年代初撰写的，主要总结了我国第一代氢氧火箭发动机研制的技术经验，侧重氢氧火箭发动机的超低温技术特点和关键技术攻关。该书对早期研制过程中遇到的高速旋转轴的次同步共振、超低温高速滚珠轴承冷却、低温两相流氢排放的静电积累等问题进行了详细介绍；对这些问题的及时总结，为后续型号研制提供了参考。该书自1995年出版以来，在高等院校，火箭发动机设计、生产和试验部门，以及航天发射场等得到了广泛的应用与参考。

随着我国新一代火箭发动机的研制发展，特别是发动机推力的增大，燃烧压力的大幅度提高，发动机出现了许多新问题，诸如发动机振荡燃烧和不稳定燃烧等问题，都需要及时总结。同时，火箭发动机的重复使用、降低发动机的设计、生产、试验和发射成本等，成为迫切需要解决的问题。

为此，在第一版《氢氧火箭发动机及其低温技术》的基础上进行了修订，减少了一般的结构介绍内容，增加了一些基础理论和通用技术性问题；同时，专门增加了发动机不稳定燃烧技术、低温阀门密封比压设计等内容，并提供一些新的观点，有利于设计的改进，大大提高了该书的现实参考价值。

该书的再版得益于北京航天动力研究所的大力支持和国家出版基金的资助，在此深表谢意。

付梓之际，真诚地感谢周利民副院长兼所长、李鸿鑫副所长、郝京辉主任、胡平信研究员、王维彬研究员，他们对本书进行了严格的审查、把关。为了满足严格的出版要求，马丽娜、石珊珊、韩虹、金志磊、郑孟伟、袁宇、李楚林、路晓红、丁兆波等同志对本书进行了大量细致、辛苦的审校工作，在此表示衷心的感谢！

朱森元

2013 年 11 月

目　录

第1章 概 论

1.1 氢——最清洁的高能化学燃料

氢氧燃烧后产生高温水蒸气，不仅比冲很高，而且对环境没有任何污染，所以称它为最清洁的航天高能化学燃料。

人们早在16世纪就发现了氢会燃烧的现象，那时只知道用稀硫酸倒在一些金属上，会产生一种可燃的气体，称它为可燃的“空气”，实际上就是氢气。真正的氢是1766年由英国科学家卡文迪什（H. Cavendish，1731—1810）发现的。后来由荷兰的化学家基普（Kipp，1806—1864）用稀硫酸和金属锌（Zn）在自制的装置中进行化学反应而获得了氢气，人们才算会在实验室内制取氢。

在低温技术尚不发达时代，要使氢液化是很困难的，所以在发现氢后的很长时期内，人们误认为氢是一种不可液化的绝对气体。焦耳-汤姆逊于1852年至1862年间对气体的节流效应进行研究，确定气体的节流膨胀降温过程中存在一个转变温度，低于此温度后，才产生节流膨胀降温的冷效应，后来才知道氢的转变温度为204 K。这就是通常所称的焦耳-汤姆逊效应。若先把氢的温度降到204 K后，再使之节流膨胀，氢是可以液化的。

1898年，詹姆斯·杜瓦首次实现了氢的液化。他采用液化空气降压蒸发过程，使氢气预冷到－200℃，在20 266 kPa下膨胀降温而获得了大量的液氢。杜瓦实际上是完成了一次物理实验，并不是把氢液化后作为新能源来用的。所以在氢能液化后的半个世纪内，氢能源仍然没有在工业上得到应用。在实验室的规模下以10 L/h的生产能力，只是用作液氢的物理性能测定和液化方法的研究。直到

1952 年美国国家标准局的低温工程实验室内建立了生产能力为 300 L/h的液氢车间，液氢才进入工业化生产的规模。

液氢作为燃料被研究，首先是美国 NASA 的 Liwes 中心开始的。1956 年至 1957 年间，该中心把液氢燃料供应系统装在一架 B－57 飞机上，进行了成功的飞行试验。改装的这架 B－57 飞机起飞和降落仍然是由喷气发动机完成的，仅仅在 15 km 高空作巡航飞行时，进行了航空喷气发动机改用液氢燃料的飞行试验。

从 1766 年发现氢到 1952 年人们把液氢作为燃料研究，经历了 186 年的漫长岁月。从杜瓦实现了氢的液化后，也经历了半个多世纪才开始用于航空发动机的燃料研究。开发一种新的高能燃料要经过很多科学家艰苦卓绝的奋斗，需要克服许多技术上和安全操作上的难题。早在 1903 年，俄国的齐奥尔科夫斯基和德国的奥伯恩，都提出过用氢和氧作为推进剂的设想。1923 年，戈达德也在他的一本书中提出过氢和氧是火箭的最好推进剂。在相当长的时期内，建议发展氢燃料和批评用氢燃料的危险性，常常交错发生。20 世纪初期，发生过几起飞艇充氢爆炸的悲惨事故，特别是 1937 年发生了兴登堡 (Hindenburg) 飞艇大空难事件，导致 35 人死亡，造成了人们普遍对氢恐惧的心理。1936 年建成的兴登堡飞艇采用氦作升降的工质，是当时最大的飞艇，已成功地完成了从欧洲到美国的 10 次往返飞行。1937 年 5 月 6 日的这次飞行，准备在美国新泽西州 Lakehurst 海军机场首次着陆，由于当时不可能从美国得到大量氦气，德国人只得改用氢作工质。飞艇降落是靠排放氢来实现的，估计那次以 3 300 m^3/s 的氢气排放速度实施下降，流动的氢气是带静电的，这样高速大量排放带电的氢气进入大气，必然要发生静电点火，这很可能是这次事故的主要原因。由于当时对氢的安全操作没有掌握起码的知识，幸存的 65 人又大大夸张了灾难程度和危险性，给氢燃料使用安全性增加了更加可怕的色彩。这是氢燃料长期得不到发展的重要原因。

以上的历史事例说明，要使氢成为工程上可以使用的燃料，还必须对氢的物理化学性能做进一步的研究，须建立一系列与之相配套的使用技术，其中首先要制定完善的安全操作规则。随着液氢低温工程的发展，人们已经知道，使用氢和使用汽油的安全性是相同的，两种燃料在技术安全方面采取的措施也差不多是相同的。到20世纪50年代，使用氢燃料的各种配套技术基本具备，1955年下半年，美国Pratt & Whitney公司首先开展了以液氢为火箭燃料的研究工作。1956年美国空军和该公司签订研制氢燃料的空气喷气发动机合同。这些研究工作为以后研制火箭上用的氢氧火箭发动机打下了技术基础。

1958年10月，美国空军和Pratt & Whitney公司签订了研制XLR-115氢氧火箭发动机的合同。从此以后，液氢真正成为火箭发动机的燃料，使航天运载器性能提高了一个档次。XLR-115氢氧火箭发动机首先准备在宇宙神-半人马座运载火箭上应用，型号名为RL-10，后又被用于土星-Ⅰ运载火箭的第二级。正式在宇宙神-半人马座运载火箭上用的经过一次改型，定名为RL-10A-1，用于土星-Ⅰ第二级上的定名为RL-10A-3-3。

氢作为发动机的燃料，有很多优点。首先它是化学推进剂中能量最高的燃料。氢和氧燃烧获得的比冲与烃类燃料和液氧燃烧的比冲相比约高45%。因此，它在改善航天运载器性能方面具有绝对优势。

液氢作为发动机燃料的第二个突出优点是它和氧的燃烧产物就是水，排放到大气中没有任何公害，所以氢可以称为最干净的高能化学燃料。当前人类正为环境污染问题而困惑，发展氢动力具有特别重要的意义。

液氢的第三个优点是它具有良好的冷却性能，用它作火箭发动机推力室再生冷却剂优点非常突出，使用液氢作冷却剂的推力室可以重复使用，试车后的推力室冷却通道内是非常干净的。

第四个优点是氢和氧组织燃烧是最简单的化学反应过程，燃烧稳定性好，很容易做到比较充分的燃烧，因此它的燃烧效率也很高。

这是其他化学燃料很难与之相比的。

氢在使用上最大的缺点是需要建立超低温的环境，最好的绝热贮箱也要用不断的汽化液氢来维持液态。目前，这已不是太关键的问题。

第二个缺点是氢分子量小，黏度小，容易泄漏，需要认真对待低温密封问题。

第三个缺点是液氢的密度很小，它的密度只有 70 kg/m^3。作一个形象的比喻：一个乒乓球大小的液氢球质量等于一个乒乓球的质量。采用液氢作推进剂时，只有用于上面级火箭才能充分发挥它的高能推进剂的作用。

随着液氢低温技术的不断发展，氢在使用技术上的缺点是可以克服的。研制氢氧火箭发动机虽然难度较大，但它是可以通过研究加以克服的。研制氢氧火箭发动机的过程就是不断克服缺点的过程，是失败和成功交替发生的过程，所以必须不断学习和总结经验，最后使技术走向成熟。我们写氢氧火箭发动机的发展史，是以总结经验、吸取教训，使后人少走弯路、不要犯重复性错误为目的的。

我国的氢氧火箭发动机是分成两个阶段研制成功的。第一个阶段是以液氢低温技术的基础研究为主，在研究成果的基础上形成一个演示验证机，为以后的型号火箭发动机开发奠定技术基础。第二个阶段是工程开发阶段，这是型号带科研，重点突破几个难题，最后成功发射同步定点卫星。

1.2 氢氧火箭发动机在航天领域占有重要地位

RL－10 氢氧火箭发动机的研制，给美国的航天动力系统注入了新的活力。1961 年 11 月 4 日完成 RL－10A－1 氢氧火箭发动机飞行前的鉴定试车，交付给宇宙神-半人马座火箭首次飞行试验。宇宙神-半人马座火箭 CA－1 于 1962 年 5 月 8 日首次发射，没有成功，据报道是液氢贮箱隔热结构被破坏而失败。1963 年 11 月 27 日的

CA-2飞行是完全成功的。1964年1月29日由6台RL-10并联组成的土星-Ⅰ第二级火箭S-Ⅳ也发射成功。这表明了美国当时已掌握了液氢/液氧推进剂组合的设计和使用技术。

20世纪50年代末60年代初，美国为了与苏联争夺航天领域的领先地位，企图利用高能的氢氧火箭发动机先进技术来扭转当时的被动局面，制定了雄心勃勃的阿波罗登月计划，发展土星系列大型运载火箭，大规模地采用氢氧火箭推进技术。土星运载火箭系列中应用液氢液氧火箭推进技术的简要情况如表1-1所示。

表1-1 土星运载火箭系列

火箭名称	代号	动力装置
土星-Ⅰ	一级（S-Ⅰ）	8台H-1（液氧/煤油）火箭发动机并联
	二级（S-Ⅳ）	6台RL-10A-3（液氧/液氢）火箭发动机并联
土星-ⅠB	一级（S-ⅠB）	
	二级（S-ⅣB）	1台J-2（液氧/液氢）火箭发动机
土星-Ⅴ	一级（S-ⅠC）	5台F-1（液氧/煤油）火箭发动机并联
	二级（S-Ⅱ）	5台J-2（液氧/液氢）火箭发动机并联
	三级（S-ⅣB）	1台J-2（液氧/液氢）火箭发动机

在研制RL-10氢氧火箭发动机的过程中，美国的NASA和Rocketdyne公司于1960年9月1日签订了研制大推力J-2氢氧火箭发动机的合同。这台发动机的研制工作进展很顺利，于1964年6月交付了第一台，用于土星-ⅠB运载火箭的第二级（S-ⅣB级）。

1966年2月土星-ⅠB运载火箭首次飞行成功。1968年J-2氢氧火箭发动机完成首次载人飞行。1969年开始执行阿波罗登月计划，实现了美国的载人登月。因此，氢氧高能推进技术对美国航天领域的发展起着非常重要的作用。

1972年1月美国决定研制航天飞机。它的主发动机采用了分级燃烧的高性能氢氧火箭发动机。该发动机的推力达 2 087.4 kN，推力室压力高达 21.3 MPa，真空比冲为 4 459 m/s，发动机推力可在65%～109%的范围内调节，发动机可重复使用多次。这台发动机于1981 年 4 月 12 日首次用在哥伦比亚号航天飞机上，并飞行成功，标志着氢氧火箭推进技术又上了一个新台阶。从以上可以看出，美国始终以发展氢氧火箭发动机的先进技术来取得航天技术的领先地位，可见氢氧火箭发动机在航天领域中的重要地位。

欧洲研制运载火箭开始于 20 世纪 70 年代初。他们采用英国的兰光火箭为第一级，由原联邦德国的 MBB 公司于 1970 年开始研制的 H－20 分级燃烧氢氧火箭发动机为第二级动力装置。H－20 氢氧火箭发动机真空推力为 200 kN，燃烧室压力为 12.4 MPa，真空比冲为 4 390.4 m/s。该运载火箭代号为 ELDO－Ⅲ，由于发射失败而停止了研制。法国早在 1962 年就开始研制一种小推力氢氧火箭发动机，其代号为 HM－4，真空推力约为 40 kN，但在 1968 年该发动机因故停止研制。

ELDO－Ⅲ运载火箭发射失败后，成立了欧空局（ESA），开始了 ARIANE 火箭的研制。由法国的 SEP 公司和原联邦德国的 MBB 公司联合研制一种氢氧火箭发动机，代号为 HM－7。它的真空推力为 58.8 kN，用作第三级氢氧火箭的动力装置。ARIANE 火箭于1979 年 12 月首次发射成功，1981 年 6 月第三次发射成功后投入商业发射，很快占领了国际发射市场的半壁江山。现在，ARIANE 火箭已形成系列，赢得了 45 %以上的商业卫星发射市场。HM－7 氢氧火箭发动机在 ARIANE 火箭上发挥了重要作用。

1985 年欧空局决定研制大型运载火箭 ARIANE－Ⅴ。这是一级半大型运载火箭，其基本型为氢氧芯级捆绑两枚固体助推器 P230，可以把 22 t 有效载荷送入低地球轨道。氢氧芯级的主发动机代号为HM－60，地面点火时推力约为 816 kN，真空推力为 1 045 kN。真空比冲为 4 233.6 m/s，主级工作时间约 500 s，采用燃气发生器循环，推力室压力为 10 MPa，于 1995 年年底首次发射。

日本的航天运载器技术起步较晚，但发展得很快。分析日本的航天技术发展途径：首先以引进美国技术为起步，并充分吸取美国的先进技术，跨大步迎头赶上国际先进水平。20世纪70年代，在东京大学宇航研究所内开展了小规模的氢氧火箭发动机预先研究工作。1981年开始研制的H－I火箭第二级上，采用了氢氧火箭发动机，代号为LE－5，真空推力约105 kN，真空比冲为4 413 m/s，喷管面积比高达140：1。1986年8月，成功地发射了日本的通信卫星。LE－5氢氧火箭发动机投入使用，使日本的运载火箭技术上了一个台阶。日本的大型运载火箭H－Ⅱ采用一级半方案，芯级的主发动机LE－7是分级燃烧高性能氢氧火箭发动机，研究开始于1983年，1986年进入工程开发阶段。LE－7发动机是H－Ⅱ火箭芯级的主发动机，地面起飞推力约为860 kN，真空推力约达1 100 kN，真空比冲为4 361 m/s。在发射地球静止轨道卫星时，H－Ⅱ火箭有一个高性能氢氧二级火箭，主发动机为LE－5A，是LE－5氢氧火箭发动机的改进型，主要做了以下3点改进：

1）推力由LE－5的105 kN提高到124 kN。

2）取消了LE－5的燃气发生器，采用了部分膨胀循环的系统，将冷却大喷管的1 000 K高温气氢作为涡轮工质，做功后的气氢又引入大喷管的出口端，和主气流一起排出。采取这项改进，不仅简化了发动机系统，而且提高了发动机性能，LE－5A的真空比冲已达4 429.6 m/s，而喷管面积比减小到130：1。

3）增加一个废气利用活门，在发动机二次起动前，发动机供应系统预冷的饱和氢气引入涡轮入口，以驱动涡轮泵处于低速运转。利用这部分能量，既预冷了发动机，又起动了涡轮泵，称为空载运转工况（Idle mode）。采取这个措施后可以使火箭的有效载荷提高60 kg。

1994年2月4日，日本的H－Ⅱ火箭首次发射成功，使日本的航天技术进入了国际先进行列。H－Ⅱ火箭首次利用空载运转工况（Idle mode）实现了滑行后的空中二次起动。这种空中再起动方式是非常安全的。今后无疑可以实现多次起动。

H－Ⅱ火箭的发射费用太高，商业发射的竞争能力不强。从资料上了解到，日本准备采取措施降低发射成本。总之，日本利用高水平的氢氧火箭发动机技术跻身国际航天先进国家之列。

俄罗斯是运载火箭技术水平高、运载能力强的航天大国。据了解，早在美国研制土星－Ⅴ巨型运载火箭时，苏联也在研制一枚巨型运载火箭——科学－Ⅰ（НАУКА－Ⅰ），这是一枚发射月球飞船的三级运载火箭，第一、二级都采用液氧煤油火箭，第三级采用了高能的液氢液氧火箭。第三级火箭采用两台代号为 D－57 的分级燃烧氢氧发动机，可以在空中四次起动，双向摇摆，每台真空推力约为 400 kN，真空比冲高达 4 473.7 m/s（对应于喷管面积比143.3：1的状态）。燃烧室的压力为 11 MPa，发动机的混合比为 5.8，发动机的推力和混合比都可以大幅度地调节。由于首次发射时一级液氧煤油火箭产生了 POGO 而爆炸，以及后来的其他原因，停止了科学－Ⅰ巨型运载火箭的研制。但是，高性能的氢氧火箭发动机 D－57 被认为完成了研制工作。如果以上情况属实，则世界上最早的实用型高性能分级燃烧氢氧火箭发动机应该是 D－57。

1987 年 5 月 15 日首次发射成功的能源号巨型火箭为一级半方案，其芯级的主发动机代号为 RD－0120，是第二种实用型分级燃烧动力循环高性能氢氧火箭发动机。苏联从 20 世纪 60 年代以后研制的各种火箭发动机，几乎毫无例外地采用了分级燃烧动力循环。从发动机性能和制造技术上评价，这些发动机都是高水平的液体火箭发动机。

从以上各国的航天技术发展史可以看到，液氢是提高运载火箭性能的最理想的燃料，运载火箭技术发展到一定水平时，必然采用液氢和液氧作推进剂。从另一角度来说，液氢的应用也只能首先从运载火箭开始。航天技术发展需要氢燃料，而氢燃料的扩大应用又需要航天技术发展来带动。这是航天技术带动其他技术（包括能源技术）发展的一个典型事例。液氢燃料会在 21 世纪的航天技术中发挥更大的作用，而且也会逐步扩展到其他领域，诸如航空、汽车等领域中去。

1.3 氢氧火箭发动机的发展动向

氢氧火箭发动机已经在运载火箭上得到了广泛的应用，而且还会继续扩大应用范围。随着航天事业的发展，对氢氧火箭发动机将会提出更多和更高的技术性能和使用要求，可以明确的要求有以下几方面。

1.3.1 彻底实现氢氧火箭发动机的重复使用

美国航天飞机主发动机设计时是按重复使用的要求进行的，但实际上并没有完全解决这个问题。这台发动机上的关键部件，如涡轮泵和动力头等，存在工作可靠性不高、燃气温度分布不均、动力头热变形等问题，需要进一步解决。预燃室喷注器的设计方案应该改进，如果将少量喷嘴按高混合比设计，而后采用喷氢降温和掺混的办法，可能会较好地解决涡轮工质的温度均匀问题。另一个途径是适当地降低推力室压力，采用氢部分流量的膨胀循环系统，也能较好地解决涡轮工质的温度均匀问题；但部分膨胀循环的推力能否大幅度提高，有待进一步研究和论证。

解决重复使用问题必然与提高氢氧涡轮泵工作可靠性有关。影响氢氧涡轮泵可靠性的重要因素是动静密封和轴承问题。因此，必须研究动密封和轴承的新技术方案。

1.3.2 降低天地往返运输系统的发射成本

空间是一个等待开发的巨大资源领域，建立空间站是开发空间资源的必要条件。为了使空间站保持轨道和便于开展各种研究工作，以及人员的往返，必须建立可靠、廉价的天地往返运输系统。如何研制成廉价的天地往返运输系统是目前尚待研究讨论的问题。美国的航天飞机属于可重复使用的天地往返运输器，但它的发射成本始终居高不下。总结美国航天飞机实践结果可以简述如下：

1）美国航天飞机两个固体助推器占整个发射质量的57.7%，发射后降落在大西洋海水中，打捞回收成本非常昂贵。如果改用液氧/甲烷液体助推器，就能设计成可以返回发射场的飞行器，发射成本就会大大降低。

2）航天飞机轨道器返回技术尚不成熟，不应该设计成重复使用飞行器。美国航天飞机轨道器反其道而行之，结果返回后的维修量很繁重，维修成本随着飞行次数增加而增加，最后达到无法承受的程度。

3）廉价的天地往返运输器可以改进成如下方案：采用液氧/甲烷的液体火箭发动机为动力，能完全重复使用的助推器，将一次性的廉价的氢氧火箭作为上面级送到60～70 km高度，达到马赫数为7的飞行速度，助推器和上面级分离，助推器飞回发射场，经过简单检查后可以重复使用；一次性使用上面级继续加速入轨。

这样的天地往返运输器不仅可以大大降低发射成本，而且有利于降低氢氧火箭发动机的生产制造成本，是实现未来空间站廉价运输器的发展途径。

1.3.3 发展三组元火箭发动机

三组元火箭发动机，又称双燃料火箭发动机。用液氢和烃作为两种燃料组元，液氧作为氧化剂，同时将三组元通过喷注器喷入推力室组织燃烧，可以获得很高的密度比冲。也就是说，在地面起飞时，这种发动机能提供大推力、高密度比冲的工况，而在火箭飞到高空后，烃已经烧完，发动机成为液氢和液氧两组元，降低推力而具有高比冲工况。一级火箭要求的工况和二级火箭要求的工况由一种三组元发动机来完成。把这样的三组元、双工况的高性能发动机用作单级入轨运载火箭的动力装置，是最理想的动力装置方案。

美国的Rocketdyne公司利用SSME的氢氧供应系统为核心，改进成液氢、煤油和液氧的三组元火箭发动机。根据文献［1］的介绍，该公司准备研究由钟形喷管环状燃烧室组成的三组元发动机。其基本的设计参数如表1－2所示。

表1－2　钟形喷管环状燃烧室三组元发动机性能

额定推力/kN	地面	约1 816
	真空	约631
比冲/（m/s）	地面	3 263.4
	真空	4 596.2
燃烧室压力/MPa		21
推进剂		O_2/H_2/RP（煤油）
膨胀比		43∶139

采用双位置喷管，在地面起飞时，推力约为1 816 kN，喷管面积比为43∶1。发动机的推重比高达93；在高空时，真空推力降到631 kN，仅仅是液氢和液氧发动机工况，真空比冲可达4 596.2 m/s，其喷管面积比已为139∶1。这种发动机用作单级入轨的运载火箭动力装置是非常合适的。设计该发动机时，已把涡轮工质的温度从SSME的1 056 K降至三组元发动机的667 K，非常有利于重复使用。

俄罗斯的化学自动化设计局准备利用能源号巨型运载火箭芯级的主发动机RD－0120进行改型设计，使之成为液氢、煤油和液氧的三组元发动机。文献［2］中指出，在垂直起飞水平降落的运输系统中，采用三组元发动机后，与双组元发动机相比较，可以使运载器的结构质量降低10％～15％，这是采用三组元发动机后运载器的尺寸缩小而获得的好处。化学自动化设计局将RD－0120氢氧火箭发动机改成三组元发动机RD－0120T后，仍然是采用分级燃烧循环和钟形喷管，喷管面积比保持原来的85.7∶1，具体的设计参数列于表1－3中。

表 1-3　RD-0120T 高性能三组元发动机

工作参数		工况Ⅰ（三组元）	工况Ⅱ（氢氧）
地面推力/kN		1 423	—
真空推力/kN		1 847	750.5
地面比冲/（m/s）		3 160.5	—
真空比冲/（m/s）		4 103.26	4 449.2
推进剂组元/%	液氢	8.9	14.3
	煤油	11.1	—
	液氧	80	85.7
主燃烧室压力/MPa		19.36	8.4
发动机混合比		4	6
涡轮入口温度/K		800	800
发动机总流量/（kg/s）		441.07	165.29
液氧流量/（kg/s）		352.8	141.68
液氢流量/（kg/s）		39.13	23.61
煤油流量/（kg/s）		49.14	—
喷管面积比		85.7∶1	85.7∶1

从上述美俄两种具有代表性的三组元发动机研究方案中可以看到，三组元实际上是以氢氧火箭发动机为基础的改进型发动机。主要的改进内容是克服氢的密度太小、运载器的结构尺寸太大、不利于实现单级入轨重复使用的缺点。由此再来讨论DC－Y（三角快帆）的单纯采用氢氧火箭发动机的运载器，其优点就不突出了。因此，今后应该重点推行三组元发动机为动力装置单级入轨天地往返运输系统方案。

1.3.4 星际航行将会对氢氧火箭发动机提出更多的要求

星际航行是人类长期的一种幻想，随着航天技术的发展，这种幻想已经变成了现实，1969年美国人首先登上了月球。今后如何征服第二个星球，去火星还是去金星？最近几年内似乎已经明确，应该去火星更合适。因为人们已经确信火星上有水，大气的温度约27℃，和地球相近，而金星上可能是100～400℃。还有一个重要条件是从火星返回地球时要求的脱离速度只有5.1 km/s，而从金星返回地球要求的脱离速度高达10.15 km/s，因此美国和俄罗斯都把星际航行的目标指向火星。据说原始的地球大气也和火星、金星等差不多，主要是二氧化碳，后来地球上出现了古老的藻类，通过光合作用分解了地球大气中的二氧化碳，使地球大气成分中的氧增加到21%。假如把地球上的藻类作为第一批“移民”送到火星上去，把火星大气中95%的二氧化碳分解出氧，人类再去时就不必自备氧气了，这些似乎都属于幻想。不过这些幻想有可能成为将来的现实。

1986年以来，美国科学家公布了阿波罗号飞船几次带回382 kg的月球岩土样品分析结果，证实了月球上存在非常珍贵的新能源氦－3。氦－3是几乎无放射性污染的可控核聚变燃料，估计整个月球上可提供约700 000 t氦－3。美国的一些科学家估计，只需25 t氦－3，就可以满足美国全年的能源需求。由此推算，只需提供约100 t的氦－3，就可以满足世界各国全年的能源需求了。如果地球上的石油蕴藏量到2040年就枯竭，则月球上的氦－3可供地球耗能约7 000年。这是一个多么吸引人的资源开发目标呀！如果上述有关氦-3的情况是可信的，则21世纪将是“月球资源”开发的世纪。

对于上月球探宝的火箭，已经不需要再做概念论证了。美国的土星-V和苏联的科学-I火箭，就可以一次送上三名航天员。这两种火箭的第三级都采用了氢氧火箭发动机。土星-V火箭的三子级主发动力为双向摇摆J-2氢氧火箭发动机，真空推力约为926 kN，真空比冲为4 155.2 m/s，三子级滚动采用N_2O_4和一甲肼的小推力喷管来实现。科学-I火箭的三子级为两台D-57氢氧火箭发动机，单机真空推力约为400 kN，真空比冲为4 473.7 m/s。双向摇摆即可完成火箭所有的姿态控制。这样的火箭不论在技术水平上，还是在火箭投资规模上都是没有难度的。因此，人类重上月球，开发月球资源的巨型火箭技术是不成问题的。我国已有相当好的氢氧火箭发动机研制经验，已建成了相当规模的液氢低温技术基础设施。研制一种月球巨型运载火箭需求的氢氧火箭发动机，也是不成问题的。当然，未来的月球运载火箭应该解决多次重复使用问题以降低发射成本；氢氧火箭发动机的性能也应有所提高，可靠性也应是很高的。这些都是今后需要认真研究解决的重要问题。

第 2 章　氢氧火箭发动机系统评述

2.1　氢氧火箭发动机系统的特点

目前世界各国已研制成功的氢氧火箭发动机，按其系统工作原理分类，大致可以分成 3 类，即

1）燃气发生器动力循环系统；

2）分级燃烧动力循环系统；

3）膨胀循环系统。

这 3 类系统各有自己的优缺点，往往是根据实际需要和具体条件等多方面因素综合确定。

液氢的重要特点是密度小，冷却性能好，流道中的声速很高，即使在两相流条件下流动，其压力损失仍然较小，在推力室喉部通道截面处的热流密度高达 $25\times10^6\ W/m^2$ 时，冷却套进出口总的压力损失可以保持在 0.3～0.35MPa 范围内。这些特殊的优点给氢氧火箭发动机提供了选择膨胀循环系统的条件。这是其他冷却剂不能比拟的。美国研制的第一种氢氧火箭发动机 RL-10A-3-3，就采用了全流量氢膨胀循环系统。但这种系统受到热流平衡的限制，推力室压力和推力等都不能大幅度提高。几十年来，这种动力循环系统的氢氧火箭发动机一直保持在小推力的状态下使用。

液氢是高能燃料，它和氧燃烧后的燃烧产物主要是水蒸气，比冲很高。这对于高空发动机是很重要的参数。它的密度小，但它的推进剂组元混合比可达 5～6，因此也能弥补一些密度小的缺点。要提高氢氧火箭发动机的混合比，采用分级燃烧动力循环系统是合适的。发动机混合比对火箭性能的影响是很明显的。提高火箭推进剂

综合密度，可以降低火箭的结构质量。推进剂综合密度和发动机混合比的关系可以用式（2－1）来表示，即

$$\rho=\frac{K+1}{\frac{K}{\rho_y}+\frac{1}{\rho_r}} \tag{2-1}$$

式中　K——发动机混合比；

ρ——推进剂综合密度（kg/m^3）；

ρ_y——氧化剂的密度（kg/m^3）；

ρ_r——燃料的密度（kg/m^3）。

推进剂综合密度与发动机混合的关系曲线如图 2－1 所示。发动机混合比由 5.0 增大到 6.0，推进剂综合密度增大 11.4%。氢氧火箭发动机若采用燃气发生器动力循环系统，则发动机混合比一般在 5.0～5.5 范围内选择，但若采用分级燃烧动力循环系统，则混合比可以达到 6.0。这是氢氧火箭发动机的一个特点。

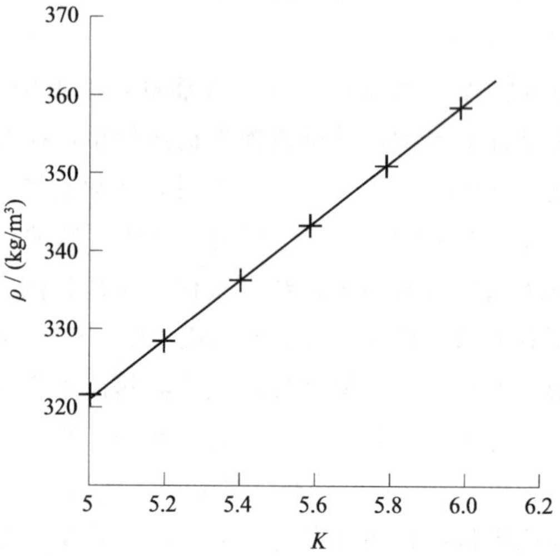

图 2－1　推进剂综合密度与发动机混合比的关系

以上的情况并不能完全说明氢氧火箭发动机只能采用膨胀循环系统或分级燃烧动力循环系统。在当前商业发射市场的竞争环境下，

降低火箭硬件的成本和重复使用具有很大的竞争力。燃气发生器循环系统的发动机，制造技术简单，部件更换方便，因此比较容易把发动机的研制经费和生产成本降下来。又由于氢氧燃烧产物比较干净，部件和发动机比较容易实现重复使用，从而可大幅度降低成本。因此，采用燃气发生器循环系统的氢氧火箭发动机，并不会因其性能较低而失去竞争力。这是氢氧火箭发动机的另一个特点。

2.2　燃气发生器动力循环系统

燃气发生器动力循环系统是从泵后分流一股液氢和液氧到燃气发生器内，组织低混合比的燃烧。获得的燃气温度一般在 850～950K 之间作涡轮工质，经过涡轮喷嘴膨胀而产生的高速气流驱动涡轮，涡轮带动氢和氧两个泵，泵高速旋转而提供的高压液氢和液氧，进入推力室燃烧，通过超声速喷管而产生喷气推力。这种工作循环的原理如图 2－2 所示。涡轮工质做功后的废气排放出去，这是燃气发生器动力循环的特征。由于涡轮废气的做功能力较低，产生的推力较小，造成这种系统的比冲损失较大。

燃气发生器动力循环的氢氧火箭发动机在运载火箭上得到比较广泛的应用。小推力上面级火箭上采用氢氧火箭发动机的，有欧洲动力公司研制的 ARIANE 火箭第三级的 HM－7。我国研制的两种氢氧火箭发动机 YF－73 和 YF－75，也采用燃气发生器动力循环系统。美国土星－V 巨型火箭的第二级和第三级的氢氧火箭发动机 J－2，也采用燃气发生器动力循环。日本研制的 H－I 火箭第二级主发动机，代号为 LE－5 氢氧火箭发动机，真空推力约为 105 kN，也采用燃气发生器动力循环系统。欧洲研制的大型运载火箭 ARIANE－V，其芯级火箭的主发动机 HM－60，真空推力约为 1 000 kN，也采用燃气发生器动力循环系统。对于燃气发生器动力循环系统，当前主要的研究任务是如何克服燃气发生器动力循环系统性能低的缺点，就是如何提高动力循环系统的效率问题。燃气发生器动力循环系统

效率 $\eta_{g.g}$ 可以用以下方法分析，即

$$\eta_{g\cdot g} = \frac{I_{SPF}}{I_{SPK}} \tag{2-2}$$

式中 I_{SPF}——发动机比冲，$I_{SPF} = \dfrac{F_K + F_T}{G_{SK} + G_T}$；

I_{SPK}——推力室比冲，$I_{SPK} = \dfrac{F_K}{G_{SK}}$；

F_K——推力室的推力（N）；

F_T——涡轮排气产生的推力（N）；

G_{SK}——推力室的总流量（kg/s）；

G_T——涡轮工质流量（kg/s）。

将 I_{SPF} 和 I_{SPK} 代入式（2－2）并经过化简得到

$$\eta_{g\cdot g} = \frac{1 + \dfrac{F_T}{F_K}}{1 + \dfrac{G_T}{G_{SK}}} \tag{2-3}$$

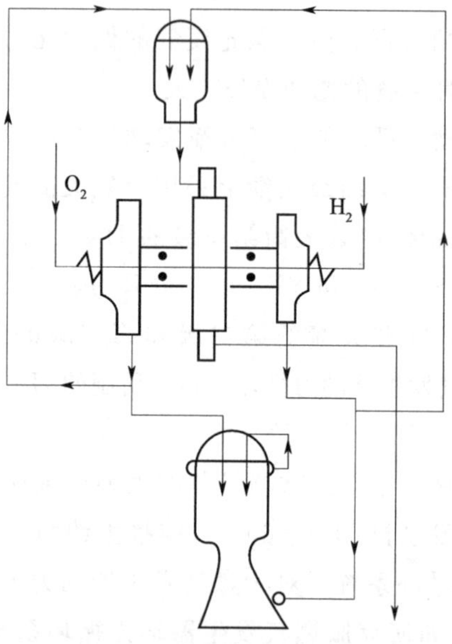

图 2－2　燃气发生器动力循环系统

要减少燃气发生器动力循环的损失，可以采取以下几项措施：

1）充分利用涡轮排气，使之产生更大的推力 F_T。诸如将涡轮排气管设计成收敛膨胀的拉瓦尔管形式；或者将涡轮排气引入推力室大喷管的某一个合适的截面处，使其既作大喷管壁面的内冷却剂，又产生更大的推力。

2）提高涡轮泵效率，从而降低涡轮工质流量 G_T。特别是提高液氢泵的效率，效果更为明显，因为液氢泵的功率约占涡轮总功率的 80%。

3）提高涡轮入口温度从而提高涡轮工质的绝热膨胀功也是一个途径。如文献［3］中进行的研究结果表明，由于目前氢氧燃气发生器动力循环系统采用的涡轮入口温度过于保守，因材料强度的限制一般都为 850～900 K。当把涡轮转子材料改成陶瓷复合材料后，不仅可以降低涡轮转子的质量和轮盘的离心力，同时又能把工质的温度提高到 1 600 K，大大提高了燃气发生器动力循环系统的性能。提高工质温度对于分级燃烧循环的发动机来说比较麻烦，因为该系统有很多热结构都要承受高温高压的热负荷，而燃气发生器系统与之相比，承受高温高压的热结构部件要少得多，因而热结构的密封问题比较容易解决。所以通常认为燃气发生器动力循环系统具有简单可靠的优点。但是采取这项措施时不应提高成本和降低可靠性，必须在性能、成本和可靠性等方面进行全面考虑后做出选择。

4）将涡轮排气引入推力室的大喷管内还有另一种作用。20 世纪 80 年代以来，运载火箭趋向发展一级半的形式。氢氧火箭发动机总是被用作芯级火箭的主发动机，因为主发动机是在地面点火并转入主级工作。地面点火起动的发动机不宜采用大面积比喷管。因为大面积比喷管内气流脱壁分离产生的激波可以引起巨大的振动，甚至造成激波的二次贴壁引起喷管烧蚀等故障。

根据美国航天飞机主发动机 SSME、日本大型运载火箭 H－Ⅱ的芯级主发动机 LE－7 和法国 ARIANE－V 芯级主发动机 HM－60 等地面点火的大喷管面积比都不相同，但它们的喷管出口压力都定在

0.018～0.019 MPa 范围内。这是根据避免喷管内气流的流动分离的条件来确定的。如果把燃气发生器动力循环的涡轮排气引入喷管的流动分离条件规定的截面处时，则有可能再增大这种喷管的面积比，从而提高燃气发生器动力循环发动机的真空比冲。当然，这个问题目前尚处于概念探索阶段，尚需进行理论和试验研究之后，才能得出结论。

2.3 分级燃烧动力循环系统

分级燃烧动力循环系统是针对燃气发生器动力循环系统的缺点进行改进的系统。将涡轮排气直接引入主燃烧室进行补充燃烧，这样就完全克服了燃气发生器动力循环系统中涡轮排气的热值不能充分利用的缺点，因此分级燃烧动力循环又称为补燃循环。分级燃烧可以是富燃料进行加氧补充燃烧，也可以是富氧化剂进行加燃料的补充燃烧。由于氢氧燃烧产物非常干净，对材料没有任何侵蚀作用，所以采用分级燃烧动力循环的氢氧火箭发动机都无一例外地设计成富燃料分级燃烧动力循环系统。例如美国的航天飞机主发动机、苏联的能源号巨型运载火箭的芯级主发动机和日本的 H－Ⅱ运载火箭芯级主发动机等，都采用富氢预燃室的分级燃烧动力循环系统。烃类燃料由于其燃烧产物积炭严重，采用富氧分级燃烧具有突出的优点。

分级燃烧动力循环系统如图 2－3 所示。从液氢泵后的高压液氢通过推力室作冷却剂后，又引出冷却套到两个富氢的燃气发生器（又称预燃室），和少量的液氧进行低混合比燃烧，氢氧两组元的混合比一般选在 0.9 以下，产生的燃气温度控制在 850～900 K 范围内，而后进入涡轮作工质，涡轮输出的功率分别为液氢泵和液氧泵提供能源。涡轮工质做功后全部引入主燃烧室和氧泵出口的高压液氧进行补充燃烧，实现了补充燃烧的动力循环。从热力学上分析认为，这是最合理的动力循环。

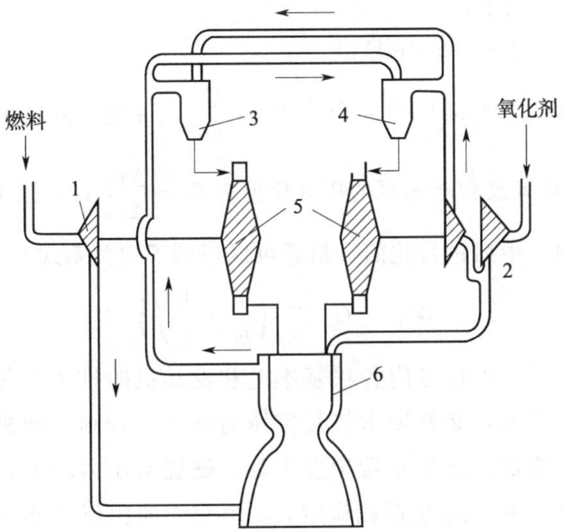

图 2-3　分级燃烧动力循环系统

1—液氢泵；2—液氧泵；3，4—预燃室；5—涡轮；6—推力室

氢氧火箭发动机采用分级燃烧的另一个突出优点是从液氢密度小、液氢泵扬程高的角度提出来的。根据涡轮泵功率平衡的关系，可以列出方程式

$$W_T = W_{sb} = W_{rb} + W_{yb} = \frac{G_r \Delta p_r}{\eta_r \rho_r} + \frac{G_y \Delta p_y}{\eta_y \rho_y} \qquad (2-4)$$

式中　W_T——涡轮功率（W）；

W_{rb}——液氢泵功率（W）；

W_{yb}——液氧泵功率（W）；

下标 T—— 涡轮；

下标 b ——泵；

下标 r——燃料（氢）；

下标 y——氧化剂（氧）；

G ——泵流量（kg/s）；

Δp ——泵压升（Pa）；

η——效率；

ρ——密度（kg/m^3）。

令氢氧火箭发动机的混合比 $K=\dfrac{G_y}{G_r}$，液氧、液氢的密度比为 $J=\dfrac{\rho_y}{\rho_r}$，液氧泵和液氢泵的压升比值为 $Z=\dfrac{\Delta p_y}{\Delta p_r}$；把以上关系式代入式（2-4）中后进行化简，最后可以得到下列关系式

$$W_{sb}=G_r\frac{\Delta p_r}{\rho_r}\left(\frac{1}{\eta_r}+\frac{KZ}{\eta_y J}\right) \tag{2-5}$$

式（2-5）中括号内各项基本上和发动机的推力无关，随着发动机推力的增大，必然要求燃烧室压力增大，否则发动机的尺寸也随之大幅度增加，这是不希望发生的。燃烧室压力增大，则氢氧两泵的压升 Δp_r 和 Δp_y 也都相应增大，但它们的比值 Z 不会发生太大的变化。因此，可以近似地认为 Z 是常数，氢和氧的密度比 J 也近似是一个常数。氢氧火箭发动机都采用液氢作冷却剂，则液氢泵的压升 Δp_r 可以用式（2-6）表示

$$\Delta p_r=\Delta p_k+\Delta p_p+\Delta p_L+\Delta p_g+\Delta p_w \tag{2-6}$$

式中　p_k——燃烧室压力（Pa）；

Δp_r——喷注器压降（Pa）；

Δp_L——冷却套压降（Pa）；

Δp_g——液氢导管的管路压力损失（Pa）；

Δp_w——活门和节流圈或汽蚀文氏管的压力损失（Pa）。

随着发动机推力加大和燃烧室压力的升高，燃烧室内的燃气热流密度也大幅度增加，燃气的热流密度差不多和燃烧室压力呈 p_k 的 0.8 次方的幅度增加，由此要求冷却套内液氢的流速增大以保证冷却可靠。因此式（2-6）中的 Δp_L 也跟着增大。从式（2-5）中可以知道，由于液氢的密度很小（$\rho\approx70\ kg/m^3$），Δp_r 增大 101.325 kPa，液氢泵的扬程 $\left(\dfrac{\Delta p_r}{\rho_r}\right)$ 增大 143 m，而烃类如煤油、酒精等泵的压升 Δp_r 增大 101.325 kPa，它们的扬程只增大约 12.5 m，所以对于氢氧

火箭发动机选用分级燃烧还是燃气发生器动力循环的比较中，从性能上分析采用分级燃烧的优点是非常突出的。图 2－4 是根据原始计算条件相当，对分级燃烧和燃气发生器动力循环的发动机真空比冲的比较。燃烧室内的组元混合比都为6：1（燃气发生器动力循环发动机总混合比为5.1：1），真空推力约为 500 kN。当燃烧室压力低时，两种动力循环的真空比冲只差约 40 m/s，但随着燃烧室压力升高，两种动力循环的真空比冲相差愈来愈大。当燃烧室压力超过 16 MPa 后，燃气发生器动力循环发动机真空比冲基本上达到最高值，燃烧室压力超过 18 MPa 后，随着燃烧室压力升高，该循环的发动机比冲就逐步下降。当然发动机推力加大，最高比冲的燃烧室压力还要略有增大。这些小的变化已没有工程应用的价值了。对于 500 N 推力的氢氧火箭发动机，如果把燃烧室压力取在 18 MPa 时作性能比较，则分级燃烧动力循环发动机比冲比燃气发生器动力循环发动机的比冲约高 140 m/s，而且分级燃烧动力循环发动机仍保持着真空比冲随燃烧室压力升高而增大的趋势。

分级燃烧动力循环的另一个突出优点是它的发动机混合比可以设计得很高，因为这种动力循环的发动机混合比就是推力室混合比。液氢贮箱体积大，绝热技术复杂，减小氢氧火箭贮箱结构质量主要依靠缩小液氢贮箱的体积。要实现这项改进的唯一办法就是提高氢氧火箭发动机的混合比。

为了保证推力室的工作可靠和合理的燃烧性能，氢氧推力室的混合比一般都设计约为6：1，燃气发生器动力循环的氢氧火箭发动机混合比一般为 5.0～5.3。因此，氢氧火箭总体设计部门是乐于采用发动机混合比高的分级燃烧的氢氧火箭发动机作动力装置的。这是分级燃烧动力循环氢氧火箭发动机的重大优点。

比较美国航天飞机主发动机 SSME 和苏联研制的 D－57 分级燃烧氢氧火箭发动机后，我们发现，同样是分级燃烧循环，但在结构设计方案上却有本质的区别。D－57 发动机的预燃室出口首先进入燃气掺混分配器，而后进入推力室头部。而 SSME 没有设计掺混器，使温度很不均匀的燃气直接进入动力头，造成动力头结构产生严重的温度应力，使造价非常昂贵的动力头只能一次使用。这是美国航天飞机运行成本居高不下的主要原因之一。我们认为，采用分级燃烧动力循环应该学习 D－57 的结构形式。

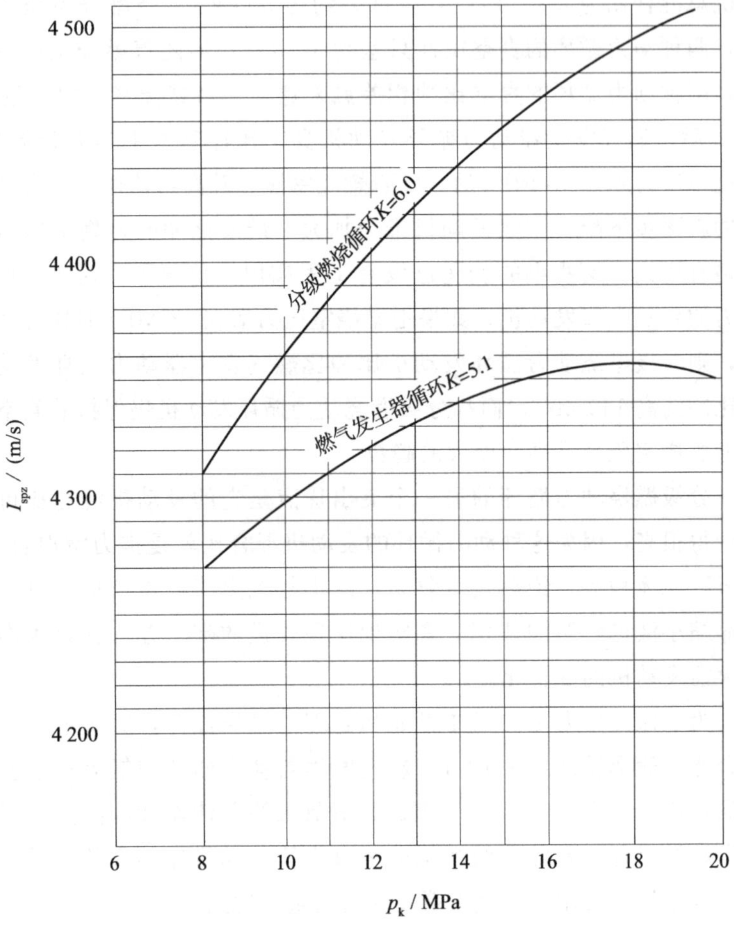

图 2－4　分级燃烧循环和燃气发生器循环的性能比较

I_{spz} —真空比冲；p_k—燃烧室压力；K—发动机混合比

2.4 氢膨胀动力循环系统

2.4.1 氢膨胀动力循环系统的工作原理

氢膨胀动力循环是利用推力室再生冷却后生成的气氢作为涡轮工质，驱动涡轮而带动氢泵和氧泵，再将两泵后的高压液氢引进推力室冷却套进行再生冷却，形成完全封闭的动力循环；涡轮做功后的气氢进入推力室头部通过喷注器进入燃烧室和液氧燃烧，氧泵后的高压液氧直接通过氧喷注器进入燃烧室。这是最完善的动力循环。因此，西方文献中常把氢膨胀动力循环称为最优动力循环（Topping Cycle）。

实现氢膨胀动力循环系统时必须考虑以下关键技术问题：

1）由推力室冷却套引出来的气氢必须具有足够高的热焓，使之能完全满足氢氧涡轮泵功率平衡的要求。

2）必须全面考虑涡轮的工况，如果采用全部液氢通过推力室，则气氢的温度不可能很高，只能采用全流量低压比的亚声速涡轮工况。如果采用部分液氢通过推力室作再生冷却剂，从而获得高温气氢作工质，则可以采用小流量高压比的超声速涡轮工况。

3）无论采用何种涡轮工况，都必须保证推力室得到可靠的冷却条件。

根据以上不同工作原理，可以把氢膨胀动力循环系统分成以下 3 种类型：

1）全流量氢膨胀动力循环系统。例如美国在宇宙神-半人马座运载火箭上的主发动机 RL－10A－3－3 就采用了全流量氢膨胀动力循环系统。

2）闭式部分流量的氢膨胀动力循环系统。这种系统目前尚未在工程上得到应用，但这种系统可能在不久的将来成为大推力、高性能氢氧火箭发动机的发展方向。

3）开式部分流量氢膨胀动力循环系统。例如日本在 H－II 火箭上的芯二级主发动机 LE－5A 就采用了开式部分流量氢膨胀动力循环系统。LE－5A 是 LE－5 氢氧火箭发动机的改进型号。LE－5 采用燃气发生器动力循环，大喷管用少量液氢冷却，这部分氢的温度很高，约达 1 000 K。这样高温度的氢气在 LE－5 发动机上是由喷管出口环上的若干小喷管再膨胀排出而得到一部分推力。在 LE－5A 上就把这部分高温气氢作涡轮工质，取消了燃气发生器。由于 LE－5 发动机上是超声速涡轮，做功后的气氢压力已很低，不能再引入燃烧室，只得引入推力室的大喷管内排出，所以这部分氢实际上未能充分利用，故可称它为不太完善的开式部分流量氢膨胀动力循环系统。采用开式部分流量氢膨胀动力循环的 LE－5A 氢氧火箭发动机真空推力约达 120 kN。这和全流量氢膨胀动力循环的 RL－10A－3－3 发动机推力仅 68 kN 相比，可以认为是一种很大的改进，因为提高氢膨胀循环系统燃烧室压力和推力都是比较困难的。

2.4.2　全流量氢膨胀动力循环系统

世界上第一台在火箭上实际应用的氢氧火箭发动机就是美国普惠公司于 1958 年开始研制的 RL－10A－3－3。这台发动机采用了全流量氢膨胀动力循环系统。

RL－10A－3－3 全流量氢膨胀动力循环系统的工作原理如图 2－5所示。氢由两级液氢泵（3）增压后，进入推力室（7）的冷却套内，升温到 190 K 的气氢作涡轮（6）的工质，做功后由涡轮经过液氢主活门（1）喷注到燃烧室。氧是由液氧泵（4）增压后，通过液氧主活门（2）后，直接进入液氧喷注器，而后进入燃烧室。氢泵和氧泵的转速是由传动齿轮箱（5）保证其比例关系，从而使发动机混合比控制在要求的精度范围内。这台氢氧火箭发动机在宇宙神-半人马座运载火箭上已成功地应用了数十年，真空推力始终保持在 68 kN 左右。燃烧室压力约为 2.8 MPa。

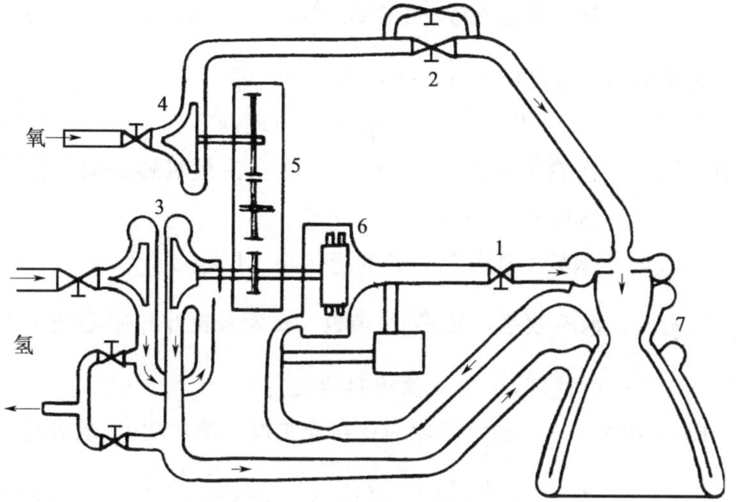

图 2－5　全流量氢膨胀动力循环系统

1—液氢主活门；2—液氧主活门；3—液氢泵；4—液氧泵；
5—传动齿轮箱；6—涡轮；7—推力室

对于全流量氢膨胀循环发动机，提高燃烧室压力和发动机推力是比较困难的，主要是受到推力室再生冷却剂获得的热能和液氢、液氧涡轮泵功率平衡要求参数能否协调的限制。大幅度提高燃烧室压力和发动机推力，采用全流量氢膨胀动力循环系统的风险很大。下面可以结合 RL－10A－3－3 发动机的一些具体参数来分析一下全流量氢膨胀动力循环系统中涡轮泵功率平衡中出现的一些问题。

式（2－5）为氢氧两泵要求的总功率表达式。假如把式（2－5）的单位改成能量单位，则式（2－5）可以写成下列形式

$$W_{sb} = 10^{-3} G_r \frac{\Delta p_r}{\rho_r}\left(\frac{1}{\eta_r} + \frac{KZ}{\eta_y J}\right) \quad (kJ/s) \tag{2-7}$$

由文献［4］中可查得，RL－10A－3－3 发动机的 $Z = \frac{\Delta p_y}{\Delta p_r} = 0.5993$，$\eta_y = 0.643$，$\eta_r = 0.536$，液氢、液氧的密度比 $J = 16.286$，令 $K = 6$ 代入式（2－7）化简后可以写成简单的关系式为

$$W_{sb} = 2.209 \times 10^{-3} G_r \frac{\Delta p_r}{\rho_r} \qquad (\text{kJ/s}) \tag{2-8}$$

涡轮的功率可以用式（2－9）来表示，即

$$W_T = G_T L_{ad} \eta_T \qquad (\text{kJ/s}) \tag{2-9}$$

式中 G_T——涡轮工质流量（kg/ s），在全流量氢膨胀动力循环系统中 $G_T = G_r$；

L_{ad}——涡轮工质气氢具有的绝热功（J/kg）；

η_T——涡轮效率，是 $\frac{u}{c}$ 的函数（u 为涡轮叶片中心线上的切线速度，c 为气流绝对速度）。

RL－10A－3－3 的氢涡轮为亚声速工况，绝热功 L_{ad} 的表达式为

$$L_{ad} = \frac{k}{k-1} RT_{ow} \left[\left(\frac{p_{ew}}{p_{ow}} \right)^{\frac{2}{k}} - \left(\frac{p_{ew}}{p_{ow}} \right)^{\frac{k+1}{k}} \right] \tag{2-10}$$

式中 k——绝热指数，$k = 1.4$；

R——氢的气体常数，$R = 4\,158$（J/（kg·K））；

T_{ow}——涡轮工质气氢的入口温度（K）；

$\frac{p_{ew}}{p_{ow}}$——涡轮出口压力 p_{ew} 对涡轮入口压力 p_{ow} 的比值。

由文献［4］查得，$\frac{p_{ew}}{p_{ow}} = 0.722$。

将以上参数代入式（2－10）化简后可以写为

$$L_{ad} = 812 T_{ow} \tag{2-11}$$

$$C = \sqrt{2L_{ad}} \tag{2-12}$$

$$u = \frac{\pi D n}{60} \tag{2-13}$$

式中 D——涡轮叶片中心线直径（m）；

n——涡轮转速（r/min）。

由文献［5］查得，RL－10A－3－3 的涡轮泵在 $n = 28\,670$ r/min 时的 $u = 224.94$ m/s。代入式（2－13）后得 $D = 0.149\,8$ m。

从文献［4］中取出不同 n 值下氢涡轮的效率数据，可以求得

RL-10A-3-3 的涡轮效率表达式为

$$\eta_{\mathrm{T}}=\left(3.268-3.632\ \frac{u}{c}\right)\frac{u}{c} \tag{2-14}$$

式中　$\frac{u}{c}$——涡轮的速度比。

将式（2-11）和式（2-14）代入式（2-9），并用能量单位代入可以写成下列形式

$$W_{\mathrm{T}}=812T_{\mathrm{ow}}\left(3.268-3.632\ \frac{u}{c}\right)\frac{u}{c}\cdot G_{\mathrm{T}} \tag{2-15}$$

现在可以把式（2-7）和式（2-15）联系起来讨论：

如果要提高燃烧室压力和发动机推力，则式（2-7）中的 Z 值、Δp_{r}值和 G_{r}都要增大。特别是 Δp_{r}的增大，要求泵的转速 n 呈平方的关系增长。液氢泵的功率增大的幅值非常大。而式（2-15）中的涡轮功率能否跟着液氢泵要求的功率 W_{sb} 以同样的幅值增大呢？这是很困难的。因为增大涡轮功率，主要依靠 T_{ow}的增大。因为式（2-15）中的 G_{T}和式（2-7）或式（2-8）中的 G_{r}实际上是可以相等和消去的。涡轮功率不能依靠 G_{T}的增大，而仅仅依靠 T_{ow}的增大是无法与两个泵的功率增长相平衡的。

现在来分析一下 T_{ow}的增大受到哪些因素的限制。

高温燃气向推力室壁传过去的热流，由冷却套内流动的低温氢传走。因此再生冷却剂液氢温度的升高，取决于推力室壁传过来的燃气热流，推力室壁传过来的燃气热流密度 q_i在不同截面上是变化的。推力室喉部截面附近的热流密度最高，随着沿气流方向的距离增大，由于燃气流的膨胀，燃气热流密度降得非常快。喉部上游的燃烧室内，圆柱段的热流密度基本上保持不变，但气流进入收敛段后，随着气流速度的增大，燃气的热流密度 q_i增大得非常快。燃气的热流密度 q_i随推力室轴向距离 x 的变化而变化（见图 2-6）。将图 2-6（b）推力室沿轴向距离 x 方向分成几个截面，令每个截面上的燃气热流密度为 q_i，而该截面的传热表面积为 S_i，则每个截面上燃气向冷却剂传过去的热流 Q_i为

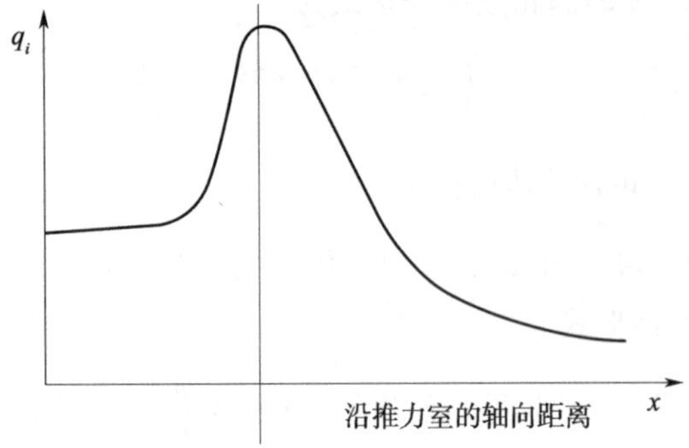

（a）q_i随x的变化

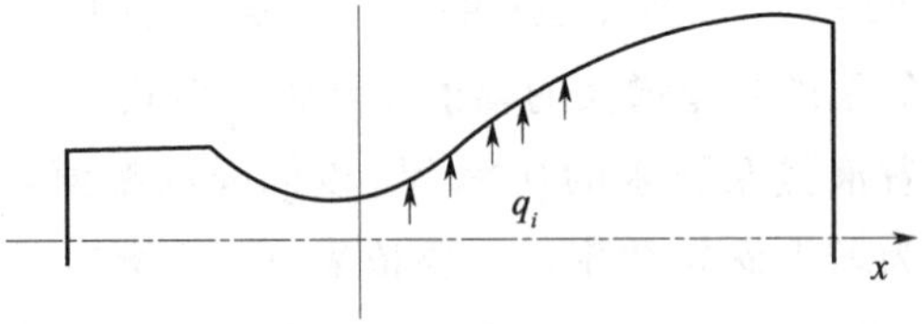

（b）推力室型面示意图

图 2-6　燃气热流密度沿 x 轴向分布示意

$$Q_i = S_i q_i \tag{2-16}$$

提高 T_{ow}的重要手段是增大 Q_i。由式（2-16）可知，增大 Q_i的办法主要是提高 S_i。推力室内壁的传热过程如图 2-7 所示。把图 2-7中所示的 T_1沿 x 轴向各个截面的值累加起来，即可得到 T_{ow}。传热过程的两个方程式为

$$\alpha_g(T_g - T_1) = \frac{\lambda}{\delta}(T_1 - T_2) \tag{2-17}$$

$$\alpha_L(T_2 - T_L) = \frac{\lambda}{\delta}(T_1 - T_2) \tag{2-18}$$

将式（2-17）和式（2-18）联立求解，消去 T_2，最后得到 T_L的表达式为

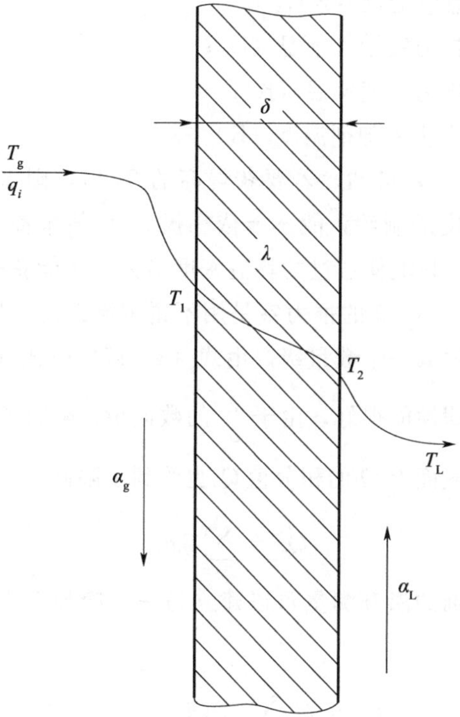

图 2-7　推力室内壁传热过程示意

T_g—燃气温度；T_1—推力室燃气壁温；T_2—推力室液壁温；
T_L—再生冷却剂温度；α_g—燃气对壁的换热系数；α_L—再生冷却剂换热系数；
λ—推力室壁材料的导热系数；δ—推力室内壁厚度

$$T_L = \frac{\left[\left(\alpha_g + \frac{\lambda}{\delta}\right)\left(\alpha_L + \frac{\lambda}{\delta}\right) - \frac{\lambda^2}{\delta^2}\right]T_1 - \left(\alpha_L + \frac{\lambda}{\delta}\right)\alpha_g T_g}{\frac{\lambda}{\delta} \cdot \alpha_L} \tag{2-19}$$

式中 α_g——燃气对壁的换热系数（W/（m^2·K））；
α_L——再生冷却剂换热系数（W/（m^2·K））；
λ——推力室内壁材料的导热系数（W/（m·K））；
δ——推力室内壁厚度（m）；

T_g——燃气温度（K）；

T_1——推力室燃气壁温（K）；

T_2——推力室液壁温（K）；

T_L——再生冷却剂温度（K）。

由式（2-19）可知，若要获得高的 T_L值，则需要提高 T_1值，但受到材料强度的制约，故不能依靠提高 T_1值来提高 T_L值。从式（2-18）可知，只能使通过的热流密度增大，才能获得较多的热能。由于 RL-10A-3-3 的推力室是用不锈钢制造的，导热系数很小，和铜相比，大约低一个数量级。由式（2-17）或式（2-18）可知，即使液氢的冷却性能很好，由于 $\frac{\lambda}{\delta}$ 的数值小，限制了 Q_i的增大，因而推力室几个截面上 Q_i的积分值 Q_s也受到了限制

$$Q_s = \sum_{i=1}^{n} S_i q_i \tag{2-20}$$

通过冷却剂的温升测量可以建立另一个冷却套内获得总热流的方程式为

$$Q_s = G_r \sum_{i=1}^{n} C_{pi}(T_i - T_{i-1}) \tag{2-21}$$

根据文献［4］，RL-10A-3-3 发动机冷却套总的温升约为 190 K，实际上 Q_s的变化范围是很小的。由此可以得出：

1）提高全流量氢膨胀动力循环的燃烧室压力和推力是比较困难的。虽然该动力循环的理论效率很高，但受到材料问题的限制，使它的优点发挥不出来。由于燃烧室压力低，因此这种发动机的尺寸也比较大。

2）由于全流量氢膨胀动力循环只能采用亚声速涡轮，其工质绝热功不能大幅度提高，这也是造成这种动力循环只能在小推力发动机上应用的重要原因。

3）液氢泵扬程的增长速率远远大于推力室温升速率，因而全流量氢膨胀动力循环的液氢泵功率增长速率也远远超过涡轮能提供的功率。这种泵和涡轮功率供需不平衡的状况，在提高全流量氢膨胀动力循环发动机推力过程中显得比较突出，这就是全流量氢膨胀循

环只在小推力发动机上应用的另一重要原因。

2.4.3　部分流量氢膨胀动力循环系统

要提高氢膨胀动力循环系统发动机的推力和燃烧室压力，必须采取一系列改进措施：

1）大幅度提高涡轮工质的绝热功 L_{ad}。为此，必须大幅度提高涡轮入口的温度 T_{ow}。由式（2－16）可知，增大冷却剂的吸热面积 S_i 和燃气的热流密度 q_i 是提高氢温度 T_{ow} 的基本措施。

2）增大涡轮工质绝热功的第二个途径是将涡轮设计成超声速涡轮。超声速涡轮工质的绝热功表达式为

$$L_{ad}=\frac{k}{k-1}RT_{ow}\left[1-\left(\frac{p_{ew}}{p_{ow}}\right)^{\frac{k-1}{k}}\right] \tag{2-22}$$

增大式（2－22）中的涡轮压比 $\left(\frac{p_{ow}}{p_{ew}}\right)$ 是增大绝热功 L_{ad} 的又一个重要措施。在此必须同时注意到，p_{ew} 必须受到燃烧室压力、喷注器压降，以及整个液氢泵压升要求等综合平衡因素的制约。只有通过参数优化后才能最后确定涡轮压比的数值。

3）在发动机推力确定之后，冷却套内的液氢温升已和它的流量成反比，由式（2－21）可知，Q_s 为定值后，增大（T_i-T_{i-1}）的数值，必须减小 G_r 的值。由此而提出在发动机系统参数平衡时，能否在 G_r 和 T_i-T_{i-1} 之间找到一组最佳的数值，使涡轮泵的功率最高。这是部分流量氢膨胀动力循环系统设计时应重视的重要问题。

部分流量氢膨胀动力循环系统的工作原理如图 2－8 所示。液氢泵经过两级离心泵增压后，部分氢流量直接进入喷注器。液氧经过一级离心泵增压后也是直接进入氧喷注器。部分的液氢在主泵后分流进入第三级液氢泵，继续提高压力，经冷却套后变成高温气氢，一部分氢作氢涡轮的工质，另一部分高温气氢作氧涡轮的工质。它们分别做功后都和主要氢流量会合，进入氢喷注器。只要第三级液氢泵的流量具有的焓能够满足氧泵和主液氢泵的功率消耗，就能使这种系统工作原理成立。

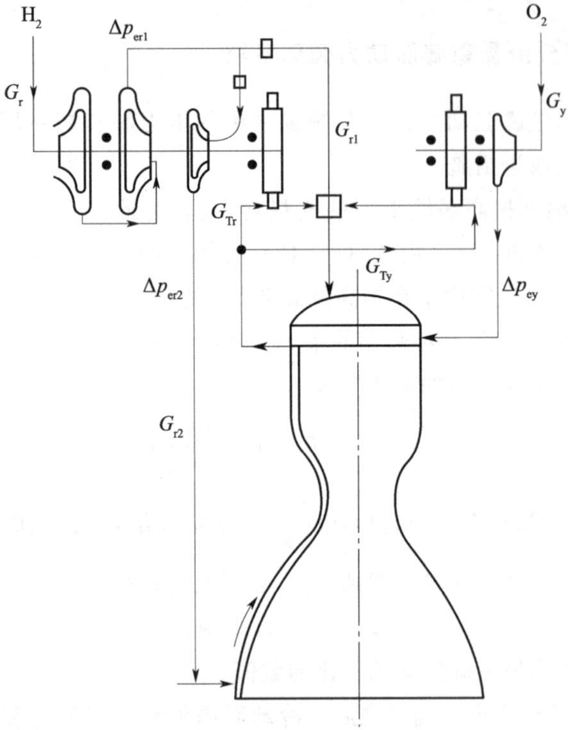

图 2-8　部分流量氢膨胀动力循环系统

从式（2-22）的方括号中的函数分析后得知，当涡轮压比在2～2.5之间，方括号中的值增长的斜率较大，随着涡轮压比 $\frac{p_{ow}}{p_{ew}}$ 继续增大，则方括号中的函数增长斜率逐步缓慢下来。因此涡轮压比不能选得太大，否则闭式膨胀循环效果是不会好的。

4）提高液氢泵的效率也是一种重要措施。高效率的液氢泵可以减少对涡轮的功率需求，因而也就减小了涡轮工质的流量。

为了初步判别涡轮泵各参数之间的定性关系，可以进行以下分析：

1）设氢涡轮和氧涡轮的压比都取得相同，则由图 2-8 可知，两种涡轮工质的绝热功 $L_{\mathrm{Tr}} = L_{\mathrm{Ty}} = L_{\mathrm{ad}}$。

2）设氢涡轮和氧涡轮的效率也相同，则 $\eta_{\mathrm{Ty}} = \eta_{\mathrm{Tr}} = \eta_{\mathrm{T}}$。

3）氢涡轮泵和氧涡轮泵的功率平衡方程如下

$$W_{\mathrm{Tr}} + W_{\mathrm{Ty}} = W_{\mathrm{br1}} + W_{\mathrm{br2}} + W_{\mathrm{by}} \tag{2-23}$$

式中　$W_{\mathrm{Tr}} = G_{\mathrm{Tr}} L_{\mathrm{r}} \eta_{\mathrm{Tr}}$；

$W_{\mathrm{Ty}} = G_{\mathrm{Ty}} L_{\mathrm{y}} \eta_{\mathrm{Ty}}$；

$W_{\mathrm{br1}} = \dfrac{G_{\mathrm{r}} \Delta p_{\mathrm{er1}}}{\rho_{\mathrm{r}} \eta_{\mathrm{br1}}}$；

$W_{\mathrm{br2}} = \dfrac{G_{\mathrm{r2}} \Delta p_{\mathrm{er2}}}{\rho_{\mathrm{r}} \eta_{\mathrm{br2}}}$；

$W_{\mathrm{by}} = \dfrac{G_{\mathrm{y}} \Delta p_{\mathrm{ey}}}{\rho_{\mathrm{y}} \eta_{\mathrm{by}}}$；

下标 1——一级泵；

下标 2——二级泵。

根据前面的假设，式（2－23）的左边可以写成 $L_{\mathrm{ad}} \eta_{\mathrm{T}} (G_{\mathrm{Ty}} + G_{\mathrm{Tr}}) = L_{\mathrm{ad}} \eta_{\mathrm{T}} G_{\mathrm{r2}} = W_{\mathrm{Tr}} + W_{\mathrm{Ty}}$，$G_{\mathrm{r2}} = G_{\mathrm{Ty}} + G_{\mathrm{Tr}}$。将 W_{br1}、W_{br2} 和 W_{by} 分别代入式（2－23）的右边后，并令 $J = \dfrac{\rho_{\mathrm{y}}}{\rho_{\mathrm{r}}}$，$K = \dfrac{G_{\mathrm{y}}}{G_{\mathrm{r}}}$，$Z = \dfrac{\Delta p_{\mathrm{ey}}}{\Delta p_{\mathrm{er1}}}$，可以写成

$$\frac{G_{\mathrm{r}} \Delta p_{\mathrm{er1}}}{\rho_{\mathrm{r}} \eta_{\mathrm{br1}}} + \frac{G_{\mathrm{r2}} \Delta p_{\mathrm{er2}}}{\rho_{\mathrm{r}} \eta_{\mathrm{br2}}} + \frac{G_{\mathrm{y}} \Delta p_{\mathrm{ey}}}{\rho_{\mathrm{y}} \eta_{\mathrm{by}}} = \frac{G_{\mathrm{r}}}{\rho_{\mathrm{r}}} \left(\frac{\Delta p_{\mathrm{er1}}}{\eta_{\mathrm{br1}}} + \frac{KZ \Delta p_{\mathrm{er1}}}{\eta_{\mathrm{by}} J} \right) + \frac{G_{\mathrm{r2}} \Delta p_{\mathrm{er2}}}{\rho_{\mathrm{r}} \eta_{\mathrm{br2}}} \tag{2-24}$$

由此而将式（2－23）改写成

$$L_{\mathrm{ad}} \eta_{\mathrm{T}} G_{\mathrm{r2}} = \frac{G_{\mathrm{r}}}{\rho_{\mathrm{r}}} \left(\frac{\Delta p_{\mathrm{er1}}}{\eta_{\mathrm{br1}}} + \frac{KZ \Delta p_{\mathrm{er1}}}{\eta_{\mathrm{by}} J} \right) + \frac{\Delta p_{\mathrm{er2}}}{\rho_{\mathrm{r}} \eta_{\mathrm{br2}}} \cdot G_{r2} \tag{2-25}$$

于是求得部分流量氢膨胀动力循环的关系式

$$G_{\mathrm{r2}} = \frac{G_{\mathrm{r}} \dfrac{\Delta p_{\mathrm{er1}}}{\rho_{\mathrm{r}}} \left(\dfrac{1}{\eta_{\mathrm{br1}}} + \dfrac{KZ}{\eta_{\mathrm{by}} J} \right)}{\left(L_{\mathrm{ad}} \eta_{\mathrm{T}} - \dfrac{\Delta p_{\mathrm{er2}}}{\rho_{\mathrm{r}} \eta_{\mathrm{br2}}} \right)} \tag{2-26}$$

式（2－26）表明，部分流量 G_{r2} 和液氢、液氧主泵的合成功率

（即式（2-26）中的分子部分）成正比，和涡轮工质绝热功、三级液氢泵扬程之差成反比。设计部分流量氢膨胀动力循环系统时，必须使绝热功尽量大和 $\frac{\Delta p_{er2}}{\rho_r}$ 尽量小。增大绝热功的主要措施是提高冷却套出口温度，减小三级液氢泵的扬程，就是降低冷却套内的压力损失。因此，推力室内壁采用铜合金材料对以上两条主要措施都是很重要的。

将来如果突破了高强度铝合金和低温合金钢的钎焊工艺关键，则推力室内壁采用铝合金材料，对部分流量氢膨胀动力循环系统发动机质量减小非常有利。

日本研制的 LE-5A 氢氧火箭发动机是采用了开式部分流量氢膨胀动力循环系统。该发动机是由燃气发生器动力循环系统演变而来的。利用专门设计的喷管延伸段作液氢加热器，把氢的温度升到 1 000 K作涡轮工质，取消原 LE-5 氢氧燃气发生器，做功后的气氢引入大喷管延伸段的低压气流中排出。这样使高温气氢在超声速涡轮内得到充分膨胀，大大增大了工质的绝热功 L。从燃气发生器动力循环的 LE-5 发动机改为 LE-5A 部分流量氢膨胀动力循环，绝热功的数值增大 2.25 倍，若按涡轮功率相同条件下比较，则由式（2-9）可知，涡轮工质流量应该减小到原来的 1/2.25，这就说明部分流量氢膨胀动力循环的效率已得到提高。LE-5A 发动机改成部分流量氢膨胀动力循环系统后的性能提高了很多。原 LE-5 发动机的喷管面积比为140∶1，发动机比冲约为 4 413 m/s，而 LE-5A 发动机的喷管面积比减小到130∶1，而发动机真空比冲达到 4 520 m/s 左右，增大约 100 m/s 之多。可见，即使是开式部分流量氢膨胀循环系统，发动机的性能提高也是非常明显的。因此，采用部分流量氢膨胀动力循环系统的发动机 LE-5A，不仅简化了结构，减小了发动机质量，而且还大大提高了发动机性能。

2.5　具有功率冗余的高可靠火箭动力系统设计

自从美国航天飞机投入飞行以后，氢氧火箭发动机基本上实现了重复使用的目标。但由于 SSME 在设计上尚存在很多问题，其零部件返修率很高，维修性也不好，在使用中的运行经费太高，有待进一步改进。

20 世纪 90 年代以来，随着载人航天的发展和商业发射竞争的需要，对未来火箭运载器不仅要求重复使用，而且对火箭动力系统可靠性指标要求愈来愈高。在美国论证未来的火箭运载器发展规划中，要求火箭动力系统的可靠性指标高达 0.999。这样高的可靠性，如果采用一般的设计方案是很难达到的。即使达到了可靠性指标，这种动力系统的研制经费和运行经费也是难以承担的。

实现可靠性 0.999 的指标必须采用硬件冗余设计方案。硬件冗余方案对于质量和体积小的火箭控制系统是可行的，而火箭动力系统不仅质量太大，而且体积也很大，硬件冗余方案显然是不合适的。21 世纪的火箭运载器要采用单级入轨重复使用的动力系统，结构质量是该运载器的关键，必须千方百计地减小动力系统的质量。文献[6] 中提出了火箭发动机和火箭动力系统一体化设计，并采用涡轮泵、推力室的功率冗余设计方案，允许在飞行中某台涡轮泵出故障时就关掉该涡轮泵，其余涡轮泵提高转速来满足火箭动力系统的推力不变；若某个推力室出故障时就使该推力室关机，其余推力室提高推力工作，来完成飞行任务；或者任何一台涡轮泵和任何一台推力室同时出故障时，就同时关闭该涡轮泵和该推力室，其余的涡轮泵和推力室同时提高工况，也能保证完成飞行任务。这种动力系统方案可以称为“功率冗余”方案。采用这种设计方案，不仅可以实现 0.999 的高可靠指标，而且涡轮泵和推力室的部件可靠性可以略低于 0.999 的可靠性指标。虽然这种火箭动力系统方案目前尚没有在任何火箭运载器上实现过，但是这种动力系统方案的设计思想是先进的，是完全符合可靠性理论的。因此，采用这种动力系统方案显然是未来运载火箭的发展趋势。

2.5.1 高可靠火箭动力系统设计

按照“功率冗余”火箭动力系统设计原理，可将涡轮泵和推力室作为两个独立模块进行研制。它们的可靠性指标可以略低于整个系统的可靠性指标。通过计算后知道，这种火箭发动机设计成一台涡轮泵供应两台推力室的系统是比较合理的。涡轮泵和推力室都可以单独进行热试车，也可以组合成发动机进行热试车。当涡轮泵和推力室的可靠性达到一定要求时，就可以进行整个火箭动力系统热试车。动力系统热试车时可以模仿某一台推力室出故障就使该推力室关机，某一台涡轮泵出故障就关闭该涡轮泵系统，或者任一台涡轮泵和任一台推力室同时出故障时就关闭相应的部件，以检验动力系统内部各参数的协调性。

“功率冗余”火箭动力系统设计方案如图 2 - 9 所示。

该火箭动力系统是由 4 台氢氧涡轮泵和 8 台推力室组成。每台涡轮泵供应的高压液氢和液氧都不直接进入某一台推力室，而是分别进入液氢和液氧的集流总管，经过公用的集流总管再分配到 8 台推力室中去；每台推力室的氢氧供应管路上都有独立的氢氧主活门，当任一台推力室出故障时都可以单独关机。图 2 - 9 中的每台涡轮泵，都有独立的副系统供应涡轮工质，在图中没有表示出来。由图2 - 9中可以看出，这种高可靠性的火箭动力系统由燃气发生器动力循环方案来实现，显然更方便一些。这也说明了燃气发生器动力循环在未来的液体火箭发动机发展中受到重视的一个原因。

图 2 - 9 所示的动力系统，既可以用于运载火箭，也可以用于火箭飞机，只是推力室必须具有双向摇摆的伺服系统和高压软管供应管路。美国研制的单级入轨、重复使用的垂直起飞垂直降落的 DC - X 运载器，采用“功率冗余”的动力系统方案。

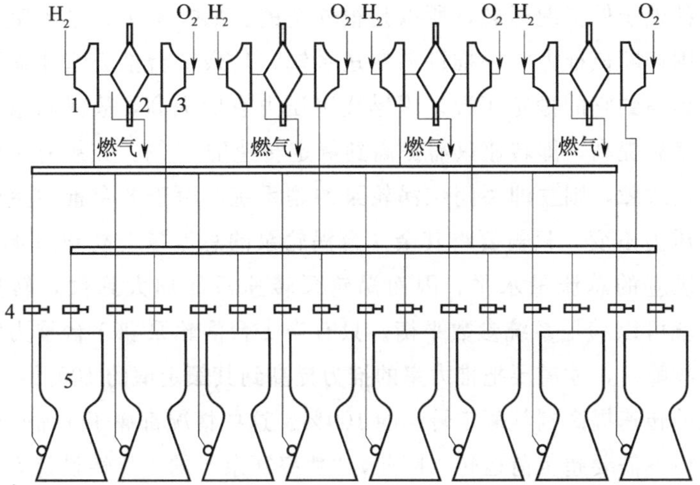

图 2-9　“功率冗余”火箭动力系统设计方案示意

1—液氢泵；2—涡轮；3—液氧泵；4—氢氧主活门；5—推力室

文献［6］对先进发射系统中的大型运载火箭动力系统做了两种方案的可靠性比较。一种火箭动力系统采用 7 台独立工作的火箭发动机组合，即没有功率冗余的设计方案，称为方案Ⅰ；另一种火箭动力系统采用如图 2-9 所示的组合，即有功率冗余的设计方案，称为方案Ⅱ。假设这两种方案动力系统的性能指标、可靠性要求等都是相同的；只是方案Ⅱ比方案Ⅰ多 1 台推力较小的推力室，但涡轮泵只有 4 台，比方案Ⅰ少 3 台涡轮泵。方案Ⅰ是 1 台涡轮泵供应 1 台推力室的常规系统，组合件的数量为 7 台发动机的总和，共 169 个；而方案Ⅱ为 4 台涡轮泵供应 8 台推力室，通过集流总管进行分配，组合件的总数只有 111 个。因此，动力系统的质量减小了 14.8%（共减小质量 5.118 t）。火箭动力系统的可靠性分析比较结果为：方案Ⅰ只能达到 0.988 9，方案 II 可达 0.993 5；而动力系统的成本，方案Ⅰ比方案 II 高 45.9%。这就可以看出方案 II 的突出优点了。

由于方案 II 的动力系统在正常工况时，涡轮泵的转速仅仅是其额定转速的 90%，推力室的推力仅仅是其额定推力的 85%，主要组合件都处于低工况运转，所以是很安全的。如果有 1 台推力室出故障，则切断该推力室的推进剂输送系统，其余 7 台推力室才需要把推力提高到它的额定工况。因燃烧室压力有所提高，故涡轮泵转速也需略有提高，即转速只需提高到额定转速的 97%。如果有 1 台涡轮泵出故障，则立即关闭该涡轮泵的副系统，由于 8 台推力室的燃烧室压力不变，只需要将其余 3 台涡轮泵的总流量提高到原 4 台涡轮泵供应的总流量水平。因而涡轮泵转速只需加大到额定转速的 93%就可以满足系统参数平衡。只有当 1 台涡轮泵和 1 台推力室同时出故障时，才需要把推力室的推力提高到其额定值的 100%，把涡轮泵的转速提高到其额定转速的 100%。这些情况都属于正常运转工况，而不需要超负荷运转。因此，"功率冗余"的可靠性设计方案是很合理的，应该逐步推广这种可靠性设计方案。

根据图 2 - 9 所示的"功率冗余"火箭动力系统设计原理，在火箭发动机设计时可遵循以下几条原则：

1）在设计火箭发动机时，可采用一台涡轮泵带两台推力室的推进剂供应系统方案。

2）设计推力室时，推力应留有 15%的余量，涡轮泵的转速应留有 10%的余量。

3）在发动机研制过程中，都应按高工况进行发动机的性能试车和发动机结构强度考验。采用这种方法研制成功的发动机，可以保证火箭动力系统的高可靠性。

4）在火箭动力系统设计时，只取用发动机推力室的 85%额定推力。在这种工况下，只要求涡轮泵在额定转速的 90%时工作。这些参数要求都可以在发动机交付装箭的性能调整计算时实现。

2.5.2 动力系统的功率冗余方案可靠性计算

动力系统的功率冗余问题就是按照可靠性理论进行设计，把火箭动力系统设计成平行工作并具有备份冗余能力的系统。这种系统设计的基本思路如下。

假设有 n 个可以独立工作并具相同可靠性的子系统（或部件）组成一个系统，只要其中有 r 个子系统（或部件）能正常工作，就能保证整个系统正常工作，则该系统的可靠性可以用式（2-27）来计算[7]

$$R_{S} = \sum_{x=r}^{n} C_{n}^{x} R^{x} \ (1-R)^{n-x} \tag{2-27}$$

式中　R_{S} ——该系统的可靠性；

R——每个子系统（或部件）的可靠性，它们都具有相同的可靠性。

$$C_{n}^{x} = \frac{n!}{x!(n-x)!} \tag{2-28}$$

在图 2-9 的动力系统中，有 4 台涡轮泵并联在一起可以平行工作。假设其中任何 1 台出故障时，其余 3 台有能力提高工况补偿失效的 1 台涡轮泵，则涡轮泵平行工作系统的可靠性为

$$R_{SA} = \sum_{x=3}^{4} C_{4}^{x} R_{A}^{x} \ (1-R_{A})^{4-x} \tag{2-29}$$

即

$$R_{SA} = C_{4}^{3} R_{A}^{3} (1-R_{A}) + C_{4}^{4} R_{A}^{4} \tag{2-30}$$

式中　$C_{4}^{3} = \dfrac{4!}{3!(4-3)!} = 4$ ；

$C_{4}^{4} = 1$ ；

R_{A} ——涡轮泵的可靠性。

于是有

$$R_{SA} = 4R_{A}^{3}(1-R_{A}) + R_{A}^{4} \tag{2-31}$$

有 8 台推力室并联在一起平行工作，假设其中有 1 台出故障时，其余 7 台推力室可以提高工况来补偿失效的 1 台推力室，则推力室平行工作系统的可靠性为

$$R_{SK} = \sum_{x=7}^{8} C_{8}^{x} R_{K}^{x} \ (1-R_{K})^{8-x} \tag{2-32}$$

即

$$R_{SK} = C_8^7 R_K^7 (1 - R_K) + C_8^8 R_K^8 \tag{2-33}$$

式中 $C_8^7 = \dfrac{8!}{7!(8-7)!} = 8$；

$C_8^8 = 1$；

R_K ——推力室的可靠性。

于是有

$$R_{SK} = 8R_K^7 (1 - R_K) + R_K^8 \tag{2-34}$$

整个动力系统的可靠性为

$$R_S = R_{SA} R_{SK} \tag{2-35}$$

即

$$R_S = [4R_A^3 (1 - R_A) + R_A^4][8R_K^7 (1 - R_K) + R_K^8] \tag{2-36}$$

下面把有功率冗余系统和没有功率冗余系统的可靠性作一个算例来比较。假设图 2-9 中的涡轮泵可靠性 $R_A = 0.988$，推力室可靠性 $R_K = 0.995$，则火箭动力系统的可靠性为

$$\begin{aligned} R_S &= [4 \times 0.988^3 (1 - 0.988) + 0.988^4][8 \times 0.995^7 (1 - 0.995) + 0.995^8] \\ &= 0.999\,149\,8 \times 0.999\,313\,87 \\ &\approx 0.998\,5 \end{aligned}$$

假如图 2-9 中所示的动力系统不采用功率冗余的方案，而是设计成 1 台涡轮泵和 1 台推力室组成 1 台独立工作的发动机，当涡轮泵和推力室的可靠性分别和上述相同时，则整台火箭发动机的可靠性为 0.983 06；如果用 8 台这种各自独立工作的发动机组成火箭动力系统，则火箭动力系统的可靠性仅为 0.872 2。

从以上两种动力系统方案的可靠性比较中可以肯定，采用功率冗余设计的火箭动力系统不仅可以大大提高该系统的可靠性，而且可以降低火箭发动机的研制成本，减小火箭动力系统的质量。

第3章　氢氧火箭发动机的总体设计

当氢氧涡轮泵、燃烧室和各种活门自动器研制成功后，或者研制到一定水平时，我们就可组成一个氢氧火箭发动机进行全系统整机研究性试车。这时试车的目的主要是解决低温发动机起动、转主级中出现的各种问题和各组合件的工作协调性问题。这些问题和发动机的总体设计是否符合低温发动机的特殊要求有密切关系。通常把这种类型的试车，称为短程研究性试车。例如：低温应力的传递是否会破坏导管；法兰的静密封、吹除活门、预冷泄出活门安放的位置是否合理，会不会形成系统内部的流动“死区”；测压接嘴会不会影响节流孔板和汽蚀文氏管的工作，有没有和大气相通的导管产生“低温抽吸”效应等。因此，低温发动机总体设计和一般的液体火箭发动机相比，具有更多的特殊性。

液体火箭发动机的研制过程，通常要经过短程研究性试车、全程考验性试车、二次起动或多次起动试车、超长程超载荷的结构寿命考验性试车。当取得发动机性能偏差范围数据和结构可靠性数据后，最后进行交付性鉴定试车。发动机地面试车的次数很多，试车的累计时间也很长。下面引用美国早期研制的两种液体火箭发动机的试车次数和累计工作时间，从中可以分析氢氧火箭发动机的特殊性[8]。

1）H－1发动机，采用液氧煤油作推进剂，地面推力约为836.25 kN。从1958年12月至1964年1月，共进行单机热试车3 973次，累计试车时间为285 103 s。H－1发动机，8台单机并联工作，用作土星-Ⅰ火箭的一级动力装置。8台发动机组合成一级动力装置的并联发动机试车共进行53次热试车，从1960年到1964年1月，累计试车时间3 988 s，平均每次试车75.2 s。

2）土星-Ⅰ火箭的第二级为氢氧火箭，由 6 台 RL－10A－3 氢氧火箭发动机组成动力装置。RL－10A－3 氢氧火箭发动机从 1959 年 8 月到 1964 年 2 月，共进行单机试车 4 632 次，累计试车 613 040 s；从 1962 年 8 月到 1964 年 2 月共进行组合发动机（6 台单机并联）热试车 26 次，累计试车时间 5 371 s，平均每次试车 206.6 s。

从以上情况看，氢氧火箭发动机单机试车次数比液氧煤油发动机多 659 次。试车次数比液氧煤油发动机多 16.6%。氢氧火箭发动机每次试车的时间比液氧煤油发动机增加约 2 倍。以上的情况虽然不能作为氢氧火箭发动机研制的规律来运用，但可以说明氢氧火箭发动机研制工作的特点，可以说明氢氧火箭发动机研制过程中要求的试车次数比一般液体火箭发动机多，氢氧火箭发动机每次试车的时间也比一般液体火箭发动机长。

随着液体火箭发动机的设计试验技术日趋成熟，已不需要几千次试车，而只需要 100 多次试车就可以把一台小推力的发动机研制出来。试车次数的绝对值已发生了根本性变化，但一般液体火箭发动机和氢氧火箭发动机试车次数的相对关系可能依然存在。例如研制一台小推力的常规液体火箭发动机需要 100 次试车，而研制一台小推力的氢氧火箭发动机至少需要 120 次试车。由于发动机整机试车比较昂贵，减少试车的次数，就可以大大节省研制经费。因此，在发动机系统整机试车中必须想方设法减少故障。为此，必须把发动机的总体设计方案搞好。发动机总体设计方案是否合理，虽然需要通过大量的试车进行考验，但反过来说，如果总结经验，使发动机总体设计方案比较合理，而且考虑了低温工作的各种特点，则就可以大大减少发动机试车次数，节省研制经费，使发动机工作更可靠。下面根据氢氧火箭发动机的特点，讨论几个典型的问题。

3.1　总装连接件的温度应力

在常温下装配好的氢氧火箭发动机，经过液氢和液氧预冷后，各种总装元件和连接件，都因温度的不同产生不同程度的温度应力。如果设计得合理，这些温度应力并不会破坏结构，甚至可以利用温度应力增大总装连接件的密封比压，提高或改善总装连接件的密封性能。但如果处理得不当，如材料搭配得不合适、收缩膨胀的补偿能力不够等，则温度应力成为消极因素，就会降低和恶化总装连接件的密封性能，有的情况还可以发展到导管脆裂断开，造成严重事故。因此氢氧火箭发动机总体设计时，必须分析各个总装连接件的温度应力作用的大小和温度应力作用的方向，使温度应力有利于增强总装连接件的可靠性和增大连接件密封比压的余度。总装连接件大部分都采用螺杆和螺帽的连接形式，图 3－1 为螺杆和螺帽连接件的局部剖面。若螺帽和螺杆采用材料不同，在温度变化时，引起的温度变形也不相同。设螺帽由于温度变化 ΔT_1 引起的长度变化为 Δl_{t1} ，而螺杆因温度变化 ΔT_2 引起的长度变化为 Δl_{t2} ，由于螺帽和螺杆连接成一体，则螺帽被螺杆拉伸而产生弹性变形为 Δl_{p1} ，而螺杆因不能自由膨胀而被螺帽制约，产生压缩的弹性变形为 $-\Delta l_{p2}$ 。

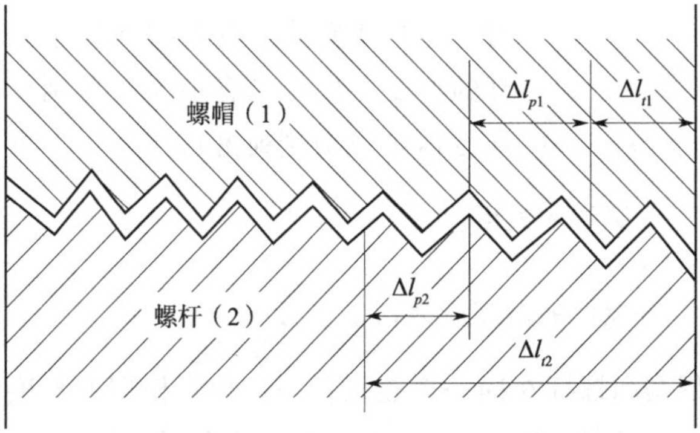

图 3－1　螺杆、螺帽连接件的局部剖面

螺帽和螺杆的变形量可以用式（3－1）来表示，即

$$\Delta l_{t1}+\Delta l_{p1}=\Delta l_{t2}-\Delta l_{p2} \tag{3-1}$$

或

$$\Delta l_{t1}-\Delta l_{t2}+\Delta l_{p1}+\Delta l_{p2}=0 \tag{3-2}$$

式中　$\Delta l_{t1}=l_1\alpha_1\Delta T_1$（$l_1$为螺帽的螺纹啮合的长度，$\alpha_1$为螺帽材料的线膨胀系数，$\Delta T_1$为螺帽在预冷前后产生的温差）；

$\Delta l_{t2}=l_2\alpha_2\Delta T_2$（$l_2$为螺杆的螺纹啮合的长度，可以认为$l_1=l_2$，$\alpha_2$为螺杆材料的线膨胀系数，$\Delta T_2$为螺杆在预冷前后产生的温差）；

$\Delta l_{p1}=\dfrac{p_1l_1}{E_1A_1}$（$p_1$为作用于螺帽中的内力，$E_1$为螺帽材料的弹性模量，$A_1$为螺帽受温度应力作用的横截面积）；

$\Delta l_{p2}=\dfrac{p_2l_2}{E_2A_2}$（$p_2$为作用于螺杆中的内力，$E_2$为螺杆材料的弹性模量，$A_2$为螺杆受温度应力作用的横截面积）。

将以上各项分别代入式（3－2），经过整理可得

$$\alpha_1\Delta T_1-\alpha_2\Delta T_2+\frac{\sigma_{t1}}{E_1}+\frac{\sigma_{t2}}{E_2}=0 \tag{3-3}$$

式中　ΔT_1，ΔT_2——螺帽、螺杆的温度变化，即两者在预冷前和预冷后的温差（在螺杆另一端和低温源相连时，螺帽直接暴露在大气环境中，螺帽和螺杆的温度变化可能有很大的差别，因此ΔT_1和ΔT_2必须分别列出）；

σ_{t1}——螺帽的温度应力，$\sigma_{t1}=\dfrac{p_1}{A_1}$；

σ_{t2}——螺杆的温度应力，$\sigma_{t2}=\dfrac{p_2}{A_2}$。

由于螺帽和螺杆在同一个连接件内，相互作用的温度应力大小是相同的，故可以把这两个参数写成同一个代号，即$\sigma_{t1}=\sigma_{t2}=\sigma_t$，于是得到温度应力的表达式

$$\sigma_t = \frac{E_1 E_2}{E_1 + E_2}(\alpha_2 \Delta T_2 - \alpha_1 \Delta T_1) \tag{3-4}$$

式（3－4）为螺帽、螺杆采用不同材料，在不同温度变化时引起的温度应力。

假如螺帽、螺杆都被发泡绝热层包覆着，外界的温度不能造成螺帽和螺杆有不同的温度变化，即 $\Delta T_1 = \Delta T_2 = \Delta T_{1-2}$ ，则温度应力的表达式可简化为

$$\sigma_t = \frac{E_1 E_2}{E_1 + E_2}(\alpha_2 - \alpha_1)\Delta T_{1-2} \tag{3-5}$$

如果螺帽和螺杆的材料是相同的，则 $E_1 = E_2 = E$ ，$\alpha_1 = \alpha_2 = \alpha$。但两者的温度变化不同，则式（3－4）可简化为

$$\sigma_t = \frac{E}{2}\alpha(\Delta T_2 - \Delta T_1) \tag{3-6}$$

分析式（3－4）、式（3－5）和式（3－6）可知，设计时注意到温度应力作用的方向和大小后，采用不同材料制造螺帽、螺杆，即通过材料的合理搭配，可以提高总装连接件的密封性能，从而达到增强总装连接件可靠性的目的。

3.2　总装连接件内的应力分析

氢氧火箭发动机的总装连接件，由于采用不同材料和温度变化不同，又有振动产生各种动载荷，所以存在着非常复杂的应力交变关系。从一般概念分析，可以认为总装连接件内存在 3 种应力：

1）装配时为了保证连接件的密封性能，由装配工具给出的拧紧力矩在螺纹内产生的应力为 σ_1 。

2）发动机预冷后，由于连接件所处的位置不同和预冷后温度变化的差异，产生的温度应力为 σ_2。

3）发动机起动后，发动机工作时的振动，使总装连接件处于交变应力作用下，引起螺纹材料疲劳而发生永久变形，从而使密封破坏。这种交变应力用 σ_3 表示。

因此，氢氧火箭发动机工作时连接件内作用的应力 σ 可用式 (3－7) 表示，即

$$\sigma = \sigma_1 + \sigma_2 \pm \sigma_3 \qquad (3-7)$$

在交变应力作用下材料的疲劳极限是有规律的。交变应力的幅值愈大，达到疲劳极限经受的交变次数 n 值就愈小，反之，交变应力的幅值愈小，则承受交变应力作用的往复次数 n 值就愈大。当交变应力的幅值小到某一值后，承受交变应力作用的往复次数 n 值可趋向无穷大，即不会产生疲劳破坏。

疲劳应力 σ 和交变载荷作用次数 n 的关系如图 3－2 所示。图 3－2中 σ_{-1} 表示疲劳应力极限。该曲线是通过试验获得的。不同的材料具有不同的疲劳应力极限值，但它们和交变载荷作用次数 n 的规律都如图 3－2 所示。

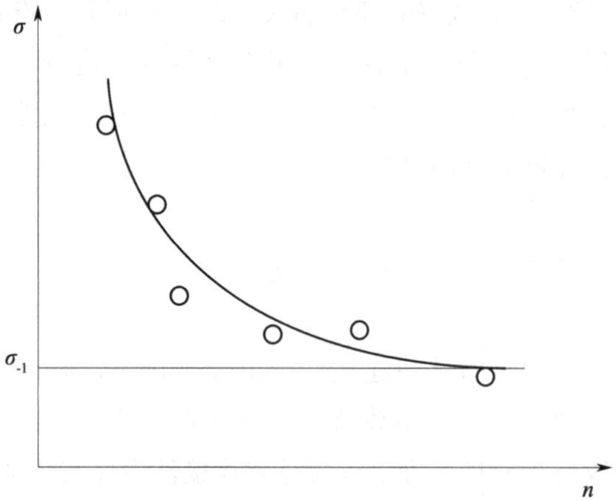

图 3－2　疲劳应力和交变载荷作用次数的关系

根据式 (3－7)，在氢氧火箭发动机工作时连接件内承受的应力之和 σ 比一般液体火箭发动机工作时多了 σ_2 这一项。为了提高氢氧火箭发动机总装连接件的工作可靠性，必须使 σ 尽量小一些。σ_3 是随机变量，很难控制它的数值，要在整机振动试验中分析各个总装连接件是否处于低频响应比较大的部位。如果处于低频响应比较大的

部位，则应改变结构或移动位置，使之免受低频大振幅的交变载荷的破坏。因此，发动机整机振动试验结果的分析工作是非常重要的。

降低总装连接件内总的应力 σ 的第二个措施是控制温度应力 σ_2 。设计时必须注意连接件的材料搭配和温度环境，使连接件尽量减小不均匀温度引起过大的温度应力，或者凡是受到温度影响的连接件都采用绝热措施，使之处于公式（3－5）所表达的状态中，可以减少一定的温度应力影响。

降低总装连接件内总应力 σ 的第三个措施，也是最主要的措施是准确地测定保证连接件密封的最小拧紧力距。最小拧紧力矩是通过试验测定的。但工程上任何试验都必须建立在理论分析的基础上，才易于用少量的试验获得有价值的数据和建立一种规律来指导实践。

螺纹连接件的强度计算通常是根据两个材料力学的原则：其一是假定螺纹在弯曲应力下工作进行强度计算；其二是假定螺纹在剪切应力下工作进行强度计算。

由式（3－7）可知，在总装连接件设计时，如果注意到温度应力 σ_2 是正值，则有利于增强连接件的密封能力；如果 σ_2 为负值，则常温下装配时由拧紧力矩保证的连接件密封能力就会下降，甚至在低温下不密封。因为发动机工作时还有交变应力 σ_3 作用到密封件上，很容易造成发动机连接件的密封失灵。

3.2.1　剪切应力下工作的螺纹拧紧力矩计算

设螺纹连接件工作在如图 3－3 所示的法兰上，螺帽的高度为 H，螺纹的内径为 d_1 。当扳手扳转螺帽时，螺纹受到剪切应力作用，整个螺纹受剪切应力的截面积为 A，则 A 可由式（3－8）表达，即

$$A = \xi \pi d_1 H \tag{3-8}$$

式中　ξ——螺纹受剪切应力作用的不均匀系数。对于一般的公制螺纹，$\xi \approx 0.88$；支承螺纹工作中的不均匀性更严重些，$\xi = 0.75$。

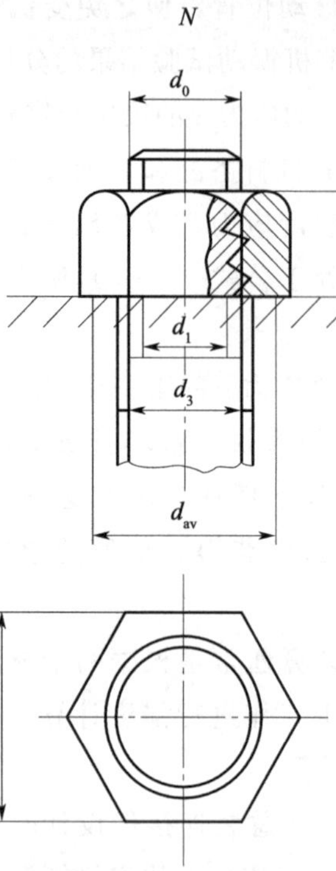

图 3-3　螺纹连接件

作用到螺纹上的剪切应力 τ 为

$$\tau = \frac{N}{\xi \pi d_1 H} \leqslant [\tau] \tag{3-9}$$

式中　$[\tau]$ ——材料的许用剪切应力（Pa）；

N——轴向拉紧力（N）。

N 和用扳手给出的拧紧力 F_1 的关系为

$$F_1 = N\tan(\beta + \varphi) \tag{3-10}$$

式中　β——螺距角（°），可根据螺纹查得，或用 $\beta = \arctan \dfrac{s}{\pi d_{av}}$ 计算$\left(d_{av} = \dfrac{d_0 + d_1}{2}\right.$（见图 3-3），$s$ 为螺距$\left.\right)$；

φ——摩擦角（°），$\varphi = \tan f$（f 为螺纹内的摩擦系数，如果螺

纹连接件的两种材料分别为铝合金和钢，则 $f\approx 0.2\sim 0.22$）。

将式（3-10）代入式（3-9），可以得到扳手给出的拧紧力和作用在螺纹内的剪切应力的关系式

$$\tau=\frac{F_1}{\xi\pi d_1 H\tan(\beta+\varphi)}\leqslant[\tau] \tag{3-11}$$

由式（3-11）可知，扳手给出的拧紧力绝对不允许大于材料的许用剪切应力和分母的乘积。

扳手给出的拧紧力 F_1 是通过力矩扳手保证的。拧紧力矩 M_1 由两部分力矩组成。其一是消耗在螺纹内摩擦的力矩；其二是消耗在螺帽端面和法兰面上的摩擦力矩。因此，M_1 的表达式为

$$M_1=F_1\frac{d_{\mathrm{av}}}{2}+Nf_2\frac{D_{\mathrm{av}}}{2} \tag{3-12}$$

式中　$D_{\mathrm{av}}=\frac{2}{3}\cdot\frac{D^3-d_3^3}{D^2-d_3^2}$（见图 3-3）；

f_2——螺帽端面和法兰之间的摩擦系数。

把式（3-9）～式（3-11）代入式（3-12），经整理，拧紧力矩 M_1 可以写为以下形式

$$M_1=\frac{[\tau]\xi\pi d_1 H}{2}\left(\frac{d_0+d_1}{2}\tan(\beta+\varphi)+\frac{2}{3}\cdot\frac{D^3-d_3^3}{D^2-d_3^2}\cdot f_2\right) \tag{3-13}$$

由式（3-13）可以看出，选择拧紧力矩 M_1 应根据螺帽、螺杆的材料不同、尺寸大小以及法兰等摩擦表面状态不同而确定。事先计算出拧紧力矩 M_1 变化范围，而后组织试验测定，可以达到事半功倍的效果。

3.2.2　弯曲应力下工作的螺纹拧紧力矩计算

试验研究表明，大部分螺纹连接件并不是在剪切应力下工作，而是在弯曲应力下工作的，特别是在动力系统上工作的螺纹连接件，都要承受交变应力的作用。因此，在发动机上工作的螺纹连接件，

都应按弯曲应力的原则来计算需要的拧紧力矩。

假如将一圈螺纹展开成直线（见图 3－4），则该螺纹的周长 $b = \pi d_1$ ，齿根的高度 $h = \xi s \left(\xi = \frac{h}{s} < 1 \right)$。

对于公制螺纹：$\xi = \frac{h}{s} = \frac{7}{8} = 0.875$ ；

对于英制螺纹：$\xi = \frac{h}{s} = \frac{5}{6} = 0.833$ ；

对于支撑件螺纹：$\xi = \frac{3}{4} = 0.75$ ；

对于梯形螺纹：$\xi = \frac{2}{3} = 0.667$ ；

对于方形螺纹：$\xi = \frac{1}{2} = 0.5$ 。

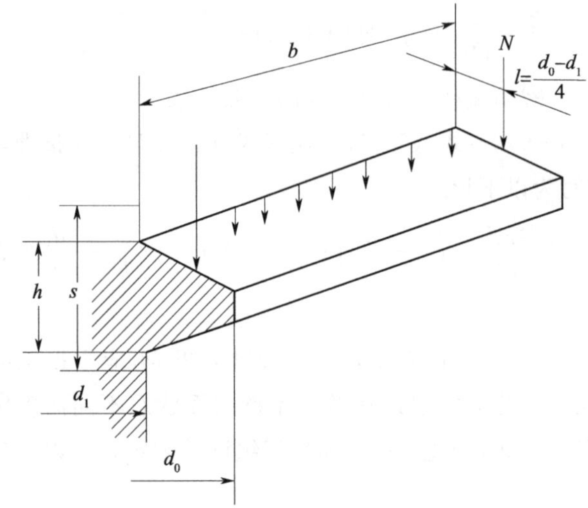

图 3－4　螺纹展开后的受力示意

由图 3－4 可知，螺纹齿上承受的弯曲力矩 M_w 为轴向拉紧力 N 和 $l = \frac{1}{2} \cdot \frac{d_0 - d_1}{2}$ 的乘积，即

$$M_w = Nl = N\frac{d_0 - d_1}{4} \tag{3-14}$$

根据材料力学，弯曲应力 σ_w 可以表示为

$$\sigma_w = \frac{M_w}{WZ} \tag{3-15}$$

式中　Z——螺帽内工作螺纹的圈数，$Z = \frac{H}{s}$；

W——单个齿的阻力弯矩，由图 3－4 可知，$W = \frac{bh^2}{6} = \frac{\pi d_1 (\xi s)^2}{6}$。

故有

$$\sigma_w = \frac{M_w}{\frac{\pi d_1 (\xi s)^2}{6} \cdot \frac{H}{s}} \tag{3-16}$$

将式（3－10）和式（3－14）代入式（3－16），并整理后可得到作用在螺纹连接件内的弯曲应力

$$\sigma_w = \frac{3}{2} \cdot \frac{F_1(d_0 - d_1)}{\pi d_1 \xi^2 sH \tan(\beta + \varphi)} \leqslant [\sigma_w] \tag{3-17}$$

式中　$[\sigma_w]$——材料的许用弯曲应力。如果该螺纹连接件是在交变载荷作用下工作，则 $[\sigma_w]$ 应小于材料的疲劳极限；如果该螺纹连接件仅在静载荷下工作，则 $[\sigma_w]$ 可以用材料的屈服极限应力 $\sigma_{0.2}$ 除以必需的安全系数。

设螺纹在弯曲力矩下工作的拧紧力矩为 M_2。利用式（3－17）和式（3－12）可以求得 M_2 的表达式为

$$M_2 = \frac{[\sigma_w]}{3} \cdot \frac{\pi d_1 \xi^2 sH}{d_0 - d_1}\left(\frac{d_0 + d_1}{2}\tan(\beta + \varphi) + \frac{2}{3} \cdot \frac{D^3 - d_3^3}{D^2 - d_3^2} \cdot f_2\right) \tag{3-18}$$

现在可以对 M_1 和 M_2 做一比较。从式（3－13）和式（3－18）中可以看到，它们之间有相同的项。若令 Y 表示两式的相同

项，即

$$Y=\xi\pi d_1 H\left(\frac{d_0+d_1}{2}\tan(\beta+\varphi)+\frac{2}{3}\cdot\frac{D^3-d_3^3}{D^2-d_3^2}\cdot f_2\right)$$

则有

$$M_1=\frac{[\tau]}{2}\cdot Y \tag{3-19}$$

$$M_2=\frac{[\sigma_{\mathrm{w}}]}{3}\cdot\frac{\xi s}{d_0-d_1}\cdot Y \tag{3-20}$$

由此得

$$M_2=\frac{[\sigma_{\mathrm{w}}]}{3}\cdot\frac{\xi s}{d_0-d_1}\cdot\frac{2}{[\tau]}\cdot M_1 \tag{3-21}$$

大量试验研究表明，工作在剪切应力下和弯曲应力下的屈服极限和疲劳极限的比值，都约为0.6，即 $\frac{\tau_{-1}}{\sigma_{-1}}\approx\frac{\tau_{0.2}}{\sigma_{0.2}}\approx 0.6$ 。

由此可见

$$M_2=\frac{\xi s}{d_0-d_1}M_1 \tag{3-22}$$

采用两种方法计算得的拧紧力矩，在多数条件下都比较接近。因此，在某些条件下既可用式（3-13），也可用式（3-18）来计算拧紧力矩。

3.3 低温发动机总体结构设计

氢氧火箭发动机的各主要组合件，如涡轮泵、推力室、各种主要活门自动器研制到一定水平时，经过鉴定性试验后，就可以把这些组合件组装成发动机，进行整机试验。整机试验的初始阶段主要是进行起动点火等的短程试车，检验这些组合件的功能是否协调。起动点火试验的最重要的目的是研究和确定氢氧火箭发动机的起动程序，其中包括发动机系统的吹除、气封等措施是否有效，预冷时间、氢氧两组元进入推力室的时差，点火器的能量大小和点火时间等是否合理。

起动点火短程试车取得完全成功后，就可以逐步增加发动机主级工作时间，直到全程试车和长程寿命试车。整机试车的经费比较昂贵，减少试车次数能产生很大的经济效益。低温发动机总体设计得合理，就可以减少试车次数，因此总体结构设计是非常重要的环节。总体结构设计中涉及的问题很多，下面只能讨论几个典型的问题。

3.3.1　氢氧火箭发动机的结构绝热问题

氢氧火箭发动机工作时虽然导管内都处于超低温介质的流动状态，但并非所有导管都需要绝热。需要绝热部位主要集中在液氢泵、液氧泵、节流圈、汽蚀文氏管安装的部位。

绝热的重点是液氢泵。液氢泵的绝热要求得到满足时，其他各个部位的绝热要求也就自然满足了。液氢泵的绝热一般采用聚氨酯硬质泡沫塑料。这种绝热材料在制冷工业中已广泛使用。它是一种闭孔率很高的热固性泡沫塑料。当它的密度在 50～60 kg/m^3时，它的导热系数约为 0.013 488 W/（m·K)。采用这样的泡沫塑料作为液氢泵的绝热材料，其厚度可以控制在 20 mm 以内。聚氨酯泡沫塑料仅仅是一种基本绝热材料。如何使这种绝热材料和液氢泵壳体连接起来，使之在发动机工作过程中承受低温收缩和振动的考验，这是发泡绝热的关键问题，而且是专业性较强的问题，将在后面的章节中详细讨论。

在小推力的氢氧火箭发动机上，氢泵、氧泵是通过齿轮传动连接在一起的，如美国的 RL－10A－3－3 和法国的 HM－7 等氢氧火箭发动机。因此氢氧两泵可以采用统一的发泡绝热工艺和相同的绝热材料。这样小功率的氢泵和氧泵的壳体材料都采用高强度铝合金材料制成。这种铝合金的线膨胀系数约为 2.2×10^{-5}/K，而聚氨酯泡沫塑料的线膨胀系数一般约为 1.05×10^{-4}/K。在液氢泵预冷时，随着温度下降，绝热层和铝泵壳相接处的面上的尺寸将发生不同的变化。

假设液氢泵壳体的外径为 200 mm，则随着温度下降，泵壳体的周长也不断地缩小。图 3-5 所示是该泵壳体随预冷温度下降中，其周长上泡沫塑料和铝壳体之间发生的周长之差。泵壳体温度由 293 K 下降到 30 K 左右，泵壳体周长缩短 13.6 mm，平均收缩率达 2%之多。其结果必然是绝热材料泡沫塑料产生裂缝而破坏绝热效果。为了解决这个问题，必须在泡沫塑料和铝泵壳之间设置一种缓冲层，缓冲层材料的收缩系数最好选在 $5\times10^{-5}\sim6\times10^{-5}$/K。

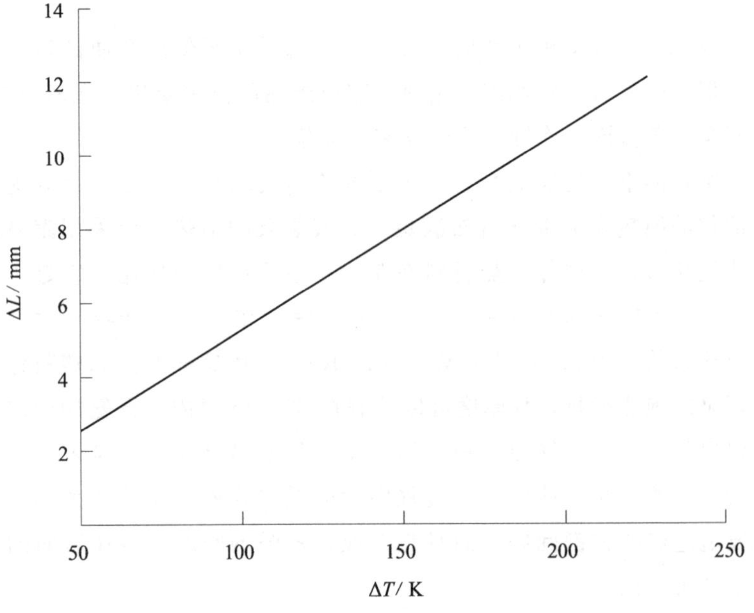

图 3-5　泡沫塑料和泵壳体之间尺寸收缩和温度变化的关系

设置了这一层缓冲层后可以起到以下作用：

1）缓冲层和泵壳体之间的最大收缩率之差下降到 0.87%～0.88%。

2）泡沫塑料和缓冲层之间的最大收缩率之差下降到 1.2%～1.3%。由于这种缓冲层材料都采用低温环氧树脂类，在低温下仍有一定的延伸率，可以起到一定的尺寸补偿作用，又可以把泡沫塑料和泵壳体粘贴在一起，保证泡沫塑料在低温下可靠地绝热。因此，为了防止泡沫塑料绝热层和金属壳体之间产生低温收缩开裂，所有需要绝热的部件，导管都应该设置缓冲层。

设计氢氧火箭发动机绝热方案时，必须采取紧凑的组装方案。可以以液氢泵为核心，顺着液氢的流路，把泵前活门、泵后的副系统引出的管接嘴、主活门等组装在一起，并设计成一种装配、拆卸方便的发泡模具。将以上的组合件组装在发泡模具之内，统一发泡成一个整体，称为发泡组件。在氢氧火箭发动机整机绝热方案设计时，应严格遵守这个原则。

导管和节流圈、汽蚀文氏管的位置应尽量靠近发泡组件。这些元件的绝热原则应和发泡组件完全相同，特别要防止接头处漏热。

在发泡模具发泡之后，要注意脱模后的外表面处理。泡沫塑料虽然具有很高的闭孔率，但低温抽吸作用仍然非常明显。为此，在泡沫塑料的外表面必须再涂一层密封胶，使之完全屏蔽低温抽吸作用。在发动机工作时，由于管内的液氢流速很高，所以绝热层内具有强大的低温抽吸能力，如果绝热层外表面的密封不严密，则很容易将外界空气抽吸到泡沫塑料内而降低泡沫塑料的绝热性能。为了保证密封胶的密封性能，常常不止涂一层密封胶，而是涂两层或三层来保证密封可靠。

3.3.2　总装管路、活门等布局设计

氢氧火箭发动机总装管路的走向，以及各种活门的安装位置应严格遵守两个原则：其一为严格遵守高点放气的原则，其二为严格防止管路内产生流动“死区”或者“旋涡区”。这两个原则在略有低温知识的人员中应该是很容易贯彻的。但发动机总体布局设计时，往往会遇到很多复杂的问题，迫使设计师在各种应遵守的原则之间，做出某种选择，有时就会在这种选择时犯了不应该犯的错误，直到试车失败后才认识清楚。特别重要的问题是预冷泄出活门和副系统引出管的相对位置，如果把它们设置在主导管的同一截面上是非常有害的。图 3 - 6 示意地表示了主活门、预冷泄

出活门和副系统引出管的相对位置关系。当发动机预冷时，主活门是关闭的，预冷泄出活门是打开的。副系统预冷是通过副系统引出管，经副系统的流量控制元件，如流量调节器或稳压器、孔板、汽蚀文氏管等，直到副系统控制活门的预冷排泄口。如果预冷泄出活门和副系统引出管设置在同一截面内，则该截面到主活门的一段管路就成为流动“死区”，很难避免气泡进入副系统引出管而造成起动故障。

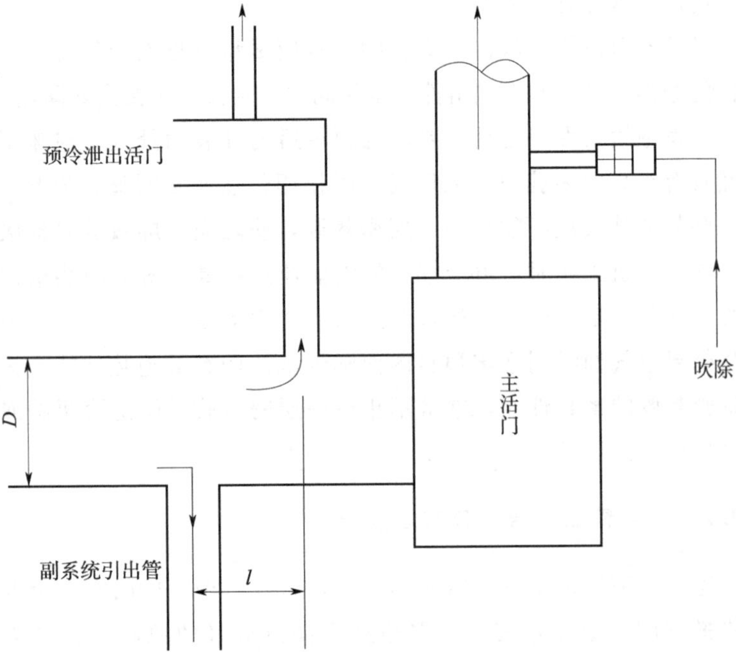

图 3－6　总装局部组件相对关系示意

正确的布局设计如图 3－6 所示，还应注意以下几点：

1）预冷泄出活门应该尽量靠近主活门，最好是将预冷泄出活门安装在主活门入口壳体上，或者设计在一起。这样可以完全消除预冷过程的流动“死区”。

2）副系统引出管应该尽量逆流上移，使图 3－6 上所示的 l 值尽量增大。如果结构上安放有困难，在极限状态下，必须做到 $l>2D$（D 为主系统导管的直径）。

3）主活门、预冷泄出活门和副系统引出管都必须严格地发泡绝热，以防止系统内有气泡的存在而影响副系统的工作；但主活门之后可以不绝热。

4）在主活门的出口处应该设置吹除用的单向活门（见图 3－6），因为它和推力室喷注器相通。在预冷开始时主活门之后必须用不冷凝的气体吹除和气封，以防止预冷过程中的低温抽吸作用，使主活门冻住打不开。

5）氢氧火箭发动机上设有很多吹除、气封和预冷排放管，也有一些管子是动密封的泄漏口引出管，这些管子的出口绝对不能直接和大气相通，必须把所有的氢路和氧路中的各种引出管子分别集中起来汇总到各自的总管上，在发动机预冷和主级工作过程中，在汇总管出口处加以气封，保证系统内的各个活门不被低温抽吸而冻住。汇总管的气封流量应具有一定余量，以保证气封能力。

6）氢氧火箭发动机上采用了很多电动气活门，电动气活门的排气口也是要和大气相通的。如果被控制的活门是在撤气状态下工作，则该活门的波纹管腔也必然和大气相通，那么在发动机预冷过程和工作过程中，由于低温抽吸作用就会使波纹管腔内充满了冰而失去弹性，即活门被冻死。为了解决这个问题，法国的 HM－7 氢氧火箭发动机将氢氧两个系统的电动气活门分别安装在两个盒子内，盒内为氦气环境（这里的氦气是在发动机起动前进行检查测试过程中残留的），保证了电动气活门的排气腔和氦气环境相连，彻底和大气环境隔离。电动气活门安装盒是提高发动机可靠性的重要设施，所以有的氢氧火箭发动机上的电动气活门的安装盒被做成完全密封的盒子，盒壳上安装低压差的单向活门，使盒子内保持 0.02～0.03 MPa 的氦气正压差，这样就更加可靠了。

3.3.3 氢氧火箭发动机的结构振动问题

氢氧火箭发动机和其他液体火箭发动机一样，是结构复杂的弹性体，而且随着设计师的观点不同，结构形状千变万化。因此，要从理论上分析结构弹性问题是不可能的，只能从原则上讨论几个应注意的问题。

3.3.3.1 氢氧火箭发动机的振源

与常规火箭发动机一样，氢氧火箭发动机的振源来自高速旋转的涡轮泵和工作的推力室，有时燃气发生器也作为低频振源。涡轮泵和推力室又是发动机总质量的两个主要组成部分，总体设计时总是以这两个重要组合件为核心来布置发动机。由于这两个组合件都比较重，所以一台涡轮泵供应一台推力室的发动机，都是把涡轮泵和推力室连接在一起，这里常常是采用刚性连接件。而一台涡轮泵供应四台推力室的发动机，都采用弹性连接。采用弹性连接的发动机，要注意它们各自的弹性频率分布情况，不应使连接件的弹性频率和某一个组合件的工作频率相同或相近，特别要注意防止它们的耦合振动。

3.3.3.2 注意地面试车和飞行状态的振动环境的差异

地面试车时发动机通过机架和地面试车台的推力架相连。推力架的刚度一般都是非常大的，而飞行状态的发动机是通过机架和箭体相连，箭体和地面试车台的推力架相比，弹性频率是很低的，因此飞行状态时发动机的振动环境要比地面试车台试车时恶劣得多。有些导管或总装连接件的弹性频率可能在飞行状态下降低而引起振幅增大，有时可能造成结构破坏，或者引起静密封失效而严重泄漏等故障。为了避免这种事件的发生，应该进行振动分析和整机悬挂敲击试验，以摸清楚各部件的振动频率响应情况。

3.3.3.3 防止低温应力的传递恶化局部组合件的受力状况

发动机安装在试车台上，只有泵前两根导管和试车台相连，因氢氧两个组元的温差约 70 K，故收缩量不一样。在预冷过程中和工作过程中它们是受试车台传递温度应力最敏感的部位，而支撑发动机的机架基本上不受温度影响。如果试车台上的联接导管的温度补偿能力较差，则氢泵前活门以及与之相连的液氢导管密封件都受温度应力的传递而可能产生严重的后果。由于这种温度应力只有发动机工作时才出现，如果发动机工作时的振动造成发动机导管接头处漏氢而起火，待发动机关机恢复常温后温度应力又已消失。这种漏氢起火的故障，一时很不容易找到具体漏氢的部位，很难及时采取措施，由此会拖延发动机的研制进度。有时被迫采取所谓“综合治理”办法，对各种可疑的部位都采取措施，但又会引起发动机结构质量增大。

3.3.3.4　氦气系统的泄漏是氢氧火箭发动机经常出现的故障

氦气是很容易泄漏的。氦气从高压气瓶出来，经过电动气活门到减压器后，分成若干分支，供应各种活门工作。而每个活门的位置不同，支撑件的弹性频率响应也千差万别。为了减小支撑件的质量，常常把它设计成薄壁结构，所以它们的自身固有频率都比较低，特别是发动机的各个组合件的频率响应相差很大，有时支撑点处于共振点也不易发现。只有通过发动机整机的振动试验，才能发现不合理的结构和暴露发动机结构上的薄弱环节。经过整机振动的发动机，进行气密性检查，再进行长程热试车考验，是提高发动机结构可靠性的重要措施，也是提高氦气系统密封可靠性的重要措施。

3.4　总装密封件

氢氧火箭发动机是可以多次重复使用的，经过热试车后的氢氧火箭发动机，常常需要分解再装，进行另一种试验目的的试车。如果总装密封件是一次性使用，则每装一台发动机就消耗一批，很不经济。若把总装密封件设计成弹性体，每次装配仅使其处于弹性变形状态，分解后又恢复原来尺寸，就可以大大减小密封件的消耗量。

因此，研究发动机总装密封件是非常重要的工作。目前这个问题尚未取得进展，绝大部分的总装密封件仍是一次性使用。

总装密封件随着工作部位的不同，要求也相差很大，有要求在超低温高压下工作的密封件，有常温高压但非常易泄漏的氦气密封件，也有高低温交替作用的密封件等。这里仅介绍几种典型的静密封件的设计。

3.4.1 柔性石墨垫圈

氢氧火箭发动机工作时有两个部位的密封问题是比较难解决的。其一是燃气发生器和涡轮对接的部位，其二是涡轮和液氢泵壳的对接部位。这两个部位都处于高低温交替变化的恶劣环境，特别是燃气发生器和涡轮对接部位要密封的介质是高温高压的燃气，工作过程中还要承受严重的振动考验。例如美国的航天飞机主发动机和日本的 LE－7 氢氧火箭发动机，它们的燃气发生器都是用氢冷却的，在液氢系统预冷时，燃气发生器的内腔有液化空气经过涡轮排出来，这时，燃气发生器和涡轮对接面的静密封件温度降到 80 K 左右，而发动机起动后，900～1 000 K 和几百个大气压的高温高压燃气从燃气发生器流向涡轮，因此解决该部位的静密封问题是难度很大的。至于涡轮上盖和液氢泵壳对接面，虽然压力比较低一些，但这里的尺寸很大，工作过程中温差很大。在小推力氢氧火箭发动机上采用柔性石墨垫圈作为上述部位的静密封是非常成功的。

柔性石墨密封元件可以在 70～2 273 K 的广阔温度范围内使用。它是首先在原子能工业中得到应用的新型密封材料。美国联合碳化物公司于 1968 年首先获得专利，而后德国、日本和法国也相继研制出类似的柔性石墨密封材料。这种密封材料用于氢氧火箭发动机的高低温交变的部位是很合适的。

柔性石墨的石墨粒子结构，与普通的石墨粒子不同，它以普通石墨为原料，先经过化学处理，而后再进行热处理，使石墨粒子

沿所谓 C 轴方向膨胀而成。膨胀的倍数至少要超过 80 倍，能膨胀到 200 倍或 200 倍以上为最好。因此，柔性石墨也称为膨胀石墨。经过这样大倍数膨胀过的石墨粒子，其外貌和毛毛虫相似，因此国内外都称它为“蠕虫”。将这种“蠕虫”石墨原料在辊轧机上轧成带状或板材，而后根据密封结构的需求，可制成垫片式，或卷成密封垫圈。密封垫圈也可以夹入金属带以增大其轴向刚度和弹性。我国某厂生产的膨胀石墨密封环和密封垫圈的主要技术性能如表 3-1 所示。

表 3-1　膨胀石墨的主要技术性能

技术性能	数　据	备　注
密度/（g/cm^3）	1.10～1.80	可按用户要求压制
石墨纯度/%	＞99.74	
灰分/%	＜0.2	
抗拉强度/MPa	40～100	
弹性模数/MPa	1.45×10^4	（美国 UCC 公司数据）
抗压强度/MPa	约 350	
回弹率/%	35～50	美国 UCC 公司的数据：压缩 15.7 MPa 时为 60%
动摩擦系数	0.14～0.16	
电阻率/（Ω · m）	3.5×10^{-6}	
使用压力/MPa	＜34.3	超过 34.3 MPa 时，可作特殊处理

柔性石墨垫圈的主要优良性能如下：

1）对气体和液体具有优良的不渗透性；

2）具有良好的弹性和柔性，在使用中不会因温度变化或振动等因素而引起泄漏，安全可靠；

3）在高温500℃的氧化气氛中和2 500℃非氧化气氛中均能保持良好的密封性能，在低温－204℃条件下也可应用；

4）能长期接触酸、碱、盐或有机溶剂（除强氧化性的硝酸、铬酸、发烟硫酸、卤素之外），其耐化学腐蚀性能很强；

5）耐辐射性能稳定；

6）低摩擦系数和具有自润滑性能；

7）热和电的传导有明显的各向异性。

美国U.C.C.公司制造的柔性石墨板，在平面方向和厚度方向的热传导系数分别如表3－2所示。

表3－2　柔性石墨板热传导系数的各向异性

温度/℃	热传导系数/(W/(m·K))		两个不同方向相差的倍数
	平面方向	厚度方向	
21	138.138	5.023 2	27.5
1 093	41.86	3.476 7	12

由此可见，带状的柔性石墨缠绕而成的垫圈不仅具有良好的密封性能，而且具有良好的轴向绝热性能，而这种特性是低温密封件最希望获得的工作特性。例如，我们希望用在涡轮盖和液氢泵壳对接面上的密封件具有这种特性。

3.4.2　法兰连接的密封件

在液体火箭发动机的导管联接件中，并没有严格的规定，在多大直径的导管上必须采用法兰连接，但有经验的设计人员都有判断能力，在导管直径较大（一般在25～30 mm以上）的部位应该采用法兰连接。法兰连接的关键问题是选用合适的密封形式，通常可以分成两种类型，其一为平垫片，其二为压力作用式。在低温的氢氧火箭发动机上也不例外。而O形圈的密封形式在低温发动机上都不采用。

3.4.2.1　平垫片密封件

平垫片密封件通常采用软铝作材料，外表面喷涂一层薄薄的含氟聚氨酯胶，而法兰的一面留有密封齿，另一面刻有密封三角槽。装配后的法兰如图 3－7 所示。当低温工作介质压力低于 7 MPa 时，都能保证可靠的密封。这种密封件最大的优点是价格便宜，可以大批量生产，但这是一次性使用的密封件，每次拆装发动机时，必须更换新的平垫片。

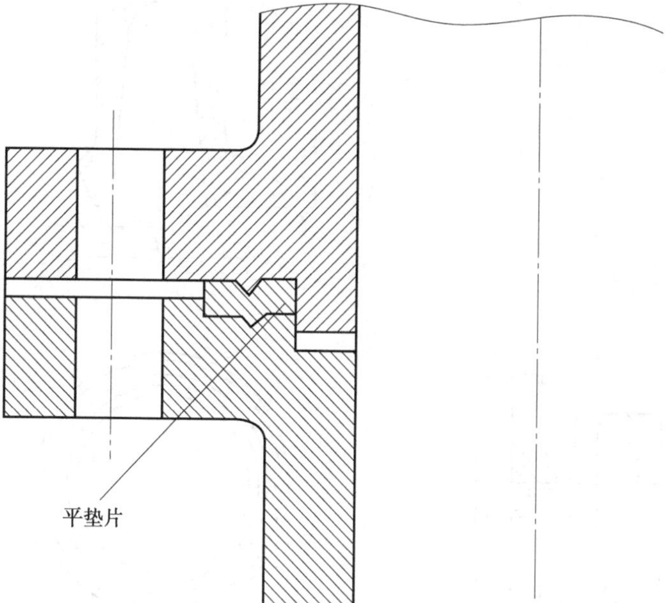

图 3－7　法兰连接件上的平垫片密封件

3.4.2.2　压力作用式密封件

在低温条件下工作的密封件应具有较好的弹性，以便在温度变形时能保持正常的密封性能。图 3－8 是一个 U 形截面的环形金属密封垫，它既具有弹性效应，又是压力作用式的密封件。当这样的密封垫装配到法兰连接面内，法兰上螺杆拧紧后，密封件的弹簧式的腿受法兰面的压紧而弯曲。腿和法兰面的接触比压可以根据密封要求来设计。因为密封垫的开口端向着法兰盘的内径方向，内部流体的压力又作用在密封件内来增大密封的接触比压，所以这种工作原理的密封件被称为压力作用式密封件。

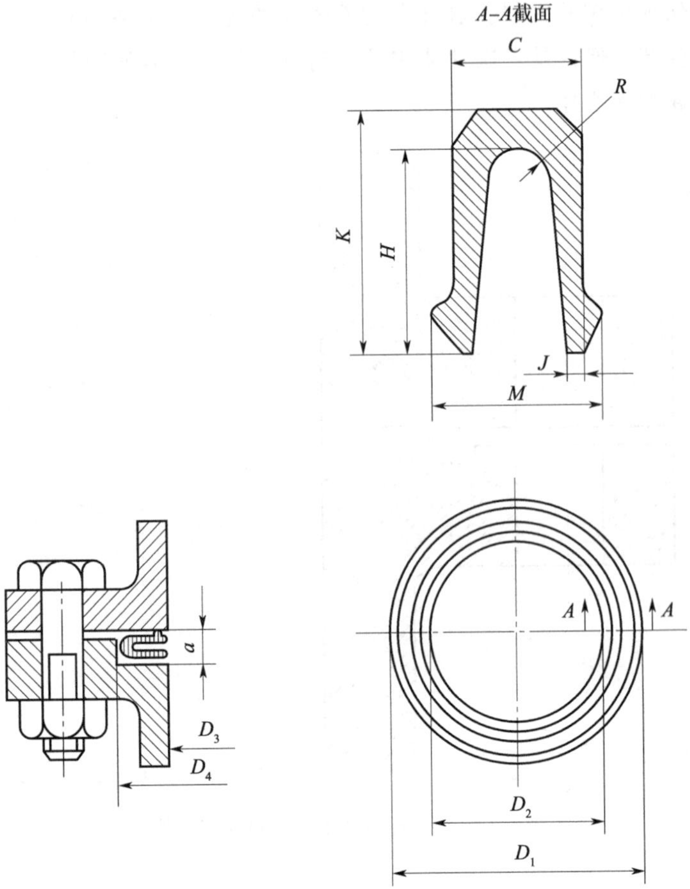

图 3－8　压力作用式 U 形密封件

压力作用式密封件一般都装在法兰盘接头面的同心槽内。美国 Rocketdyne 公司对图 3－8 所示的压力作用式密封件接触负荷提出一个近似计算方法如下（因有常数项，故式（3－23）用英制单

位）[11]

$$F_{s1}=\frac{7\ 627.98EJ^{3}t}{(39.37H-0.02)^{3}C_{1}} \tag{3-23}$$

式中　F_{s1}——没有内部流体压力时，密封圆周单位长度上的密封接触负荷（N/m）；

E——U 形密封件材料的弹性模量（Pa）；

J——U 形密封件腿端头的厚度（m），如图 3-8 所示；

t——U 形密封件安装在法兰内的压缩量，即图 3-8 中 U 形密封件初始宽度 M 值减去法兰凹槽之深度 a（m），$t=M-a$；

H——U 形密封件的腿长（m）；

C_1——设计系数，是 U 形密封件腿的形状函数，其数值范围为 0.04～0.8。

当内部具有流体压力，即实际工作状态时，接触负荷还要增大，所以压力作用式密封件的实际工作接触负荷为

$$F_{s2}=F_{s1}+0.012\ 7p(39.37H-0.02) \tag{3-24}$$

式中　p——流体压力（Pa）。

压力作用式密封件的接触表面通常涂一层弹性模量比密封件较小的材料，如聚四氟乙烯塑料、铜、银或金等。这是改善密封性能的一种重要措施，对低温下工作的密封件接触面上喷涂含氟聚氨酯也是非常有效的。

Rocketdyne 公司对压力作用式密封件有一些典型的设计数据，可以参考表 3-3。

上述压力作用式 U 形密封件在液氢温度下内部流体压力高达 28 MPa 时也能可靠地工作。

对于高温燃气，U 形密封件常常设计成双重减压式密封，即图 3-8所示的 U 形密封件的 K 值增长，在根部不倒角，而是设计成齿形减压波纹，密封效果也很好。不过这种密封件制造比较麻烦，因此生产成本比较高。

表 3-3　压力作用式 U 形密封件设计参数（参见图 3-8）

U形密封件尺寸/m								法兰盘凹槽尺寸/m		
外径 D_1	内径 D_2	K	J	M	R	C	H	内径 D_3	外径 D_4	深度 a
0.052 273	0.039 319	0.006 477	0.000 457	0.004 064	0.000 94	0.003 531	0.005 334	0.038 278	0.052 629	0.003 759
0.066 573	0.053 619	0.006 477	0.000 457	0.004 064	0.000 94	0.003 531	0.005 334	0.052 578	0.066 929	0.003 759
0.078 232	0.065 278	0.006 477	0.000 457	0.004 064	0.000 94	0.003 531	0.005 334	0.064 237	0.078 588	0.003 759
0.091 948	0.078 994	0.006 477	0.000 457	0.004 064	0.000 94	0.003 531	0.005 334	0.077 978	0.092 329	0.003 759
0.117 297	0.104 343	0.006 477	0.000 457	0.004 064	0.000 94	0.003 531	0.005 334	0.103 378	0.117 729	0.003 759
0.142 646	0.129 946	0.006 35	0.000 432	0.004 064	0.000 94	0.004 166	0.005 207	0.128 778	0.143 129	0.004 394

3.4.3　焊接连接

氢氧火箭发动机在研制阶段，由于考虑分解再装的方便，在导管联接件上采用了法兰连接，但任何法兰连接件的密封性能和可靠性与焊接件相比，总是要差一些。因此，在发动机研制的后期，都必须逐步减少法兰连接，用焊接连接来取代。这不仅可以提高可靠性，也可以减小发动机的质量。

焊接技术的发展已给液体火箭发动机的装配提供了很多导管联接件的焊接方法，其中包括管子对管子、管子对波纹管、管子对组合件等。比较常用的典型焊接方法有钎焊、定位焊等。

焊接导管接头时要注意焊接设备必须留出的空间，氩气保护的定位焊必须留好焊枪可以旋转的空间，钎焊时都是采用感应加热线圈，因而要留有感应加热线圈安装的位置。钎焊联接件如图 3－9 所示。文献［10］中介绍一种低熔点合金可以用作钎焊合金，其成分为 71.8%银、28%铜、0.2%锂，其熔点约为 780℃。这种合金在钎焊时可不用焊药，把钎焊料（合金箔）切成合适的尺寸，预先放进图 3－9 所示的装料凹槽内。这种合金箔的厚度一般为 0.025～0.076 mm，联接套管和焊接导管之间留有 0.052～0.2 mm 的间隙，钎焊的效果是很好的。钎焊时用的联接套管长度以被焊管子外径的 1～2 倍为宜。

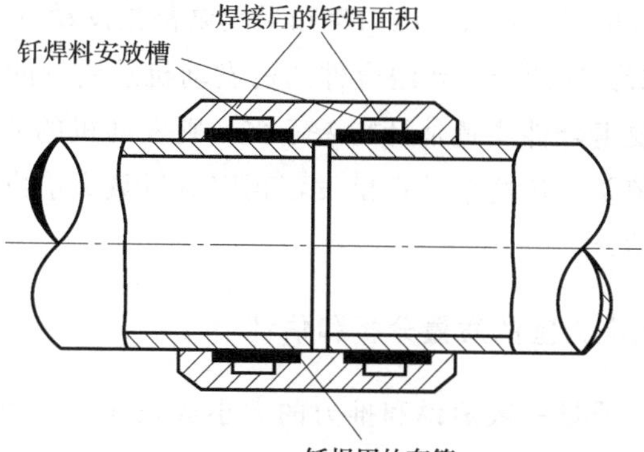

图 3－9　钎焊联接件示意

装配氢氧火箭发动机时，必须非常重视发动机导管联接件的检漏问题，钎焊或者其他焊接接头都不例外。一般都采用氦质谱仪检漏，这是氢氧火箭发动机装配检漏的主要方法。因为氢是非常容易泄漏的，发动机试车过程中，漏氢就是漏火，检漏时必须严格遵守技术条件的要求。

3.5 氢氧火箭发动机的质量分析和估计

在运载火箭总体方案论证时，为了选择推进系统方案，常常需要对发动机的质量、性能等参数进行比较和优化。在当今计算机技术已高度发展的时期，这部分工作更具有迫切性。但是，液体火箭发动机的质量是很难估算的，因为影响发动机质量的因素很多，几乎没有什么规律可循。因此，估算发动机质量的工作只能是非常粗糙的。我们准备根据已有的氢氧火箭发动机质量和组合件质量进行分析，找出它们的相对关系，作为氢氧火箭发动机系统方案初步论证时的比较，并不能作为工程设计中的依据。

任何液体火箭发动机，包括氢氧火箭发动机，都是由推力室、涡轮泵、燃气发生器、各种活门自动器，以及机架、导管、支撑件等总体装配要求的直属元件组成的。不论从发动机系统的角度，还是从各组合件的质量比较，推力室和涡轮泵都是发动机的核心部分。从质量上分析，这两个主要组合件约占发动机总质量的50%，如果把这两个主要组合件质量估计得差不多，则发动机的质量估算就不会出现大的偏差。从这个观点出发，我们对氢氧火箭发动机的质量进行分析和估计。

3.5.1 氢氧推力室的质量分析和估计

推力室的质量一般地说和推力的大小成正比，推力愈大，则推力室必然愈重。氢氧火箭发动机都用于上面级火箭上，因此采用的喷管必然是大面积比的。喷管面积比愈大，则它的质量也愈大。因此，推力室的质量也和面积比成正比。推力室的尺寸随着燃烧室内的压力增大而缩小，因而推力室的质量又必然和它的燃烧室压力成反比。根据以上分析，推力室的质量可以概括为以下函数关系

$$M_K = f(F, \varepsilon, p_K) \tag{3-25}$$

根据上述原则分析了美国的 SSME 和 RL-10A-3-3 两种推力室的质量、法国的 HM-7 氢氧火箭发动机推力室的质量，以及我国研制的两种氢氧火箭发动机推力室的质量，可以把式（3-25）的函数关系粗略地写成

$$M_K = 0.019\ 89F^{0.8} \frac{\sqrt{\varepsilon}}{p_K^{0.15}} \tag{3-26}$$

式中　M_K——推力室质量（kg）；

F——推力室推力（N）；

ε——推力室喷管面积比；

p_K——燃烧室内压力（Pa）。

用式（3-26）对上述 5 种氢氧火箭发动机推力室的质量进行了校核，计算的质量和它们的实际质量之差大约在 1.35%～6.5%之间。这说明式（3-26）在初步方案论证时，可以用于推力室的质量分析估算。

3.5.2　氢氧涡轮泵的质量估计

涡轮泵的质量基本上取决于发动机的推力大小和燃烧室压力的高低。发动机的推力愈大，则涡轮泵的尺寸也愈大，因而质量也愈大。当然，涡轮泵的质量和它的工作转速关系密切。美国的 RL-10A-3-3 上采用铝合金涡轮，因此其质量也与工质的温度和所用的材料有关系，要准确地确定涡轮泵的质量是很困难的。

在发动机方案论证阶段，准确地计算涡轮泵的质量是不可能的，但可以对涡轮泵设计提出比功率的技术要求。所谓比功率，即涡轮泵的单位质量能产生多大的功率。这个参数排除了材料因素对涡轮泵质量的影响。例如美国的 RL-10A-3-3 氢氧火箭发动机上涡轮

泵的比功率达 16.85，而我国研制的小推力氢氧火箭发动机采用的钢涡轮转子，其涡轮泵比功率只有 12.4。这两种涡轮泵的设计参数和所用材料都相差很大，但其比功率数值相差并不很大。由此可见，采用比功率的概念来分析涡轮泵的质量也是可行的。

对于氢氧涡轮泵来说，泵的工作介质是液氢和液氧。因此它的理论功率基本由其流量和压升的乘积来确定。由于发动机尚处于方案论证阶段，用压升来分析涡轮泵的质量是不方便的。由于分析推力室质量时，需要初步确定燃烧室压力，而燃烧室压力又是涡轮泵压升的主要组成部分，只要把燃烧室压力加上喷嘴压降、冷却套压降和管路损失等，做出初步规定，就是涡轮泵应提供的压升。燃烧室压力是发动机设计水平的标志，它可以由几十个大气压增大到几百个大气压；而管路压降属于发动机内部损耗，希望愈小愈好，或者令其在某一个小范围内作些变化。因此，用燃烧室压力取代涡轮泵压升，用于分析涡轮泵质量，不仅是方便的，也是比较合理的。

文献［11］介绍了一种涡轮泵结构质量的估算公式，从公式中的各个参数所表达的物理意义上分析，基本上与上述的分析原则相同。我们以该公式为基础并考虑结合氢氧推进剂低密度的特点做了一些修改，其形式为

$$M_{\mathrm{T}} = (a + bp_{\mathrm{K}})Q_{\mathrm{s}}^{k} \tag{3-27}$$

式中 M_{T} ——涡轮泵的结构质量（kg）；

Q_{s} ——两个泵的容积流量之和（L/s）；

a，b，k——统计质量的系数。

文献［11］建议 3 个统计系数分别为 $a \approx 4 \sim 5$，$b = 0.065$，$k \approx 0.5$。经过一些校核计算后认为，式（3-27）只适合用于高密度推进剂和一台涡轮带动两台泵的结构质量估算（这是苏联的传统结构设计方案）；对于氢氧涡轮泵的结构质量估算是不适合的，特别是大推力氢氧火箭发动机经常是一台涡轮带一台泵。因此，应根据氢氧涡轮泵自身的特点来确定新的统计系数（a，b，k）。

3.5.2.1　小推力氢氧火箭发动机的涡轮泵结构质量估算

小推力氢氧涡轮泵的结构基本上都是由一台涡轮带动两台泵，考虑到液氧泵的汽蚀特性和高密度，可以在较低的转速下工作，所以对于氢泵和氧泵，通常是通过降速齿轮传动的办法来设计涡轮泵的。例如美国的 RL-10A-3-3、法国的 HM-7 和我国研制的氢氧火箭发动机上，都是采用齿轮箱连接两台泵的。这种结构的涡轮泵质量可以按式（3-28）来估算

$$M_T = (3.5 + 6.374 \times 10^{-3} p_K)(Q_r + Q_y)^{0.5} \tag{3-28}$$

式中　p_K ——燃烧室压力（MPa）；

Q_r ——液氢容积流量（L/s）；

Q_y ——液氧容积流量（L/s）；

M_T ——涡轮泵质量（kg）。

式（3-28）基本上符合式（3-27）的 a、b、k 的取值范围。

利用式（3-28）对以上 3 种氢氧火箭发动机的涡轮泵质量进行了核算，计算的质量和它们的实际质量之差都小于 6%，说明式（3-28）是可以用作小推力发动机的氢氧涡轮泵质量估算的。

3.5.2.2　氢氧涡轮泵分离并转速不同时的结构质量估计

在大推力氢氧火箭发动机设计时，常常把氢和氧两个涡轮泵分开设计。这是因为氢泵要求很高的工作转速，而氧泵工作转速可以低一些。由于在较大推力氢氧火箭发动机上，液氧涡轮泵的功率也很大，用齿轮传动把氢泵和氧泵连接在一起的方案是很难实现的，所以只好分离开设计成两台涡轮泵。这样，涡轮泵的质量就不能用上述公式来估算了，必须结合氢氧两种涡轮泵不同的特点分别估算其质量。

大推力发动机氧涡轮泵的转速比氢涡轮泵低很多，约为后者的 25%～50%。因此，氧涡轮泵质量往往和氢涡轮泵质量很接近。在结构质量估算的公式中必须引入转速悬殊的修正系数。

对于氢涡轮泵的质量估算可以按式（3-29），即

$$M_{TH} = (4 + 7.159 \times 10^{-3} p_K^{0.95}) Q_H^{\ 0.45} \tag{3-29}$$

式中 M_{TH} ——氢涡轮泵质量（kg）；

Q_{H} ——液氢容积流量（L/s）。

式（3－29）的估算质量与美国 SSME 上的氢涡轮泵比较接近，与我国自行研制的氢涡轮泵质量也很接近，估算的误差约在 5%以下。

根据前面的分析，氧涡轮泵的质量估算应引入转速修正系数。其质量估算公式为

$$M_{TO} = (4 + 7.159 \times 10^{-3} p_K^{0.95}) Q_O^{0.45} \left(\frac{n_1}{n_2}\right)^{0.6} \tag{3-30}$$

式中 M_{TO} ——氧涡轮泵质量（kg）；

Q_{O} ——液氧容积流量（L/s）；

n_1——氢涡轮泵转速（r/min）；

n_2——氧涡轮泵转速（r/min）。

用式（3－30）进行质量估算的结果也是令人满意的，误差可以控制在 6%～7%。

3.5.3 发动机其他部件的质量估计

3.5.3.1 燃气发生器或预燃室的质量估计

在氢氧火箭发动机中只有燃气发生器动力循环和分级燃烧动力循环中才有燃气发生器（预燃室）。在燃气发生器循环中，涡轮大都设计成超声速工况，因而其燃气发生器的体积小，而且质量也小，在分级燃烧循环中的燃气发生器通常被称为预燃室。由于发动机的全部燃料或全部氧化剂都要通过燃气发生器进行预先燃烧，所以在分级燃烧循环中，预燃室的体积和质量是相当大的，又由于处于高温高压的工作条件，预燃室的身部必须和亚声速涡轮上盖设计成一体。因此，分级燃烧循环上预燃室质量比超声速涡轮上的燃气发生器应增大好多倍。应该分别对它们的质量计算进行研究。

（1）燃气发生器的质量估算

通常的小推力氢氧火箭发动机，如法国的 HM－7 或我国研制的

氢氧火箭发动机，都采用一个燃气发生器供应一个涡轮，带动两台泵，这种燃气发生器的质量约为涡轮泵质量的 8%～9%，因此可用式（3-31）估算，即

$$M_2 = 0.085 M_T \tag{3-31}$$

式中　M_2——燃气发生器质量（kg）；

M_T——涡轮泵质量（kg）。

（2）预燃室的质量估算

对于大推力氢氧火箭发动机采用分级燃烧循环后，氢和氧两种预燃室的质量应分开来考虑：

1）氧涡轮泵上的预燃室质量可用式（3-32）确定，即

$$M_{22} = 0.15 M_{TO} \tag{3-32}$$

式中　M_{22}——氧涡轮泵上的预燃室质量（kg）；

M_{TO}——氧涡轮泵质量（kg）。

2）氢涡轮泵上的预燃室质量可用式（3-33）求得，即

$$M_{21} = 0.19 M_{TH} \tag{3-33}$$

式中　M_{21}——氢涡轮泵上的预燃室质量（kg）；

M_{TH}——氢涡轮泵质量（kg）。

如果是一个预燃室供应两种涡轮泵，则该预燃室的质量 M_{2s} 可以用式（3-34）估算，即

$$M_{2s} = 0.17(M_{TO} + M_{TH}) \tag{3-34}$$

3.5.3.2　各种活门、自动器的质量估计

在氢氧火箭发动机上活门、自动器的品种多、数量多，因此估算这部分组合件质量是非常困难的。我们只能根据液路活门、气路活门自动器等分别统计分析。液路活门的大小都和通过的容积流量（即推力大小）成正比，而气路活门自动器质量和推力大小的关系很不密切。分析美国的 RL-10A-3-3、SSME、法国的 HM-7 和我国的氢氧火箭发动机上应用的活门品种、质量、数量等，可以采用各种发动机上活门自动器的质量平均值来推算。

对于小推力氢氧火箭发动机，活门自动器的品种、数量不可能

减少，而且有些活门、自动器的质量并非完全随流量的减小呈线性减小。因此，按照非常粗糙的办法，各种活门自动器的质量可以按式（3－35）估算，即

$$M_v = 0.47M_T + 2.5B \tag{3-35}$$

式中　M_v——各种活门自动器总质量（kg）；

M_T——涡轮泵质量（kg）；

B——气路活门自动器的品种，如减压器的种类、电动气活门的品种等。

对于大推力发动机，常常是把涡轮泵分成氢路和氧路两种。这两路供应系统中采用的活门自动器的质量也不同，也应该分别估算，但气路活门没有必要分开统计。因此，大推力发动机上的活门自动器的质量估计为

$$M_v = 0.31M_{TO} + 0.26M_{TH} + 3.5B \tag{3-36}$$

式中　M_{TO}——氧涡轮泵质量（kg）；

M_{TH}——氢涡轮泵质量（kg）。

3.5.3.3　总装元件的质量估计

总装元件包括各种导管、支撑件、常平座、软管、换热器、蒸发器等，这里不考虑机架的质量，因为在进行火箭总体设计时，常常把机架既作为主发动机的推力传递部件，又作为滑行段、二次起动等推进剂管理系统的发动机的机架；而对于多机并联时，发动机机架的质量也有较大变化。因此，机架实际上是火箭总体方案中的动力系统部件，不应作为发动机质量来考虑。根据以上所列的部件，它们的质量既与涡轮泵的质量有关，又与推力室的质量有关，因此其质量可用式（3－37）来估算，即

$$M_s = 0.416(M_T + M_K) + W \tag{3-37}$$

式中　M_s——发动机总装元件质量（kg）；

M_T——涡轮泵质量，如果是两台涡轮泵，则 M_T 为两台涡轮泵质量之和（kg）；

M_K——推力室质量（kg）；

W——考虑发动机上有些特殊部件的质量 W_1、W_2、W_3 等，$W = W_1 + W_2 + W_3$。这些部件并非典型氢氧火箭发动机必需的。例如美国的 SSME 上有计算机控制器，质量为 96.6 kg，氢、氧预压涡轮泵的质量分别为 69.4 kg和 84.8 kg 等，分析质量时，如果不设置这个部件，则 $W = 0$。

通过以上分类进行质量估算后，最后可以得到发动机在方案论证时的质量，这样估计的质量，既与采用的动力循环有关，又与发动机参数高低有关，所以用以上方法估算的发动机质量有可能更合理一些。但应该说明，以上方法仍然有很多不合理的地方，必须进一步改进。

第 4 章　氢氧火箭发动机的起动技术

氢氧火箭发动机的起动是氢氧火箭发动机工作的最关键部分，包含起动前的系统吹除、置换、预冷、涡轮泵起动加速到转入主级工作的全过程。如果上述全过程设计得合理，则氢氧火箭发动机的工作可靠性基本上能得到保证。因此，在研制氢氧火箭发动机的过程中，总是把这部分工作放在最重要的位置。

4.1　发动机起动前的系统吹除、置换和气封

不论是发动机地面试车台系统，还是火箭的贮箱到发动机的动力系统，在液氢、液氧加注之前，都必须经过严格的系统吹除和置换。在加注推进剂的过程中，所有与系统相连的排气口，都必须采取气封，以防止低温抽吸作用，把外界的空气中易冻结的成分抽进系统而“冻死”活门或其他零件。吹除、置换和气封，都必须按一定的技术条件来执行，否则在发动机起动过程发生的一些麻烦问题都可以怀疑到是系统内有残余的空气引起的。这是世界各国在研制氢氧火箭发动机的实践中总结出来的经验。

4.1.1　系统吹除

系统吹除包含火箭动力舱内的环境吹除和氢氧火箭发动机系统的内部吹除。动力舱的环境吹除具有控制机舱环境的温度、湿度等作用，也存在液氢加注预冷过程中有些部位可能引起空气液化制冷，液化空气流动可能使某些部件工作失常等问题。土星-V火箭第三级的直径为 6.6 m，它的动力舱在火箭测试过程中都用空气吹除，吹除流量为 1.698 m^3/s，这是因为有些仪器带电测试产生的热量可以得到及时

消散。但在低温推进剂加注前 2 h，就改用氮气吹除，吹除流量也为 1.698 m^3/s[12]，动力舱的氮气吹除一直持续到火箭起飞为止。

如果发动机预冷过程中有些受深冷的部件会产生液化氮流动，则这些部件必须改用氦气吹除。

土星-V 火箭的氢氧贮箱及动力系统用高纯度的氮气吹除 3 min 后，对箱内气体抽样检查，空气中氧的含量由吹除前的 21%已降到 2.5%；再进行一个吹除循环，混合气中的氧浓度已降到 0.25%[13]，则认为已符合加注液氢的要求。

ARIANE 火箭的氢氧第三级低温贮箱，要求用 40℃的热氮气对氢、氧两贮箱和发动机系统内吹除 1 h。其目的是，除清洗系统内氧气外，还要求系统内残留的气体中水蒸气含量不超过 0.1%。

我国在氢氧火箭发动机试车前后对系统内部也都进行吹除。对试车后的吹除主要是使低温的部件恢复温度，否则容易把空气中湿气抽吸进去，影响第二次试验的进行。但是，对火箭上的吹除系统必须给予足够的重视。氢氧火箭发动机装在末级火箭上执行高轨道发射任务时，经常需要空中二次起动。因此，在第一次工作结束进行关机时，必须对推力室和燃气发生器的液氧系统，特别是喷注器头腔进行充分吹除。因为氢氧火箭发动机关机过程中燃烧室压力降得很快，而液氧在喷注器头腔内受到喷嘴的阻力限制，不能在短时间内排放出去，形成富氧关机是不好的；所以在关机过程中必须对氧腔实行强迫吹除，在高压下把液氧在短时间内排放出去。

喷注器头腔的剩余液氧如果不吹除干净，在燃烧室压力降得很低时，还容易在头腔内由于过度降压膨胀而形成固氧，这给第二次起动带来安全隐患。因此，必须把氧腔吹除清洗干净，以保证二次起动的安全可靠。

4.1.2　系统置换

ARIANE 火箭第三级在加注低温推进剂之前，要对贮箱进行氦气置换。置换的方法是：向贮箱及发动机系统用氦气充压到 1.9 atm

(1 atm=101.33 kPa)，而后放气减压到常压，此为一个置换循环。整个置换过程共进行充压减压循环 22 次，时间大于 4 h。这时对箱内抽样气体进行成分分析检查，要求达到水蒸气小于 0.0015%，氮气小于 0.1%，其余都为安全的氦气成分，而后才允许加注低温推进剂[14]。

我国不采用氦气置换，因为氦气的成本太高。在发动机地面试车台系统采用抽空置换，试验结果表明，当贮箱系统进行抽空时，从 101.33 kPa 降到 1 333.22 Pa 后，残留的气体质量只有原始质量的 1.32%，这时若充入氢气，使之回到 0.1 MPa 后，则贮箱系统内混合气体中空气的浓度应为 1.32%。这种成分已属于安全范围的下限。为了更加安全，我们在抽空置换之前，先用氮气对液氢贮箱系统和发动机进行吹除 10～15 min，而后仅对氢系统进行抽空置换。氧系统经过氮气吹除后，可以直接用低温气氧进行小流量置换，然后逐步加大流量，经过一定时间后与加注液氧的过程连接起来。氢贮箱系统抽空到 1 333.22 Pa 后，即用常温气氢直接置换，使贮箱回到 101.33 kPa。每进行一个抽空置换循环，进行一次取样分析检查，通常进行几个抽空置换循环，当贮箱系统内的气体成分达到下列标准时，即认为符合要求：

1）水蒸气按露点控制；

2）氧气小于 0.003%；

3）氮气小于 0.02%；

4）其余都为氢气。

这种抽空置换方法既简单又安全可靠。抽空置换达到上述要求后，即可加注低温推进剂。

4.1.3 气封

加注低温推进剂和发动机系统预冷过程中，必须对所有与低温源相连通的口子实行气封，以杜绝“低温抽吸”现象出现。在进行发动机总体设计时，把涡轮泵动密封的泄漏管、预冷活门的泄出管以及其他各种推进剂排泄口，分氢氧两个系统汇总在一起，而后排放到大气中去。在发动机预冷过程中，只要将两个排放汇总管用氦气封住，则发动机系统内部的低温部件就完全和大气环境隔离。发动机主系统内的两个氢氧主活门，其后总是和推力室相连，常常容易被忽视。它们最容易在预冷过程中被“冻死”。因此，主系统也应气封。气封时必须保证必要的流量，否则气封效果不好。

发动机上的各种低温推进剂活门，如泵前活门、泵后主活门、预冷泄出活门、副系统控制活门，其内部若都采用了波纹管密封结构，则都是由电动气活门通气、放气来控制它们的动作。凡是电动气活门的放气口都必须和大气相通，如果不隔离电动气活门的放气口，则被控的低温活门就容易被“冻死”。ARIANE 火箭上 HM－7 氢氧火箭发动机共有 14 个电动气活门，它们分成氢氧两个系统，分别安装在两个密封盒内。盒内是低压氦气环境，电动气活门动作时排放的氦气，都通过氦气低压密封盒排泄到大气中去。这就保证了各种推进剂活门都与大气隔离，从而提高了它们的工作可靠性。这种与大气环境隔离的措施，必须采取得彻底，否则会影响发动机起动的可靠性。

4.2　起动前的预冷问题

当发动机经过吹除、置换后，氢氧两个系统内已充满了不易冻结的安全气体。而且所有与大气相连的排放口都已严密气封，即可开始发动机的系统预冷。发动机预冷得好坏，对发动机起动的成败影响极大，为此有必要分别进行详细说明。

4.2.1　预冷的目的和要求

通常人们把氢氧火箭发动机的预冷，简单地理解成把发动机的有关硬件温度降低到液氢、液氧的温度就达到了目的。这是不全面的。在文献［12］中把氢氧火箭发动机预冷的目的阐述得比较确切：

“预冷的目的是为了在增压前使管路和发动机的温度达到适当要求和消除带有气泡的两相流。”就是说，预冷不仅要把管路和发动机的温度降到规定的数值，还要保证系统内流动的液氢、液氧为不带有气泡的两相流。温度降到规定的数值是可以监视的，而流体中不带气泡常常不容易监测，因此制定发动机的预冷程序时常常发生困难。预冷程序就是规定在贮箱增压到某一数值后进行预冷的时间。在此时间内发动机起动是能确保成功的。

根据上述预冷目的，可以把预冷时间分成两部分：第一部分是把达到温度要求的时间定为 τ_1 ，第二部分是消除流体中带有气泡两相流的时间为 τ_2 ，总的预冷时间 τ 应该为

$$\tau = \tau_1 + \tau_2 \tag{4-1}$$

但是，实际的预冷过程是非常复杂的。贮箱压力相同时，排放系统的流阻是随时间而变化的。只有当排放系统预冷到某种热平衡状态后，预冷流量才达到稳定值。因此，τ_1 也不是很容易确定的，只有经过一定的系统预冷调试后才能确定下来。

τ_2 的长短和发动机入口到贮箱的管路、阀门和各种三通叉管的多少，绝热的条件等都有关系。三通叉管的非流动“死区”的气是不容易随预冷流量而排出系统的。但灵敏度高的温度传感器可以测出气泡流动的信号。当预冷到一定时间后，预冷流体中不再出现气泡流动的温度信号脉冲时，就可认为预冷已充分了。因此，τ_2 也可以通过系统预冷调试测定下来。

τ_1 的长短可以通过安装在液氢泵壳外表面的温度传感器指示温度 T_b 值达到规定值来确定，T_b 也可以通过在某种假定条件下进行计算初步确定。τ_2 的长短只能通过安装在泵入口管道内的温度传感器不发出温度脉冲信号后确定。

4.2.2 氢氧火箭发动机预冷时间 τ_1 的估算

由于液氢泵壳体形状复杂而不规则，实际的预冷流量在相当长的时间内并非常数，所以要用严格的传热计算来确定预冷时间 τ_1 是

困难的，因此很少有人去从事这方面的计算理论研究。笔者在实践中根据预冷过程中液氢温度变化规律，并在设定条件下推导出传热计算公式，对 τ_1 做过研究和估算。研究估算的结果表明，在工程应用中，该方法基本上可用，估算的关系式为

$$\frac{T_{\tau}-T_{l}}{T_{b0}-T_{l}}=\mathrm{e}^{-B_{i}F_{0}^{5}k\left(\frac{\delta}{L_{*}}\right)^{2}} \tag{4-2}$$

式中 T_{τ}——氢泵壳外壁温度，随预冷时间 τ_1 的变化而变化（K）；

T_l——预冷介质的温度，假如计算时分成若干阶段，则最后的预冷介质即液氢，T_l 即液氢温度（K）；

T_{b0}——预冷开始前液氢泵壳体的初始温度（K）；

B_i——毕渥准则，$B_i=\dfrac{\alpha\delta}{\lambda_b}$；

F_0——傅里叶准则，$F_0=\dfrac{a\tau_1}{\delta^2}$；

δ——测温传感器安装处液氢泵壳体的厚度（m）；

τ_1——预冷时间（h）、（s）；

a——泵壳材料的导温系数（m^2/h）、（m^2/s），$a=\dfrac{\lambda_b}{\rho c_p}$；

ρ——泵壳材料的密度（kg/m^3）；

c_p——泵壳材料的比热（J/（kg·K））；

λ_b——泵壳材料的导热系数（W/(m·K)）；

α——预冷介质对泵壳体的平均对流换热系数（W/（m^2·K））；

L_*——泵壳传热计算的特征尺寸（m），是氢泵壳的体积、预冷介质和壳体进行对流换热的有效面积之比值，$L_*=\dfrac{V}{S}$；

V——泵壳的体积（m^3）；

S——预冷介质和壳体接触的对流换热表面积（m^2）；

k——修正系数。

应用式（4－2）进行预冷时间估算时，必须考虑氢氧涡轮泵预冷过程的实际情况。为此必须进行以下说明，否则估算结果是不能令人满意的。

4.2.2.1 关于平均对流换热系数 α 的计算

应用式（4－2）计算对流换热系数 α 时，应该根据发动机预冷过程的实际情况，分成若干阶段来进行。涡轮泵通常是从常温开始预冷，这时排放系统的热阻大，预冷流量随时间变化而变化。但经过一定时间预冷流量逐渐达到稳定值。因此可以根据不同阶段，采用不同的流量变化规律来计算，各阶段的平均对流换热系数 α，都按以下方程来求，即

$$\alpha = 0.021\frac{\lambda_l}{D}Re^{0.8}Pr^{0.43}\left(\frac{Pr_l}{Pr_b}\right)^{0.25} \tag{4-3}$$

式中 λ_l——计算阶段中预冷介质的热传导系数（kcal/（m·h·K））（1cal=4.186 8 J）；

D——预冷介质流道的水力直径（m）；

Re——雷诺数，$Re=\frac{G}{\mu g D}$（μ 为预冷介质在计算阶段中的动力黏度（Pa·s），g 为重力加速度（m/s^2），G 为预冷介质在计算阶段内的质量流量，它可以根据排放系统的流阻大小，按不同计算阶段分别给定比较符合排放系统的实际情况的数值（kg/s））；

Pr——预冷介质的普朗特数，$Pr=\frac{\mu g c_p}{\lambda}$；

Pr_l——用流体中心区平均温度作定性温度的普朗特数；

Pr_b——用流体近壁层平均温度作定性温度的普朗特数。

计算阶段划分得愈多，计算结果愈接近实际情况。排放系统的流阻大小给定得是否合理，也是影响计算结果的关键。试验台排放系统的流阻可以通过试验来测定，并用数据处理成一个流量方程来使用，更为方便。

4.2.2.2　关于泵壳传热计算的特征尺寸 L_*

在传热计算中经常采用传热特征尺寸的俗语，它的几何意义为 $L_* = \frac{V}{S}$，物理意义是表达和物体冷却速度有关的形状尺寸。例如，球体是散热面积最小而热容量最大的形状，因此其散热速度最慢，它的 $L_* = \frac{1}{3}R$（R 为其半径）。无限大薄板是散热面积大而热容量小的形状，是散热速度很快的形状，因此散热片都制成薄板形。式（4－2）是假定从涡道内壁上取出一条薄环，薄环的两侧和外表面绝热，仅仅是在内表面发生对流换热的条件下推导的。推导中通过尺寸变换，得出了 $\frac{\delta}{L_*}$ 的比值。简单地说，L_* 的值不同，散热速度也不同。因此，L_* 是与散热速度有密切关系的特征尺寸。由于式（4－2）推导的条件和实际情况不完全相同，所以采用式（4－2）进行工程计算时，还需要进行一些必要的修正。具体修正办法如下：

1）发动机第一次起动前的预冷，涡道内壁散热情况和假定条件相差较大，修正系数 k 值可取 0.35 进行计算。

2）发动机第二次起动前的预冷，涡轮泵壳体基本上处于深冷状态，涡道内壁的散热规律和假定条件比较接近，这时 k 值可取 0.85 进行计算。

4.2.3　预冷系统的设计

预冷系统的设计主要是选择预冷参数和预冷活门安放位置等问题。预冷参数主要是贮箱能保证在什么压力下控制预冷的流量和要求预冷的时间（s）。预冷参数既可以通过一些必要的估算确定，也可以根据经验确定。在地面试车台上的预冷时间不是太关键的问题，但火箭上确定预冷时间和预冷流量是很重要的问题。应该非常重视预冷效果，否则推进剂的损失太多。总的要求应是在预冷推进剂消耗最少的条件下达到最好的预冷效果。因此，在采用式（4－2）进行计算时可以提供上述参数的估算值。

地面试车台的预冷系统设计虽然不如火箭上那么重要，但为了提供火箭上需要的可靠的预冷参数，地面试车台的预冷系统也应尽量和火箭上的预冷系统相近。不论是对火箭还是对地面试车台，都应该遵守以下原则：

1）预冷泄出活门应该设置在预冷流路的最末端，而且应该放在导管横截面的最高点上，俗称采用“高点放气”的原则。

2）预冷泄出活门不应和发生器、蒸发器等的引出管接嘴放在同一截面上。若主导管的直径为 D，则它们之间的最小错位距离不得小于 $1.5D$，即预冷泄出活门应放在上述接嘴的最下游的位置。

3）预冷泄出活门的通流截面应该是可变的，开始预冷时系统内的气体堵塞严重，需要大的通流面积，随着预冷时间的增加，可以逐步缩小。美国 RL-10A-3-3 氢氧火箭发动机的氢预冷泄出活门是基本上符合上述原则的。在发动机预冷开始阶段，预冷泄出活门的开度最大，当经过一定时间泵壳监视温度达到要求值时，预冷泄出活门的控制腔撤气，关到由弹簧顶住的小开度位置，保持有原始通流截面积的 40%，这时由于涡轮泵已处在起动和加速过程，随着泵后压力的增大，最后由泵后压力将预冷泄出活门完全关闭。由此可见，美国的 RL-10A-3-3 氢氧火箭发动机的氢预冷泄出活门方案是合理的。

4）有一种预冷泄出系统是和氢涡轮泵起动过程合在一起考虑的，称为带流量起动涡轮泵方案。上面介绍的 RL-10A-3-3 基本上就是采用这种起动方案。在这种条件下要求预冷泄出系统的管路流动特性应符合液氢泵转速增长的失速边界规定的要求，否则容易引起液氢泵失速故障。如果推力室不预冷或预冷不充分就起动涡轮泵，更应该慎重地通过起动试验找出发动机系统管路特性变化的规律来。

下面介绍美国 J-2 氢氧火箭发动机的预冷系统。美国在 20 世纪 60 年代研制的 J-2 氢氧火箭发动机用于巨型运载火箭土星-V 的第二、第三级。该火箭上的氢氧火箭发动机预冷系统是非常典型的方案，也是最完善的预冷方案。其预冷系统见图 4-1[12]。它是一种贮箱回流型的预冷系统。当土星-Ⅴ火箭起飞前 5 min，关闭由泵前到贮箱之间的前置活门，在前置活门和泵入口管路上另有一个再循环旁路系统立即被打开，安装在贮箱出口处的回流泵开始工作。液氢（或液氧）顺流而下，绕过前置活门进入涡轮泵，再从泵流出经过排放活门，使液氢（或液氧）返回各自的贮箱。S-ⅣB 级上（第三级）的 J-2 发动机再循环预冷系统从起飞前 5 min 开始工作，经一级火箭飞行 2.8 min，二级火箭飞行 6.2 min，直到 J-2 氢氧火箭发动机起动为止，总共连续工作约 14 min，没有任何推进剂损失，氢氧涡轮泵的热状态和推进剂品质一直保持在良好状态，所以起动可靠性很高。

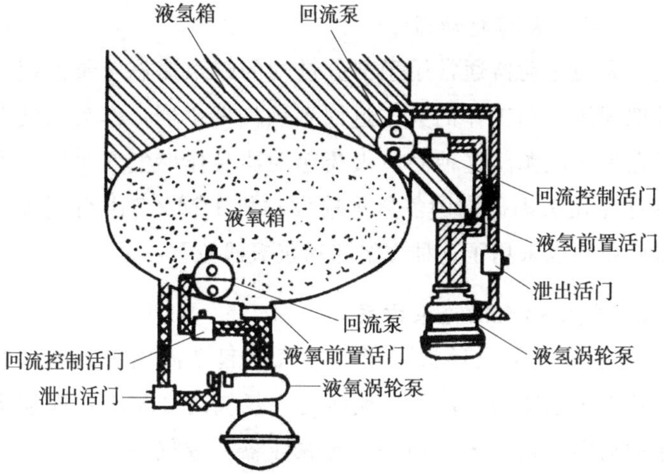

图 4-1　土星-ⅤS-ⅣB 级发动机预冷系统

这种预冷系统方案在以后研制的小推力氢氧火箭发动机上都没有被采用。这可能是因为土星-Ⅴ运载火箭是载人登月运载器，可靠性要求极高，必须保证起动绝对可靠。另外，小推力氢氧火箭发动机都用作卫星发射，不希望把箭上系统设计得太复杂；而且随着氢氧火箭发动机设计技术日趋成熟，液氢涡轮泵的设计水平也在提高，就采用简单的排放式预冷系统方案，牺牲一些由于预冷而流失的推进剂也不在乎了。

4.3 发动机起动技术方案的选择

氢氧火箭发动机的起动技术包括涡轮泵的起动和燃烧器的点火技术。这里指的燃烧器为推力室和燃气发生器。氢氧涡轮泵起动有两类：其一是用贮箱压力作用的自身起动；其二是用一种能源来推动涡轮泵的所谓外能源起动方案。

4.3.1 外能源起动涡轮泵方案

4.3.1.1 固体火药起动器

固体火药起动器通常用于部分进气的超声速涡轮泵的起动，而且常常把固体火药工作的火焰返回到燃气发生器，作为燃气发生器的氢氧点火的能源。这种固体火药起动器又作燃气发生器点火能源的方案首先在法国研制的氢氧火箭发动机 HM－7 上得到成功的应用，以后我国也采用了这种方案起动氢氧涡轮泵。

4.3.1.2 气瓶起动涡轮泵方案

J－2 氢氧火箭发动机采用了氢气瓶起动涡轮泵方案，参见图 4－2。其工作原理是：首先由地面充入氢气约 9 MPa；起动指令后打开起动活门（7），该活门是一种减压器，放气约 0.64 s；把氢涡轮（3）和氧涡轮（4）驱动到一定转速，继之由燃气发生器（2）工作。在发动机主级工作过程中，由燃烧室头腔的高压氢气通过单向活门（6）重新给气瓶充气，以为第二次起动之用。

J－2 发动机开始设计时为“自身起动”。由于超声速涡轮串联在一起，起动加速性太慢，不能满足土星-Ⅴ运载火箭第三级的总体要求，所以只好改成如图 4－2 所示的氢气瓶起动方案。改成氢气瓶外能源起动后，大大加快了发动机的起动加速性。

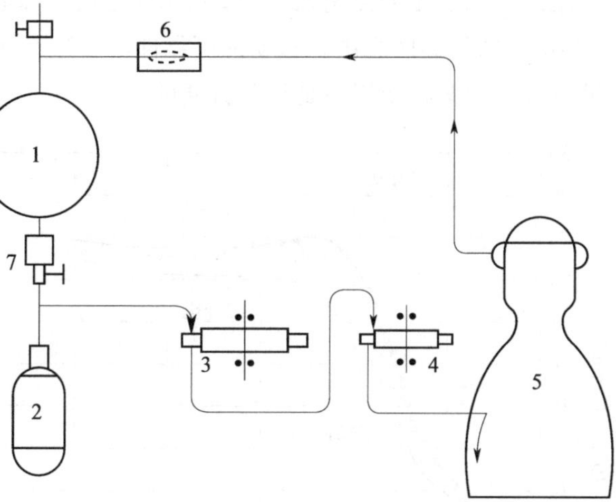

图 4-2　氢气瓶起动涡轮泵方案

1—气瓶；2—燃气发生器；3—氢涡轮；4—氧涡轮；
5—发动机；6—单向活门；7—起动活门

起动气瓶的体积为 0.119 m^3，工作压力为 9 MPa，内装的氢气质量约为 1.58 kg，在 0.64 s 内流出约 1.34 kg，平均流量约为 2.09 kg/s。这种起动方案的优点是工作可靠，可以多次起动；缺点是第二次充气的温度太低，需要等待自身升温的时间较长，因此没有在后来的发动机上得到广泛应用。

涡轮泵起动方案的选择不是根据单一因素确定的，而是要根据发动机起动要求中多种因素综合分析来确定的。图 4-3 所示是 J-2 发动机氢涡轮泵起动过程中转速随时间变化的曲线[15]。起动阀门打开约 2.5 s 后涡轮泵转速趋于稳定。这时涡轮和泵的功率达到平衡。图 4-4 所示为氢泵扬程增长和流量增长的关系[15]。要防止在起动过程中 J-2 的液氢泵的扬程特性进入失速边界。如果起动过程中由于泵的流量小而转速上升太快，扬程随转速平方关系增长，则很容易进入图 4-4 的失速边界内。由此可见，J-2 发动机从原来的“自身起动”改成气瓶起动后，气瓶起动的能力又要受到液氢泵失速边界的约束。气瓶内的气氢压力控制在 9～9.5 MPa 之内，气氢的温度控制在 119～110 K 的低温区之内。起动的可靠性需要这么多条件才能保证，可见该起动方案在使用中是很不方便的。

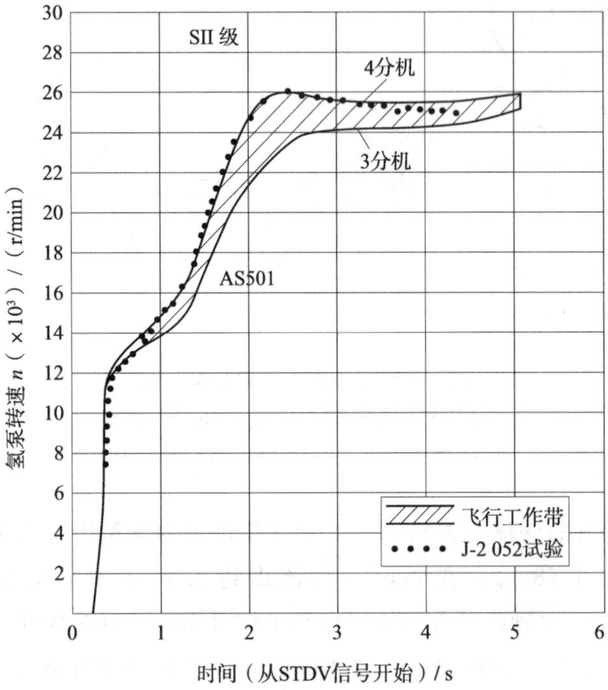

图 4－3　氢泵转速随起动过程的时间变化规律

J－2 发动机的低温氢气瓶起动方案的另一个严重问题是二次起动和一次起动的重复性很不好，而且在二次起动过程中发生过烧坏燃料涡轮叶片的故障[16]。当 J－2 发动机在阿诺德（Anold）工程发展中心进行模拟空中再起动试验时，在起动过程中发现氧涡轮泵工作参数比第一次起动过程高很多。分析原因认为是氢涡轮和氧涡轮之间的联通导管的温度发生了变化。第一次起动时该导管是常温，而经过第一次工作后该导管处于高温状态，在高真空环境中的第二次起动时并未降温，所以再起动时经过氢涡轮做功后的低温氢气被该高温的导管加热，引起氧涡轮功率增大而使氧泵转速加快，导致燃气发生器的燃气温度升高，致使氢涡轮叶片烧坏。在土星-V 火箭的阿波罗-11、阿波罗-12、阿波罗-13 和阿波罗-14 的飞行试验结果分析中都有过类似故障的记载，说明这种起动方案是不好的。

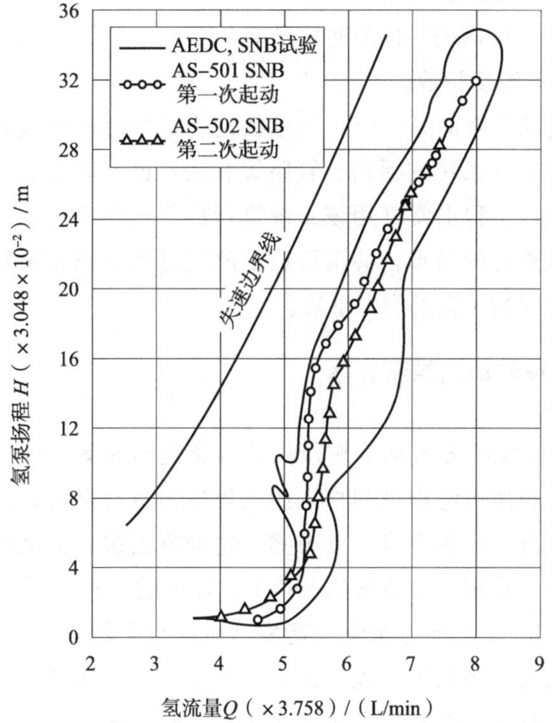

图 4-4　J-2 发动机氢泵扬程增长和流量增长的关系

对于小推力氢氧火箭发动机，也可以简单地采用常温气氮作涡轮泵起动工质（不宜采用常温空气，因为空气中的氧停留在氢氧燃气发生器的喷注器内是不安全的）。选择气瓶起动方案时，必须考虑气瓶内可用的气体质量，即气瓶内压力从开始放气时的 p_1 到停止放气时的 p_2，共消耗多少气体质量。如果认为放气过程为绝热膨胀过程，从 p_1 降到 p_2 的过程中消耗气体的质量可用式（4-4）确定，即

$$W=\frac{Vp_1}{RT_1}\left[1-\left(\frac{p_2}{p_1}\right)^{\frac{1}{k}}\right] \tag{4-4}$$

式中 W——气瓶压力从 p_1 降到 p_2 的过程中消耗气体的质量（kg）；

V——气瓶的体积（m^3）；

R——气体常数（J/（kg·K））；

T_1——气瓶内气体的初始温度（K）；

k——绝热指数。

气瓶起动方案的第二个重要参数是确定气瓶的放气时间。由于放气时间与放气系统的活门、管路等有关，也与涡轮起动喷嘴的多少有关，所以工程上常常用该系统进行放气试验来测定。用常温气氮的放气试验比较简单，甚至可以把放气过程中涡轮泵转速上升规律和放气时间的关系都测定下来。

4.3.2 自身起动涡轮泵方案

4.3.2.1 美国航天飞机主发动机的自身起动方案

利用贮箱压力将推进剂挤入燃气发生器进行燃烧，产生的燃气驱动涡轮的方案称为自身起动方案。这种方案多在分级燃烧的氢氧火箭发动机上采用，如美国的 SSME、日本的 LE-7 等。在美国的 RL-10A-3-3 小推力氢氧火箭发动机上也采用了自身起动方案，因为该发动机是采用膨胀循环的发动机系统。分级燃烧循环和膨胀循环等发动机上，都采用亚声速涡轮。涡轮工质的流量大而涡轮喷嘴的压降很低，所以采用自身起动的条件较好。由于起动过程泵消耗的功率很小，而分级燃烧或膨胀循环的涡轮流量很大，因而涡轮的功率远远超过泵的功率，所以起动加速性也好。美国航天飞机主发动机自身起动过程分两个阶段：第一个阶段把燃料主活门全部打开，而其他和起动有关的活门仅部分打开，活门的开度由计算机的程序机构来控制，这个阶段称为开环控制阶段，即没有反馈信号来控制活门的动作；第二阶段称为闭环控制，机载控制器根据活门给计算机的反馈信号来对活门进行控制。在闭环控制阶段内通过两个预燃室的氧化剂活门调节来达到一定的推力，如要求在 2 s 之内建立起初级推力（约为额定推力的 20%）。在起动 2 s 之后，指令氧化剂主活门全部迅速打开，推力增长速度很快，到 3.5 s 时即可达到规定的推力值。

4.3.2.2　RL－10A－3－3 氢氧火箭发动机的自身起动方案

RL－10A－3－3 氢氧火箭发动机在起动前有 8 s 时间将液氢泵和液氧泵预冷。液氢泵前活门和液氧泵前活门在电动气活门工作后被打开。在贮箱出口的预压泵工作下，将液氢送进发动机，一部分液氢通过第一级液氢泵后，经级间预冷排放活门排出，其余一部分液氢通过第二级液氢泵，由泵后的预冷排放活门排出，还有一小股液氢通过齿轮箱后再排出。所有的预冷排放的氢都收集在一根汇总管内统一排放，这一阶段称为预起动。在预起动阶段内，液氢主活门是关闭的，从氢泵后的预冷排放活门到推力室头部的主活门的系统内为氢气不能流动的“死腔”。但该“死腔”内的低温氢和推力室金属结构间进行热交换而达到某一平衡温度，为起动涡轮的工质提高一定的焓。在预起动阶段内，液氧在该系统的预压泵工作下进入发动机，并预冷液氧泵后，部分流入推力室，推力室的氢喷注器腔有氦气吹除保护，一小部分液氧通过液氧点火活门进入点火室而后也进入推力室。

发动机起动指令是给电点火装置和起动电磁活门通电，打开了氦气压力开关，在压力下氦气将泵后的预冷排放活门关闭，将泵的级间预冷排放活门的开度关小，该活门由泵后压力增大到一定值后自动关闭。氦气通入液氢主活门的作动腔，使液氢主活门打开，于是在推力室夹套内具有一定温升的氢气驱动涡轮而再进入推力室，和预先进入推力室内的氧燃烧，涡轮泵转速急剧升高，约经 1.3 s 氧泵后压力升高到一定值时，全打开液氧主活门，氢泵后压力也升高到一定值时，关闭泵的级间预冷排放活门。全部自身起动过程仅需 1.6 s，发动机进入主级工况。

4.4 空中再起动技术

氢氧火箭发动机由于它的高比冲性能，常常被用于运载火箭的上面级上，而上面级火箭在执行高轨道运载任务时，经常需要在空中再次起动。氢氧火箭发动机若要进行空中再起动，就带来一系列的复杂问题，诸如无重力或微重力条件下火箭滑行中的推进剂管理问题、如何保证在再起动时发动机入口导管内没有气泡问题，以及如何安全可靠地再起动发动机等一系列问题。这些问题在下面专门研究。

4.4.1 火箭滑行中的推进剂管理[17]

火箭滑行是指主发动机第一次关机后火箭处于失重状态下，进行无推力作用时的飞行。在这种状态下推进剂本身的表面张力是存在的，但失去了重力作用，因此它可以随着液面的晃动而形成球状液体，在贮箱内任意飞溅。贮箱内原来保持的气体在上、液体在下的气-液分离的界面遭到彻底破坏。在滑行阶段中太阳仍给贮箱加热，部分低温推进剂要受热汽化，因而箱内的压力也会逐步升高，引起贮箱放气而加剧液体飞溅。美国宇宙神-半人马座火箭的 AC-4 飞行时，由于贮箱放气时夹杂液体，引起不平衡力矩使火箭翻转而飞行失败。AC-4 飞行时，当发动机第一次关机时，由于作用在液体上的加速度方向改变，造成液氢箱内液体的巨大扰动，液氢和气氢相混通过放气活门而冲出箭体，具有较大能量的液氢排放产生干扰力，使火箭姿态失控而翻筋斗。AC-4 的飞行失败说明，滑行段的推进剂管理不能单独由 Bond 数来确定（Bond 数为作用在推进剂上的加速度引起的惯性力和其表面张力的比值），还需要考虑发动机关机时的能量扰动和再起动前传递给推进剂的附加能量要求等。于是在宇宙神-半人马座火箭的 AC-8 飞行时采取了一系列的改进措施：

1）在液氢箱的增压管路上和预压泵的回流管路上增加了能量消

散器；

2）在氢排放系统上增加了推力平衡喷管来减小给运载器的干扰；

3）在液氢贮箱内安装了防晃板，限制了推进剂的晃动幅度；

4）加大关机后和再起动前用于下沉推进剂和液面保持阶段的推力程序，使主发动机第一次关机后的干扰总能量由 AC－4 的 270 J 减小到 AC－8 的 68 J。

在 AC－8 飞行中滑行段的推进剂管理系统的推力程序改进方案如图 4－5 所示。

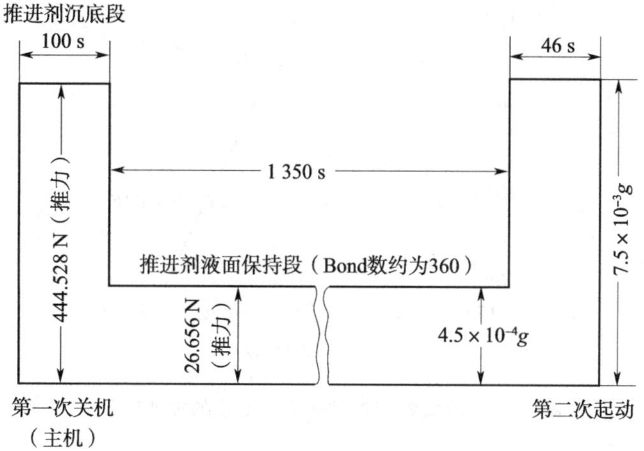

图 4－5　宇宙神-半人马座火箭推进剂管理系统的推力程序示意

第一次关机时有 444.528 N 推力工作 100 s，能给推进剂提供 $7.5\times10^{-3}g$ 的重力场，使推进剂液面晃动的振幅由 AC－4 的 11 m 高降到 AC－8 飞行时的低于 2.4 m 高（主发动机第一次关机时的液面到贮箱放气口的高度大于 4 m，已经是安全的振幅了）。在 AC－8 飞行时滑行的 1 350 s 的过程中推进剂保持沉底的推力提高到 26.656 N，给推进剂提供 $4.5\times10^{-4}g$ 的重力场。这时的计算 Bond 数已达 360，比图 4－6 要求的值提高了 3 倍多。所以推进剂液面和气相的分离面更加稳定，保证了 AC－8 飞行的二次起动成功。

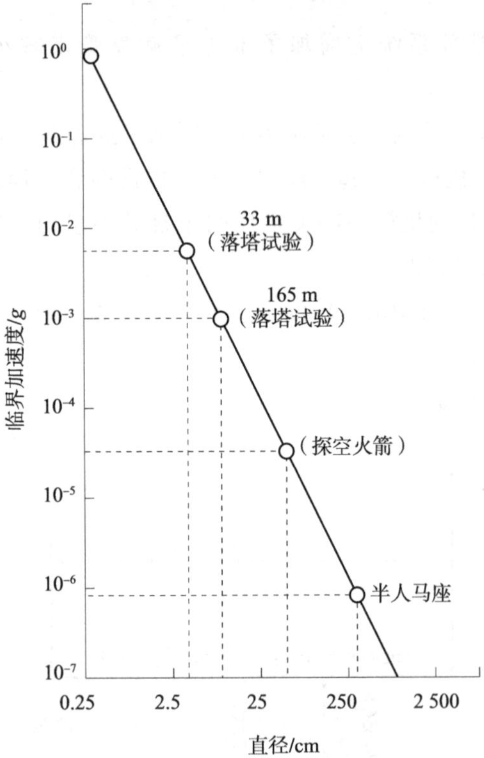

图 4-6　液氢贮箱直径和要求最小的加速度关系

以上的各种改进措施都是成功的，而且都广泛地用于宇宙神-半人马座火箭以后各次飞行中和其他运载器上。

推进剂管理系统设计是根据以下基本原理进行的：推进剂液面稳定维持和控制与推进剂具有的 Bond 数有关，随着贮箱直径的不同，要求稳定液-气界面的临界 Bond 数也不同，从而可以通过临界 Bond 数来确定滑行段火箭飞行要求的最小加速度。临界 Bond 数确定的临界加速度可以通过落塔装置试验、飞机上进行失重飞行试验、小型探空火箭的失重或低重力试验等研究来求得。图 4-6 是通过以上试验研究获得的数据按对数坐标制成的，纵坐标的临界加速度和横坐标贮箱的直径成反比，直径愈小，要求的临界加速度成数量级增大。试验的模拟液体是酒精。因为酒精的表面张力和其密度之比基本上和液氢相近，酒精在室温下 $\frac{\sigma}{\rho}=2.793\times10^{-5}\ \mathrm{N\cdot m^2/kg}$，液氢在 21.5 K 时的 $\frac{\sigma}{\rho}=2.788\times10^{-5}\ \mathrm{N\cdot m^2/kg}$，所以图 4-6 中的数据可以用作液氢贮箱的推进剂管理系统的设计。宇宙神-半人马座运载火箭贮箱直径为 3.05 m，要求的最小加速度为 $10^{-6}g$（$g=9.8\ \mathrm{m/s^2}$）。Bond 数的表达式为

$$\mathrm{Bond}=\frac{\rho r^2 a}{\sigma} \tag{4-5}$$

式中　ρ——推进剂的密度（$\mathrm{kg/m^3}$）；

r——贮箱的半径（m）；

a——要求的加速度（$\mathrm{m/s^2}$）；

σ——推进剂的表面张力（N/m）。

AC-4 飞行试验的目的是校核临界 Bond 数是否符合实际。在运载器的尾部安装了两台推力约为 9 N 的小发动机，推力向量是通过运载器的重心以保证不产生旋转力矩，在整个滑行过程中使运载器获得 $3\times10^{-4}g$ 的微重力场，从而使推进剂维持在沉底状态。这个重力场比按图 4-6 要求的最小加速度计算值增大 2 倍多。根据计算，这两台发动机给液氢贮箱提供的 Bond 数已达 240。为什么AC-4飞行没有成功呢？这是因为在主发动机关机段、滑行段和再起动段还有许多其他干扰因素都有可能传递给推进剂。例如：

1）预冷期预压泵的回流进入贮箱；

2）增压气体的喷流撞击液面；

3）推进剂的晃动能量；

4）推进剂本身的热对流扰动；

5）非平衡排放气体；

6）轨道控制的发动机点火；

7）推力终止时的结构松弛。

以上这些干扰因素都不能仅仅用临界 Bond 数的理论抑制。为

了克服以上的各种干扰因素，必须采用防晃板、能量消散器、推力平衡排放喷管以及调整推力作用程序等措施，但是要获得滑行段推进剂保持沉底状态的参数基本上仍然是依靠临界 Bond 数来确定。

4.4.2 再起动前的发动机预冷要求

再起动前的氢氧火箭发动机预冷条件和它的第一次起动前预冷的条件差别很大。第一次起动时预冷是在助推火箭主级发动机工作时进行的。作用在推进剂上的重力加速度非常大，不存在气泡混在液氢中的问题。氢氧火箭发动机再起动是经过长时间无动力滑行后进行的。在无动力滑行期间，由于太阳的照射，液氢贮箱和导管等各个部位都因受热影响而在壁面上形成气泡。而无动力滑行时，推进剂处于失重状态，所以气泡在什么地方生存就停留在什么地方，因此在滑行段，所有的低温导管内和泵腔内等，凡是有低温液体推进剂的地方都可能变成气液相混的推进剂。在失重条件下开始预冷发动机时，则通过排放活门流出的可能是气液相混的两相流。假如制定再起动的条件仅仅依靠泵壳温度为唯一标准的话，则泵壳温度可能在很短时间内即能达到要求的温度，而泵腔内、泵前导管内都仍然停留着大量的气泡。我们可以重新讨论一下临界 Bond 数的表达式。按照 AC－4 飞行中确定的安全起动的 Bond 数为 240 时，就能使液氢贮箱内液氢沉底要求的临界加速度超过 2 倍，即

$$a=\frac{240\sigma}{\rho r^{2}} \tag{4-6}$$

由式（4－6）可知，要求气液分离的临界加速度与贮箱（或导管）的半径平方成反比。如果要求泵前导管内获得气液分离的临界加速度，则宇宙神-半人马座火箭液氢贮箱半径比 RL－10A－3－3 氢氧火箭发动机泵前导管半径大 34.3 倍[18]。根据上述关系式可以得出，在氢氧火箭发动机空中二次起动前的预冷期内，推进剂管理系

统的发动机推力至少增大1 174 倍，这显然是不可能的。因此只能采用其他办法来解决再起动前氢氧火箭发动机的预冷问题。宇宙神-半人马座火箭上采用的循环回流预压泵系统（参见图 4 - 7）[17]，在 AC - 9飞行试验中取得了成功。

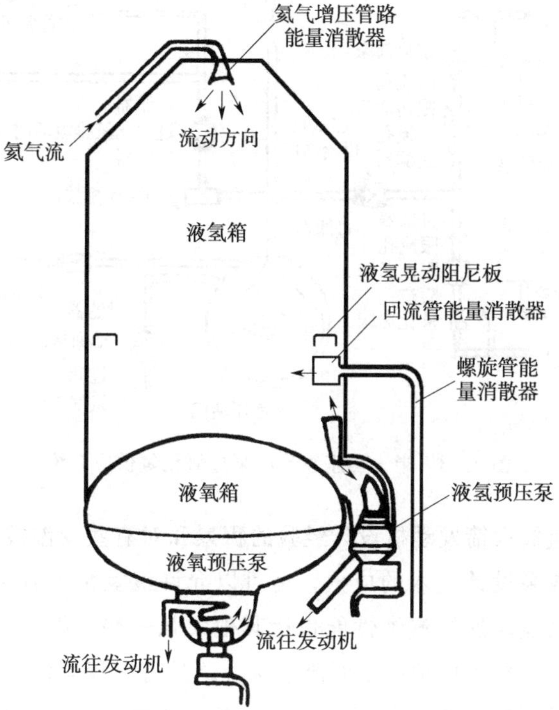

图 4 - 7　宇宙神-半人马座火箭液氢、液氧预压泵位置示意

氢和氧的循环回流预压泵是由过氧化氢分解（90%的 H_2O_2）作涡轮工质来驱动的。过氧化氢分解驱动涡轮的供应系统表示在图 4 - 8上[17]。

这是早期的氢氧火箭发动机空中二次起动系统设计中的成功经验。这种系统太过复杂，而且起动程序也和空中一次起动有区别。例如宇宙神-半人马座火箭 AC - 9 在飞行中，空中二次起动前预冷的时间共 28 s。预冷开始的 11 s，泵前活门是关闭的，预压泵回流系统工作时，只是把泵前到贮箱的导管内停留的两相流抽吸到贮箱中去；在 11 s 之后才打开泵前活门对发动机进行大流量循环预冷 17 s，使氢氧火箭发动机达到起动的条件。

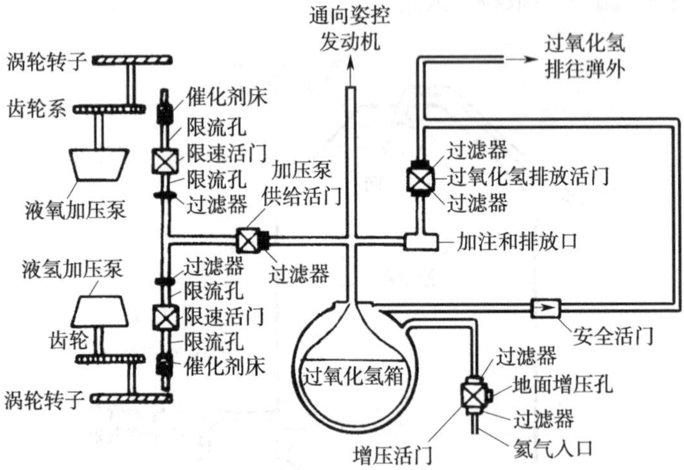

图 4-8　半人马座级预压泵过氧化氢供应系统

随着氢氧火箭发动机设计经验的积累和对有些低温技术的研究，特别是液氢泵设计技术的成熟，是可以允许液氢泵带着少量的气体工作的，液氢泵的抗汽蚀性能也比其他泵强一些。因此，在氢氧火箭上是否一定要采用预压泵回流系统，这是可以探索研究的新问题。当然，如果不采用预压泵回流系统，至少必须在以下一些问题上进行充分研究：

1）液氢泵的抗汽蚀性能应很好，而且应进行泵前加气的试验研究，测出液氢泵起动时允许最大的含气量，以供火箭动力系统设计使用。

2）液氢和液氧两个泵前导管应尽量短一些，特别是液氢泵前导管应短而直，因此设计火箭时，可以把液氢箱放在下面。在二次起动前推进剂管理系统中大推力发动机工作时，使停留在泵前导管内的一部分气氢可以上升到贮箱中去。

3）如果发动机是采用燃气发生器系统，则可以在液氢供应系统中增加一套起动旁路系统，以防止燃气发生器起动时混合比过高的现象出现。

4.5　不预冷推力室的发动机起动技术

西方国家研制的氢氧火箭发动机都采用推力室预冷后才起动发动机的技术。例如美国的航天飞机 SSME 采用 18 K 的低温氦预冷推力室。这是一套专用的低温氦制冷系统，不仅技术复杂，而且运行成本非常昂贵。

氢氧火箭发动机起动前需要预冷的部位主要有：

1）液氢泵和液氧泵内腔；

2）控制流量的节流装置及其前后相连的管道；

3）燃气发生器副系统相连的管道。

以上这些部位得到充分预冷后就可以起动发动机。不预冷推力室起动发动机技术具有以下优点：

1）简化了火箭的发射系统，有利于降低发射成本。

2）保证了发射台附近不存在含氢的空气环境。法国研制的氢氧火箭发动机采用短时间预冷推力室，并在喷管出口预冷过程中排出氢气进行燃烧。这种点火技术仍然存在潜在的安全问题。

3）我国研制的氢氧火箭发动机不采用推力室预冷点火技术，还有一个优点是能精确地控制空中一次起动和二次起动的起动参数，发动机起动参数的重复性好。这对提高高轨道卫星的入轨精度是有利的。这在实际飞行试验中已得到了证实。

第 5 章　氢氧推力室和燃气发生器

5.1　氢氧推力室的设计特点

氢氧推力室也和其他推力室一样，由喷注器、燃烧室和喷管 3 部分组成。在进行喷注器、燃烧室和喷管的结构设计时，还需要考虑液氢的一系列特殊问题，因此氢氧推力室设计又具有自己的一些特点。下面简单地介绍一下这些特点。

1）氢氧喷注器都是由若干数量的同轴式双组元喷嘴组成的，由于氢作为冷却剂，经过冷却套后进入喷注器时已呈气态，为高速流动的气氢喷入燃烧室，而氧多数情况仍为液态，需要经过离心式喷嘴进入燃烧室。典型的同轴式双组元喷嘴结构如图 5－1 所示。

2）液氧通过中心离心式涡流器后，获得旋转动量，高速气氢通过其侧面的缝隙，和旋转的液氧相碰，增大掺混的动量，对改善燃烧效率有利。因此，把氢进入燃烧室的喷射速度 w_{H_2} 和氧进入燃烧室的喷射速度 w_{O_2} 的比值，当作对燃烧效率有重要影响的参数来研究。例如法国研制的 HM－7 氢氧火箭发动机，设计的额定速度比 $\frac{w_{H_2}}{w_{O_2}}=16$。一些研究工作者认为速度比小于 12 是不可取的。

3）氢氧喷嘴都设计成同心环形式。液氧从中心区流入燃烧室，氢从环状缝隙流入燃烧室（见图 5－1）。直流式氧喷嘴都缩进一定距离 H。这是改善喷嘴工作稳定性的重要措施之一。H 值的变化范围在 2～8 mm。早期设计的试验件上，曾在氧喷嘴设计时使 H 值等于 0，即和面板齐平，燃烧室压力仅为 1.8 MPa，试验时产生很大的压力振荡，面板被烧蚀。缩进 2 mm 后才获得稳定的燃烧。下面将燃烧试验的经验总结如下：

a) H 值绝对不应等于 0。

b) 氧喷嘴受到燃气的对流换热和热辐射的作用非常敏感，因此 H 值的大小是随着燃烧室压力的增大而增大的，但缩进的距离 H 值不能太大，否则容易烧坏喷嘴的翻边。

c) 根据设计经验，H 值一般取 2～8 mm。

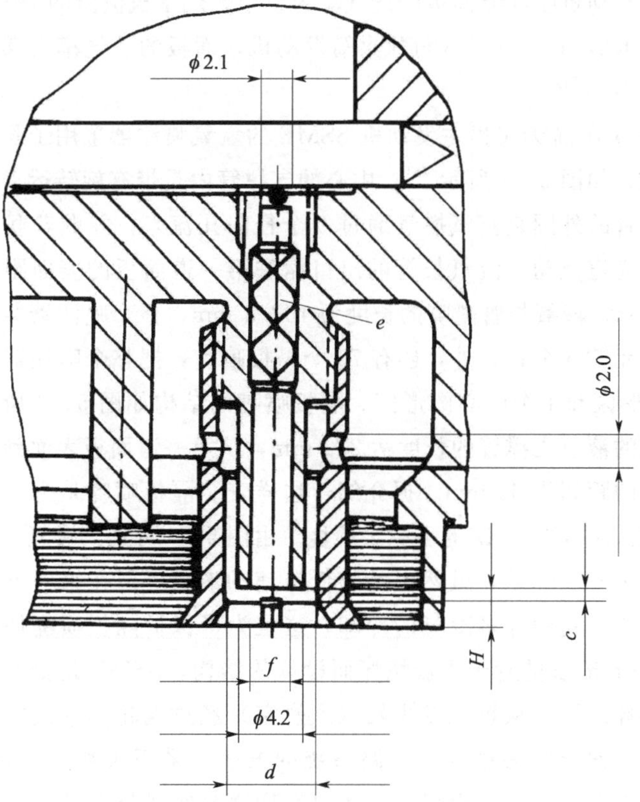

图 5－1　HM－7 发动机喷注器喷嘴的基本结构

c—氧喷嘴缩入的距离；d—氢喷嘴孔径；

e—涡流器；f—氧喷嘴孔径；H—氧喷嘴缩入面板的距离

4）氢经过冷却套后进入喷注器的温度仍然是较低的，所以喷注器面板受低温氢的作用后，尺寸必然会收缩。和燃气接触的一面，由于高温燃气加热，尺寸必然会膨胀，由此造成氢氧喷注器面板在非常恶劣的条件下工作，面板在严重的温度应力作用下产生翘曲变形。为了解决这个问题，氢氧喷注器面板绝大多数都采用发汗材料制成。发汗面板的透气率就成为氢氧喷注器的设计参数。HM－7氢氧火箭发动机喷注器面板的透气率为整个燃烧室氢流量的7％。美国研制的RL－10A－3－3氢氧火箭发动机，面板的透气率为燃烧室氢流量的10％[19]。

5）美国航天飞机主发动机SSME的氢氧喷注器采用了长管式喷嘴方式，如图5－2所示[20]。中心的支撑管内是带有旋转运动的液氧流，长管的外围是富氢燃气通过6个径向孔流入，并顺着联接套管的缝隙通道流动。液氧长管的出口缩进第一道面板的表面距离约为5.84 mm，液氧长管喷嘴的长度为162.3 mm，整个喷注器共有这种喷嘴单元525个；另外，还有75个隔板喷嘴，把整个喷注器分隔成6个扇形区和1个中心圆形区。隔板喷嘴的结构如图5－3所示。隔板喷嘴的液氧支撑管的长度达222 mm，从第一道面板表面到隔板喷嘴出口的距离为60 mm。据介绍，这样安装隔板喷嘴是为了避免产生频率低于4 680 Hz的不稳定燃烧。由图5－3可见，液氧进入隔板喷嘴的中心长管后，虽然也是较低流速的液氧，但在第一道面板之上的一段，受到许多冷氢的冷却，这是为了保护隔板喷嘴伸入燃气中约60 mm长的管子不被烧坏而设计的结构。SSME是分级燃烧的动力循环系统。从燃气发生器（预燃室）经过涡轮到燃烧室的流动气路内，比较容易激发起气路系统的振荡。采用长喷嘴设计方案，相当于设置了一道声阻尼，因此也有增强分级燃烧系统工作稳定性的作用。

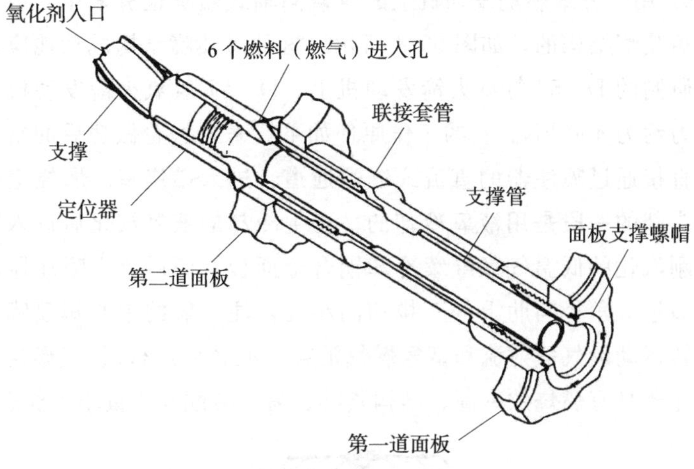

图 5-2　主喷注器单元

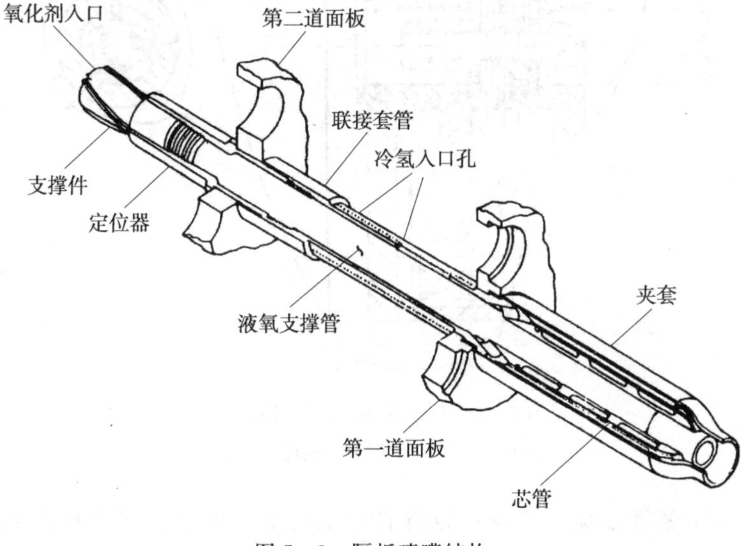

图 5-3　隔板喷嘴结构

6）用于分级燃烧发动机上的氢氧同轴式喷嘴也有采用双组元同轴式短喷嘴结构的，如图 5-4 所示。这种短喷嘴结构成功地应用在苏联研制的 D-57 氢氧火箭发动机上。D-57 氢氧火箭发动机的真空推力约为 400 kN。它的工作原理如下：来自涡轮做功后的富氢燃气，直接通过喷注器的直流式缝隙通道，进入燃烧室。燃烧室圆柱靠近头部的一段是用液氧冷却的，再生冷却的液氧汽化后进入喷注器，刚汽化的低温气氧继续冷却铜合金面板，而后流入喷注器的前腔，通过三角径向肋上的三排切向小孔，注入氧的中心短喷嘴，带着旋转运动的气氧射流和富氢燃气汇合，混合后进行气-气燃烧。这种喷注器具有燃烧效率高、结构紧凑、易于装配和质量小等优点。

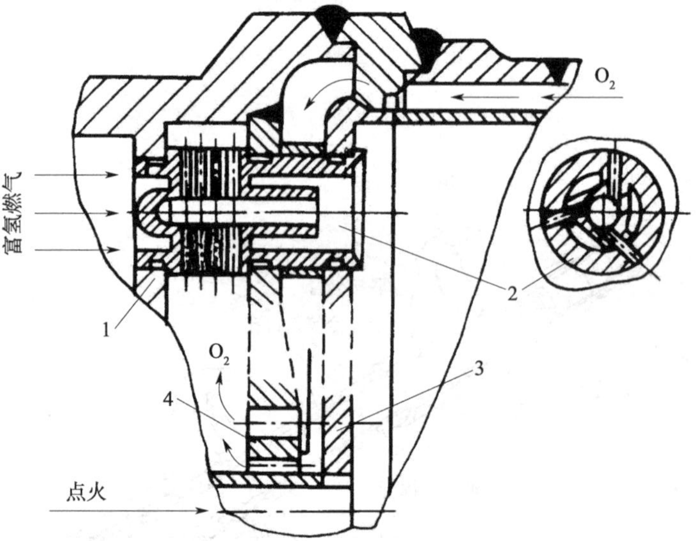

图 5-4　双组元同轴式短喷嘴结构

1—中底；2—气液喷嘴；3—前底；4—折流板

7）氢氧燃烧室的身部也有自己的特点。由于氢的冷却性能很好，氢氧燃烧室身部选用导热系数很大的铜合金制造，则燃烧室身部的壁温可以保持在较低的温度。图 5-5 是 SSME 的主燃烧室。它的内壁材料是铜银锆合金（NARLOY-Z），这种材料具有很高的导热系数，SSME 燃烧室喉部是燃气热流密度最高的部位，其值高达 1.635×10^8 W/m^2。采用这种材料后，喉部燃气面的壁温可以控制在 810 K 以下。喉部截面的冷却槽共 390 条，用机加工铣成矩形槽，槽深 2.54 mm，槽宽 1.02 mm，肋条宽度为 1 mm，内壁厚度仅为 0.71 mm。经过如此精密加工后，可以保证燃烧室内壁多次重复可靠地工作。喷注器截面处的燃烧室直径为 450.6 mm，喉部直径为 261.7 mm，燃烧室的收缩比为2.96∶1，从喷注器端面到喉部截面处的距离为 355.6 mm，从喉部截面到大喷管对接法兰处的铜结构膨胀比为5∶1。大喷管延伸段由面积比5∶1直到77.5∶1处全采用管束式结构。从燃烧室喉部截面到大喷管出口端面的长度为 3 073.4 mm。大喷管由 1 080 根变截面管子组成，出口端面的内径为2 303.8 mm，外径为 2 387.6 mm。

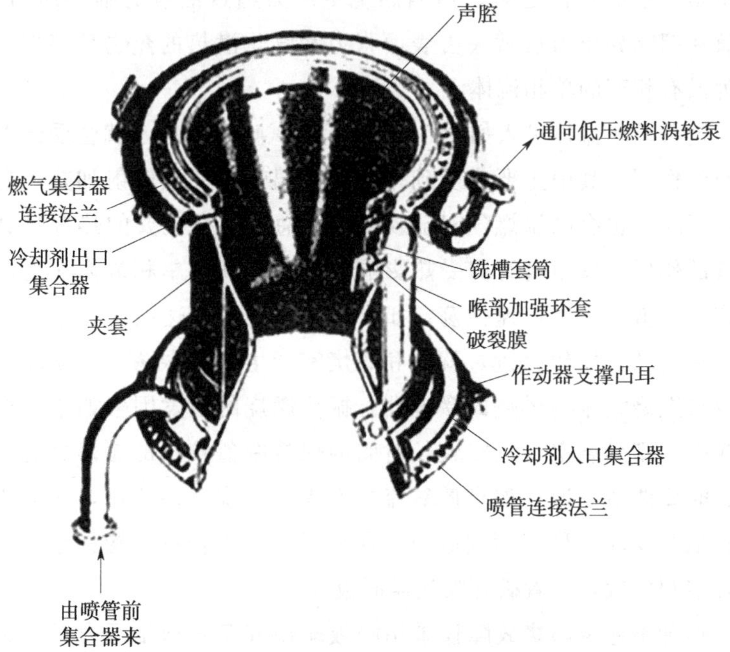

图 5 - 5　SSME 的主燃烧室

5.2 大推力高室压氢氧喷注器工作稳定性问题

随着氢氧火箭发动机推力的增加和燃烧室压力的升高，氢氧燃烧的压力脉动也随之加剧，甚至会激发起不稳定燃烧问题，因此必须在设计时特别注意喷注器工作的稳定性问题。

5.2.1 超临界压力下液氧的热物理特性变化影响喷注器不稳定工作的敏感性

早期研制的氢氧火箭发动机燃烧室压力都远低于液氧的临界压力，液氧进入燃烧室后，必然存在一个由液态变气态的过程，即液滴破碎，汽化蒸发，而后产生燃烧反应过程。这对于氢氧的低压燃烧室是比较稳定的过程。但当燃烧室压力超过液氧的临界压力后，液氧在超临界压力后就失去表面张力和汽化潜热的热物理特性，而成为没有相变的单相流体。

这种单相流体进入如图 5-2 所示的氧喷注器后，就会受到多种热流的作用。其中主要是受到燃烧室高温燃气的热辐射加热，在接近面板时，也有高温燃气对流换热等。总之，最主要的热源是高温燃气的作用。氧喷嘴管内受热影响而加速流动的单相流体速度达到声速时，就会产生声速振荡。如果氧喷嘴管内声速振荡频率和燃烧室的振荡频率比较接近，就会和燃烧室产生耦合振荡，氧喷注器就会变成燃烧室振荡燃烧的激发器。振荡燃烧的激发因素如果是稳定的频率，则燃烧室可以在较长时间内保持幅值较小的振荡燃烧。如果这时要调节工况，如降低氧流量而提高燃烧室混合比，就会非常敏感地激发起不稳定燃烧故障，在瞬间破坏燃烧室结构，包括烧蚀燃烧室圆柱段，或者破坏喷注器面板等。

这种不稳定燃烧故障仅采用隔板减振方案来抑制压力振荡是不够的。例如美国的 J-2S 和我国的大推力氢氧火箭发动机热试车，均发生过类似的不稳定燃烧故障。因此在超临界压力条件下的氧喷注器设计，一定要重视喷注器工作稳定性问题。

5.2.2　氧喷注器内单相流体的声速计算

超临界压力下工作的流体，如果已失去了表面张力和汽化潜热，就不具备液体的物理特征，不可能变成两相流体。我们称之为单相流体，可用式（5-1）计算这种单相流体的声速，即

$$a = \sqrt{kRT} \tag{5-1}$$

式中　a ——超临界压力下单相流体的声速（m/s）；

k——流体的绝热指数；

R ——气体常数（J/（kg·K））；

T ——绝对温度（K）。

大推力高室压的氢氧火箭发动机工作后，其液氧泵后的温度经常会超过 96～98 K。这种液氧流体进入喷嘴后，还会受到多种热源的加温，特别到达喷注器面板附近，在强大的辐射热流作用下，温度可能急剧升高，从而产生加速流动的非线性过程，对其流动参数无法进行严格的计算。但是，我们可以给出一些温度范围，来观察氧喷嘴内的声速变化及其振荡频率变化的范围。如果存在某个频率数值和燃烧室振荡频率相近，则有可能产生耦合振荡，这时必须采取措施，使之远离耦合振荡频率的区域。

假设氧喷嘴的长度为 L，则振荡频率 f 可用式（5-2）求得

$$f = \frac{a}{L} \tag{5-2}$$

式中　a ——超临界压力下单相流体的声速（m/s）。

令喷嘴内氧的工作温度变化范围为 100 K、105 K、110 K、115 K；氧喷嘴的长度 L=70.5 mm。利用式（5-1）和式（5-2），就可以计算出该喷嘴的声速 a 和振荡频率 f 随氧温度变化而变化的相应数值。现将计算结果列于表 5-1 中。

表 5－1 氧喷嘴内声速和振荡频率随氧温度变化而变化的规律

氧的温度/K	声速/（m/s）	振荡频率/Hz
100	190.7	2 704
105	195.4	2 771
110	200	2 836
115	204.5	2 901

表 5－1 中的计算结果表明，当我们研制的燃烧室的一次切向频率为 2 900 Hz 时，则在试车过程调节混合比，将喷嘴内超临界压力下氧的温度升高到 115 K 时，就会激发燃烧室的耦合振荡，氧喷嘴就变成不稳定燃烧的激发器。

当氧喷嘴内的温度达到 110 K 时，也会激起大幅值的振荡燃烧，燃烧室会遭到严重的机械振动而受到破坏。因为氧喷嘴频率和燃烧室一次切向的振荡频率仅差 2.2%。通过研究和试验验证，认为氢氧火箭发动机研制工作遇到此类故障时，必须缩短氧喷嘴的长度 L 约 10 mm，使氧喷嘴的振荡频率比燃烧室一次切向频率至少提高 1.2 倍。

据文献［35］介绍，美国在研制 J－2S 氢氧火箭发动机过程中，也遇到氧喷嘴振荡频率与燃烧室振荡频率的耦合振荡燃烧故障。在 J－2S氢氧火箭发动机试车过程中，发动机混合比在 4.4～6.0 之间调节时，发生 4 400 Hz 的大幅度振荡燃烧故障。该发动机燃烧室的振荡频率为 4 600 Hz，两者频率相差仅 200 Hz，与燃烧室振荡频率仅差 4.3%。

为了消除这个重大故障，美国也采用缩短氧喷嘴长度的方法。J－2S发动机推力室原来设计试验的氧喷嘴长度为 78.7 mm，下面进一步分析缩短氧喷嘴长度来克服这类故障有无普遍意义。

首先，缩短氧喷嘴长度，提高其振荡频率，是否是消除耦合振荡燃烧故障的主要措施。

J－2S 氢氧火箭发动机燃烧室的振荡频率为 4 600 Hz，而发生耦合振荡燃烧故障时测得的振荡频率为 4 400 Hz，这是氧喷嘴的振荡频率。

两种频率仅差 4.3%。这就表明激发燃烧室产生耦合振荡燃烧故障的主要因素是氧喷嘴。要消除这一故障，必须使氧喷嘴振荡频率和燃烧室的振荡频率差远大于 4.3%。

设氧喷嘴的振荡频率 $f_1=\dfrac{a}{L_1}=4\ 400$（Hz）（$L_1$为 J－2S 燃烧室氧喷嘴的长度，$L_1=78.7$ mm）。

缩短喷嘴的长度为 L_2，则有 $f_2=\dfrac{a}{L_2}$；于是有 $\dfrac{f_2}{f_1}=\dfrac{L_1}{L_2}$。

从文献［35］得知，缩短氧喷嘴，克服了耦合振荡燃烧故障后，测得的压力脉动频率 $f_2=5\ 400$Hz。由此得到 $\dfrac{f_2}{f_1}=\dfrac{5\ 400}{4\ 400}=\dfrac{L_1}{L_2}$，即 $\dfrac{L_1}{L_2}\approx 1.227$，于是有 $L_2=\dfrac{78.7}{1.227}\approx 64.1(\text{mm})$。

由此分析得知，消除 J－2S 耦合振荡燃烧故障的措施是将氧喷嘴的长度缩短 14.6 mm。改进后的氧喷嘴振荡频率比燃烧室的振荡频率高 1.17 倍，两者频率的差为 17.4%。

其次，由氧喷嘴激发燃烧室的振荡燃烧，或者不稳定燃烧故障，采用隔板减振措施是无效的。

J－2S 氢氧火箭发动机燃烧室头部共安装 614 个喷嘴单元，其中用作隔板的长喷嘴有 237 个，占喷嘴单元总数的 38.7%。实际试车结果证明，J－2S 发动机试车过程中产生了严重的振荡燃烧，振坏了发动机很多部件，说明隔板的减振措施无效。

第三，苏联研制成功的高性能氢氧火箭发动机 D－57，真空推力为 40 t，燃烧室压力为 11 MPa，喷嘴采用同心环离心式短的氧喷嘴，在热试车过程中也产生过大幅值的振荡燃烧故障。在氧喷嘴离心式汽穴中心的速变压力测得的频率和脉动幅值表明，该汽穴中心竟成为燃烧室压力脉动的激发器。为了消除这一故障，它们在离心式喷嘴的汽穴中心安装一个形状与汽穴相似的固体柱塞，就完全消除了振荡燃烧故障。这一个事例再次说明超临界压力下的氧，在燃烧室辐射热流的作用下，必然存在非线性的温升；氧的温度接近其临界温度时，其热物理性质产生非线性的急剧变化。用固体柱塞消除了这个不稳定区域之后，就消除了压力脉动的激发区。因此，这个措施是有效的。

5.3 氢氧推力室的冷却和传热计算

氢氧推力室基本上是采用再生冷却方法来保证推力室的长时间工作的。由于氢具有良好的冷却性能，因此大都采用氢作再生冷却剂，只有个别情况下在热流不太大的部位采用液氧作再生冷却剂。例如苏联研制的 D－57 氢氧火箭发动机，在靠近喷注器附近的一小段区域采用液氧冷却。由于近代火箭发动机技术的发展，设计者为了提高发动机的性能和减小质量，常常希望把燃烧室压力取得高一些。例如美国的 SSME 燃烧室压力高达 20.9 MPa；苏联研制的能源号火箭芯级主发动机 RD－0120，其燃烧室压力基本上和 SSME 相近，而该火箭的助推器主发动机 RD－170，燃烧室压力竟高达 25 MPa。燃烧室压力的不断提高，引起燃气向壁的热流密度也不断增长。粗略地说，燃气向壁传导的热流密度与燃烧室压力 $p_k^{0.8}$ 约呈正比关系。例如，SSME 燃烧室的喉部截面附近的最高燃气热流密度竟高达1.635×10^8 W/m^2。为了能通过这样高的热流，必须采用导热系数最好的铜银锆合金作燃烧室身部，燃气面的壁温高达 810 K，使材料的工作温度处于极限工作区。近年来，火箭发动机设计要求能多次重复使用和工作可靠性很高，因此，认为燃烧室压力取在 10～15 MPa 范围内比较合适。在降低燃烧室压力后，估计燃气向壁传导的热流密度也不会低于 10^8 W/m^2。这样巨大的热流密度如何可靠地组织冷却？这些都必须通过严格的传热计算后，才能做出结论来。因此，随着氢氧火箭发动机设计技术的发展，氢的传热试验研究工作也就随之发展起来。近年来发表了很多有关氢的对流换热计算公式，这里仅介绍一些比较常用的公式。

5.3.1 氢的对流换热系数计算

在氢氧推力室设计中几乎都是采用氢作为再生冷却剂，因为氢不仅具有良好的冷却性能，而且通过冷却套的压力损失也较低。当进行推力室的传热计算和热平衡计算时，需要准确地确定氢的对流换热系数 α，这是关键的参数。计算氢的对流换热系数的方法很多，而且各种方法的计算结果也都相差不太大。大都采用下列公式对氢在超临界条件下的对流换热系数进行计算[25]，即

$$Nu_{\mathrm{f}} = \left(\frac{\alpha D}{\lambda}\right)_{\mathrm{f}} = 0.020\,8\, C_L Re_{\mathrm{f}}^{0.8} Pr_{\mathrm{f}}^{0.4}\left(1 + 0.014\,57\,\frac{v_{\mathrm{w}}}{v_{\mathrm{b}}}\right) \tag{5-3}$$

式中 Nu_{f}——努塞尔数；

α——氢的对流换热系数；

D——冷却通道的水力直径；

λ——流体的热传导系数；

C_L——修正系数；

Re_{f}——雷诺数，$Re_{\mathrm{f}} = \left(\frac{wD}{v}\right)_{\mathrm{f}}$；

Pr_{f}——普朗特数，$Pr_{\mathrm{f}} = \left(\frac{v}{a}\right)_{\mathrm{f}}$；

w——流速；

v——运动黏度，$v = \frac{\mu}{\rho}$（μ 为动力黏度，ρ 为密度）；

a——流体的导温系数，$a = \frac{\lambda}{c_p \rho}$（$c_p$ 为冷却剂的等压比热）；

下标 f——所有的热物理常数都将流体的平均温度 T_{f} 作为定性温度，$T_{\mathrm{f}} = \frac{T_{\mathrm{w}} + T_{\mathrm{b}}}{2}$；

下标 w——将壁面温度 T_w 作为定性温度；

下标 b——将中心区温度 T_b 作为定性温度。

文献［25］对超临界液氢进行了试验研究，试验的压力范围为5.6～10.6 MPa，试验的热流密度为 $13.1\times10^6\sim44.1\times10^6$ W/m²。冷却剂的流速最高达450 m/s。文献［25］中介绍，用 Hess 和 Kunz 公式进行试验数据比较时，Hess 和 Kunz 公式的计算值和试验数据差别很大，因此文献［25］引入了修正系数 C_L，实际上是修正由于氢的温度不同而引起的误差，但对直管和弯曲管的 C_L 有不同的修正值。表 5－2 列出了 $C_L = f(T_b)$ 的关系。试验管的弯曲形状是模拟 phoebus－2 喷管的几何关系制成的。修正系数 C_L 主要与液氢的温度有关，但管子的弯曲程度也对它有一定的影响。

表 5－2　修正系数 C_L 和冷却剂（氢）温度的关系

冷却剂（氢）温度/K		27.78	30.55	33.33	36.11	38.88	41.66	44.44	47.2
C_L	直管	2.0	1.73	1.48	1.26	1.07	0.93	0.87	0.85
	弯曲管	—	—	1.95	1.64	1.37	1.21	1.11	1.10

通过 C_L 的修正，试验测得的换热系数 $\alpha_{实}$ 和计算求得的换热系数 $\alpha_{计}$ 的比值都比较接近于1，如图 5－6 所示。

当流体温度超过 47.2 K 以后，对于直线管，可采用 $C_L = 0.85$，对于弯曲管，$C_L = 1.0$。由图 5－6 中的曲线可以看到，在应用式（5－3）时，应尽量取用流道的计算段长度 L 对该段流道截面的水力直径 D 的比值较大的数据。文献［25］中研究了壁温的不同对计算值的影响，得到了当 $\frac{L}{D} > 15$ 之后，试验测得的 $\alpha_{实}$ 与计算得到的 $\alpha_{计}$ 已很接近，即 $\frac{\alpha_{实}}{\alpha_{计}} \approx 1$。这说明经过几种因素的修正后，$\alpha_{计}$ 值的精度是很符合实际的。

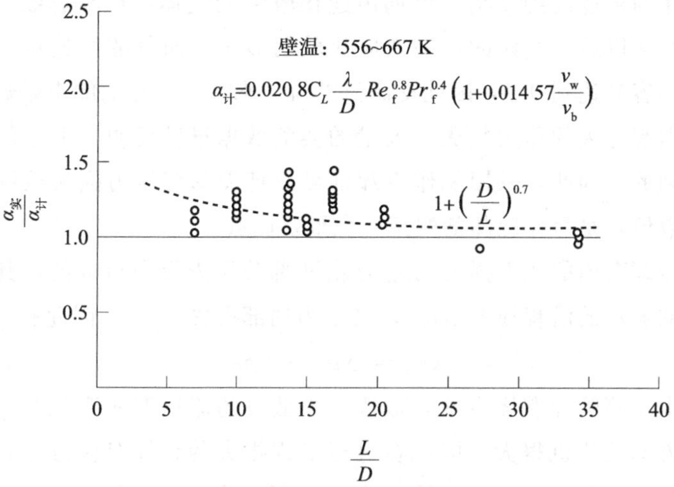

图 5-6　$\frac{L}{D}$ 对 $\frac{\alpha_{实}}{\alpha_{计}}$ 的影响

L—流道的计算段长度；D—计算流道的水力直径

5.3.2　冷却套内压力损失的计算

推力室要求冷却的最关键部位集中在喉部截面附近。因该区域的热流密度比推力室的其他部位高出很多倍，所以若推力室喉部区域的冷却问题得到解决，其他部位的冷却问题也就不难解决了。由式（5-3）的各参数分析可知，提高再生冷却的换热系数，主要是依靠增大雷诺数，也就是主要提高冷却剂的流速。但大幅度提高冷却剂的流速，必然会引起冷却套内的压力损失大幅度增加，冷却套压力损失和冷却剂流速呈平方的增长关系。这是发动机系统参数平衡中最不希望出现的情况，因为冷却套压力损失必然增加涡轮泵的设计难度。因此，研究影响冷却套压力损失的主要因素，准确地计算出冷却套压力损失的数值，对发动机系统参数的选择，对涡轮泵的设计都是非常重要的问题。

选用氢的冷却剂有一个特殊的优点，就是氢的声速很高，比其他气体的声速高约 4 倍。例如声速比较低的气体，在马赫数（Ma）超过 0.4 以后，气体的压缩效应比较明显了；而氢的声速很高，马赫数不容易达到 0.4，因此提高氢的流速来增大冷却剂的雷诺数，不容易引起过大的压力损失。大量的实测数据早已证明了上述的分析是正确的。因此，采用氢作冷却剂可以把冷却套压力损失控制在较小的数值，是氢作冷却剂的又一个重要优点。

冷却套内的压力损失 Δp_L 是由两部分压力损失组成的，其一为冷却剂流动的沿程损失 Δp_{f1}，其二为局部损失 Δp_{f2}。因此有

$$\Delta p_L = \Delta p_{f1} + \Delta p_{f2} \tag{5-4}$$

由于喷管和燃烧室的收敛段、扩散段的流道弯曲变化很大，而流动方向变化也很大，因此在进行沿程损失的计算时应考虑管子弯曲带来的沿程损失。直线流道内的沿程损失 Δp_{f1s} 通常可用式（5－5）计算，即

$$\Delta p_{f1s} = f\frac{\Delta L}{d} \cdot \frac{\rho}{2} \cdot w^2 \tag{5-5}$$

式中 ΔL——沿程分段的长度；

d——计算分段的水力直径；

w——流速；

f——直线流道内的摩擦系数，$f=\frac{64}{Re}$；

下标 s——直线流道。

在收敛段和扩散段的弯曲管道内的沿程损失 Δp_{f1c} 可用式（5－6）计算，即

$$\Delta p_{f1c} = f_c\frac{\Delta L}{d} \cdot \frac{\rho}{2} \cdot w^2 \tag{5-6}$$

式中 f_c——弯曲流道内的摩擦系数；

下标 c——弯曲流道。

根据文献［26］的建议，f_c应分下列 3 种情况计算：

1）当 $Re < 2.2\times10^3$，$f_c = \frac{64}{Re}\left[Re\left(\frac{r}{R}\right)^2\right]^{0.05}$（$r$ 为冷却通道的

水力半径，R 为弯曲流道的曲率半径，Re 为冷却剂的雷诺数）。

2）当 $2.2\times10^3 < Re < 10^4$ 时，$f_c = \left[Re\left(\frac{r}{R}\right)^2\right]^{0.05} \times 4 \times \left(0.0014 + \frac{0.125}{Re^{0.32}}\right)$。

3）当 $Re > 10^4$，则 $f_c = \left[Re\left(\frac{r}{R}\right)^2\right]^{0.05} \cdot \frac{0.078}{Re^{0.1021}}$。

整个沿程损失为

$$\Delta p_{f1} = \Delta p_{f1s} + \Delta p_{f1c} \tag{5-7}$$

推力室的冷却通道内存在很多局部扩展和突然收缩、转弯等局部损失。局部损失一般可按水力学手册上的计算公式计算，即

$$\Delta p_{f2} = \xi_i \frac{\rho w^2}{2} \tag{5-8}$$

式中　ξ_i ——各种各样的局部损失系数，可查水力学手册。

5.3.3　喷注器面板的发汗冷却

氢氧推力室的喷注器面板工作条件比较恶劣，与燃气接触的表面需经受高温燃气回流的加热，而另一面又处于低温氢流动的冷环境中，巨大的温差使面板内产生热应力而变形。为了解决这个问题，氢氧喷注器面板都采用网织压制的多孔材料，以使面板两面的温差减小而消除热应力。控制多孔材料的孔隙度以控制发汗流量是重要问题。目前尚没有可靠地计算方法来确定发汗流量的大小，但通过大量的试验，已经从实践中积累了很多确定发汗流量的数据。美国最早研制的小推力氢氧火箭发动机 RL－10A－3－3，其喷注器面板的发汗流量约为燃烧室氢总流量的 10%。这个数值有些偏大，以后设计的氢氧火箭发动机喷注器面板发汗流量都低于此值。例如美国为阿波罗登月飞行研制的大推力氢氧火箭发动机 J－2，其喷注器面板的发汗流量仅为燃烧室氢总流量的 3%～4%；法国于 20 世纪 80 年代初研制成功的真空推力约为 60 kN 的氢氧火箭发动机 HM－7，喷注器面板的发汗流量为燃烧室氢总流量的 7%。燃烧室多次热试

车之后，发汗材料制成的面板始终是光亮的。总结国内外发汗材料制成的喷注器面板的实践经验，将发汗流量取在燃烧室氢总流量的6％～7％范围内是比较合适的。

5.3.4 氢氧燃气向壁的传热

氢和氧经过燃烧产生很高温度的燃气，并以很高的速度沿燃烧室壁流动。燃气强迫对流换热是传热的重要部分。对流传热的简单表达式为

$$q_k = \alpha_{kg}(T_{aw} - T_{wg}) \tag{5-9}$$

式中 q_k ——对流换热的热流密度（W/m^2）；

α_{kg} ——燃气对流换热系数（$W/(m^2 \cdot K)$）；

T_{aw} ——紊流附面层一侧的燃气绝热温度，通常取燃气的滞止温度乘以附面层的恢复系数（0.9～0.98）；

T_{wg} ——当地的壁温（K）。

计算燃气对流换热系数 α_{kg} 是一个相当复杂的问题。这是因为火箭燃烧室内的对流换热现象很难用准确的试验方法来进行研究和测量，计算时都不可避免地要进行一些初始假定和要求一些初始条件。沿着流程燃气成分在不断变化，则各种热物理常数也就因成分的改变而变化。当推进剂刚进入喷注器端面时，就不能保证完全均匀的混合。这些问题都要影响到计算的最终结果。

苏联的一些火箭发动机专家立足于附面层理论，推导过一些较为严格的计算公式，取得了一些好的计算效果。美国的许多文献都推荐 Bartz 的计算方法。但所有各种计算，都只能说是近似计算。因此，工程应用上经常采用简易的计算方法，得出一些粗略数值，而后在实际的燃烧室试验研究中获得一些修正数据。下面介绍文献[27] 中的一种最简单的计算方法，但是计算结果也可能是最粗略的。其计算公式为

$$\alpha_{kg} \approx 74.3 c_{pg} \eta_g^{0.18} \frac{G_g^{0.82}}{D^{1.82}} \left(\frac{T_g}{T_{wg}}\right)^{0.35} \tag{5-10}$$

式中　c_{pg} ——近壁层燃气的比热（kJ/（kg·K））；

η_g ——燃气平均动力黏度（Pa·s）；

G_g ——燃气总质量流量（kg/s）；

D ——计算截面处燃烧室内径（m）；

T_g ——燃气的温度（K）；

T_{wg} ——与燃气接触的壁温（K）。

近壁层燃气的比热 c_{pg} 可用式（5－11）计算确定，即

$$c_{pg} = \sum_{i=1}^{n} g_i c_{pi} \tag{5-11}$$

式中　g_i ——燃气组元的含量（%）；

c_{pi} ——各种燃气组元的比热，根据近壁层的燃气温度来取值。

燃气的平均动力黏度 η_g 可用式（5－12）来计算，即

$$\frac{1}{\eta_g} = \sum_{i=1}^{n} \frac{g_i}{\eta_{gi}} \tag{5-12}$$

式中　η_{gi} ——各种燃气组元对应温度下的动力黏度。

氢氧燃气的成分比较简单，主要是水蒸气和尚未燃烧的氢和氧。文献［27］中给出了上述燃气成分中的 c_{pg} 和 η_g 随温度变化的数值，列于表 5－3 和表 5－4 中。

表 5－3　c_{pg} 随温度变化的数值

近壁层燃气温度/℃		100	200	300	400	500	600	700	800	900	1 000	1 100	1 200
c_{pg} ×4.186 8/（kJ/（kg·K））	O_2	0.223	0.230	0.237 6	0.244 5	0.250 4	0.255 3	0.259 3	0.262 7	0.265 6	0.268 2	0.270 3	0.272 3
	H_2	3.450 9	3.464 3	3.471 2	3.482 6	3.502 0	3.529 8	3.566 0	3.610 1	3.657 2	3.706 3	3.758 4	3.809 5
	H_2O	0.451 5	0.463 5	0.477 8	0.493 1	0.509 2	0.525 8	0.542 9	0.560 1	0.576 9	0.592 9	0.608 0	0.622 0

表 5-4 η_g 随温度变化的数值

近壁层燃气温度/℃		100	200	300	400	500	600	700	800	900	1 000	1 100	1 200
$\eta_g\times10^5$/(kg/(m·s))	O_2	2.460	2.910	3.312	3.677	4.014	4.327	4.622	4.900	5.164	5.416	5.657	5.889
	H_2	1.052	1.226	1.381	1.521	1.651	1.771	1.884	1.991	2.093	2.190	2.283	2.373
	H_2O	1.208	1.605	2.000	2.390	2.772	3.145	3.510	3.864	4.210	4.447	4.874	5.194

在计算时，式（5-10）中的 T_{wg} 可以先根据燃烧室内壁材料的许用温度来给定，而且应留有一定的安全余量。

在文献［27］中建议，在燃烧室的圆柱段 T_g 直接取中心区的燃气温度，在喷管内应根据当地马赫数的不同而求得气流的温度。

5.4 氢氧的点火技术

氢和氧属于非自燃推进剂，需要用另一种能源把它们点燃，但它们要求的点火能量非常小。空气中氢的体积含量约占 28%时，点火能量只需要 0.019 mJ。文献［28］中提供的测量人造纤维制成的上衣，由于摩擦而产生电火花能量，比点燃氢的能量还要大几倍。空气中混有丙烷气体是很容易爆炸的，但空气丙烷混合气的点火能量为 0.28 mJ，比氢的点火能量大一个数量级。由于氢氧的点火能量很低，近年来发展成功的氢氧气动力谐振点火法已可以用作火箭发动机的一种点火方案。但是将点火作为一种技术来研究，不仅要求能点燃，而且要求绝对可靠，并具有一定的安全余量为妥。

在氢氧火箭发动机起动过程中，进入推力室的氢氧两组元的流量变化很大，在点火瞬间，混合比变化非常大。虽然氢在氧气中的点火范围很宽，其体积含量在 4.5%～94%范围内都能被点燃，但完全有可能在开始的某个瞬间超出了点火范围，而另一个瞬间又处于最佳点火混合比的环境中。这时就会产生爆燃或爆炸。例如 1985 年 ARIANE 火箭第 15 次发射，由于第三子级氢氧火箭发动机点火失败而导致两颗通信卫星被毁，造成了巨大的经济损失。据报道，这次飞行点火失败的主要原因是氢主活门密封泄漏。该活门从火箭起飞后不久就开始泄漏，泄漏的低温氢就进入推力室的冷却套而通过喷注器流出去。这种现象等同于推力室进行了提前预冷。代号为 HM-7 的氢氧火箭发动机起动前，冷却套只允许预冷 2.5 s，过多的预冷会造成点火混合比太小而点不着火。氢主活门的故障泄漏而造成提前预冷达百秒以上，过量的氢在燃烧室内积存。火药点火器工作后，再打开液氧主活门的点火程序，最容易引起爆炸。因此，氢氧两组元混合后，虽然点火能量要求很低，点火范围也很宽，仍然要求把点火混合比控制在某一个安全范围之内，以保证点火的可靠性。下面来分别介绍几种点火方案。

5.4.1　电能点火器

氢氧火箭发动机上采用电能点火技术的有美国的 RL-10A-3-3 和 J-2 等。电能点火器一般由两部分组成，即点火线圈盒和火花塞。火花塞安装在专用点火喷嘴内，这种专用喷嘴通常都设在燃烧室（包括燃气发生器）的喷注器中心，并有独立的氢、氧供应系统。在火花塞通电发火花时，氧和氢进入点火喷嘴而点燃，形成一个大火炬，当主系统的大量氢和氧进入燃烧室时，已有一个大火炬在燃烧，这种点火方式称为火炬式点火系统。

这种点火方式的最大优点是可以多次点火，适用于同步定点轨道的末级发动机和星际航行的氢氧火箭发动机，如阿波罗登月飞行的 J-2 氢氧火箭发动机上就采用了电能点火器方案。

设计电能点火器应注意以下两个问题。

5.4.1.1　电功率的选择

文献［29］建议，对于推力约为 900 kN 级的氢氧火箭发动机，每个火花塞的电功率应为 5 J/s（5 W）。RL-10A-3-3 氢氧点火装置是借用 Pratt-Whitny 公司研制的用于 J－57 涡轮喷气发动机上的点火装置。该点火装置的火花塞发出的点火电功率为 10 J/s。若按照火花点火系统的效率为 0.1 计算，则点火线圈的电功率应约为 100 W。

5.4.1.2 火花频率的确定

实践证明电功率相同的电点火装置，火花频率低，则每个火花的功率就大。但频率低的点火效果并不好，常常会引起爆燃和点火压力峰。航空发动机上电点火装置的发火频率都比较低，氢氧火箭发动机的点火频率应比航空发动机上的点火频率高为好，如 RL－10A－3－3 的火花塞发火频率为 20 Hz（每秒发 20 个火花，每个火花能量为 0.5 J），J－2 氢氧火箭发动机上火花塞发火频率为 50 Hz（每秒发 50 个火花，每个火花能量为 0.1 J）。

试验研究结果表明，提高火花塞的发火频率可以改善氢氧的点火效果。如果把发火频率提高到 120～160 Hz，则可以完全消除氢氧点火后产生的压力峰和爆燃现象，使整个起动点火过程中燃烧室压力上升比较平稳。

5.4.2 火药点火器

在小推力（98 kN 以下的推力）的氢氧火箭发动机上，常常采用火药点火器来解决点火问题。例如欧空局研制的 ARIANE 火箭第三级主发动机 HM－7，就是采用了火药点火器。火药点火器主要用于空中一次点火，至多在发射同步定点轨道卫星时用于空中二次点火。若有更多的点火次数，则应采用电点火方案。

设计火药点火器时必须合理地确定火药点火器的总冲量，即工作流量和工作时间的乘积。

由于氢氧火箭发动机的起动点火过程都不长，故火药点火器的工作时间都选在 3～5 s 的范围之内，如 HM－7 氢氧火箭发动机的火药点火器的工作时间为 3.8 s。

氢氧火箭发动机大都在高空起动，而且常常要求二次点火起动，因此推力室都和外界高真空环境相连。选择火药点火器的工作流量时必须注意到这个特点。通常在氢氧两组元进入推力室之前约0.1～0.2 s，首先点燃火药点火器，当氢氧两组元按程序进入推力室时，已有一股强大火炬在燃烧。为了保证推力室内具有一定的压力，使氧或氢不至于因过度膨胀而形成固氧或固氢，火药点火器的工作流量必须经过详细的研究后再确定。确定工作流量的基本原则为：火药点火器的工作流量必须保证燃烧室内建立的压力大于液氧三相点的压力；为了绝对可靠，应为三相点压力的2～3倍。如果点火程序是氢先进入燃烧室，则点火器的工作流量应保证燃烧室内建立的压力超过氢三相点压力。因此，点火程序为氢先进入燃烧室要求的火药点火器总冲量，要比氧先进入燃烧室要求的总冲量增大10多倍。以上的原则在实际的氢氧火箭发动机点火方案中已经被证实是合适的。HM－7氢氧火箭发动机上早期的火药点火器工作流量为14 g/s[30]。当ARIANE火箭第15次飞行和第18次飞行都因HM－7氢氧火箭发动机起动点火失败之后，又不得不增大火药点火器的工作流量，约为3倍[31]。而按氧先进入燃烧室的工作程序进行分析估算，火药点火器的工作流量为4～5 g/s即可。

5.4.3 气动力谐振点火器

采用气动力谐振点火器是一种正在研究而趋于成熟的新型点火方法。该方法很适合在氢氧火箭发动机上应用，特别是能满足多次重复点火的要求。因此，这种点火方法在氢氧火箭发动机上很有应用前景。

文献［32］用于研究气动力谐振点火法的试验件如图5－7所示。d_{cr1}为氢气喷嘴的喉部直径；d_{cr2}为火焰限流直径；D_i为谐振腔的内径；l_1为喷嘴出口到谐振腔入口的间隙尺寸，该尺寸与谐振时产生的温升有密切关系；l_2为谐振腔的长度。

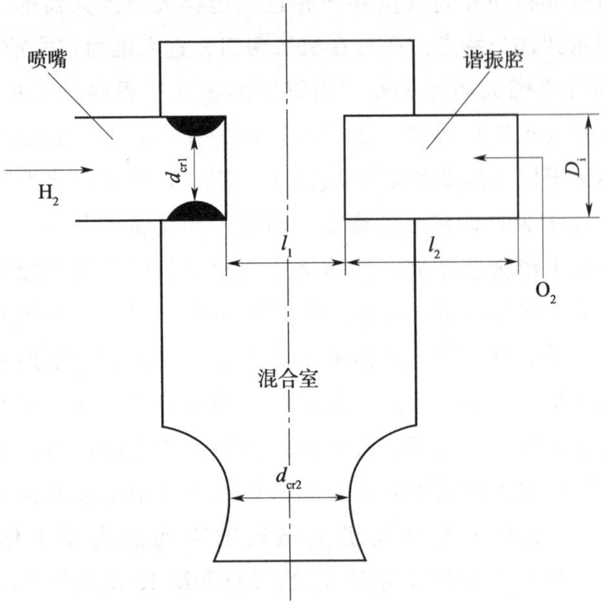

图 5-7　气动力谐振点火器示意

文献［33］测定的间隙 l_1 和获得的谐振温度 T 的关系如图 5-8 所示。该研究结果表明，谐振腔的材料对谐振温度也是一个重要因素。如果谐振腔是用铜制成，则根本不能产生 595℃的高温，因此也不能点火。当改用不锈钢制成谐振腔后，就比较容易点火了。这说明谐振波产生的热量很快被铜壳体传导走，不能积累成高温区。据文献［33］介绍，在试验时，$d_{cr1}=5.08$ mm，$D_i=7.11$ mm，$\frac{D_i}{d_{cr1}}\approx 1.4$，混合室内为常压。氢氧气体在喷嘴内混合后喷进谐振腔，喷入的压差为 0.55 MPa。

文献［32］的谐振点火器的几何尺寸关系为 $\frac{l_1}{d_{cr1}}=3.426$，$\frac{l_2}{D_i}=9.6$，$\frac{D_i}{d_{cr1}}=1.3$（比文献［33］中的值略小）。

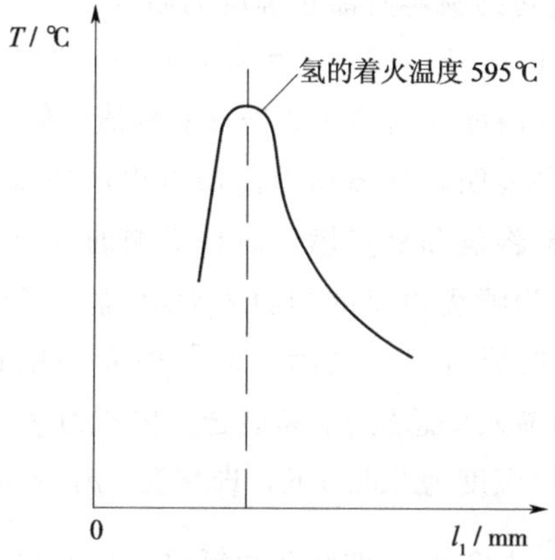

图 5 - 8　间隙和谐振温度的关系

试验时，氢和氧分别喷入谐振腔内，氢的入口总压和混合室内的压力之比为 5.2，也比文献［33］中的压差略低。图 5 - 9 中所示的 d_{cr1} = 1.8 mm，其他尺寸都由此得到。D_i =2.34 mm，l_2 =22.46 mm，l_1 =6.167 mm，氢的流量为 1.588 g/s，温度为 294 K，氢喷嘴前的压力为 1.1 MPa。

气动力谐振点火法的基本原理是：利用气动力使气体产生谐振而形成激波驻点高温区，使之能在数毫秒之内达到着火温度而点燃。这种快速集聚热能的速率和驱动气体的分子量有关。作为驱动气体，应选用分子量小的气体如氢等为好。俄罗斯的研究人员用甲烷和空气的气动力谐振点火做试验也很成功，并在工业炉的点火技术中推广应用。文献［32］中所介绍的 Rocketdyne 公司进行的试验是先让氢气通入谐振腔，产生谐振，经过 0.005～0.01 s 再从对面通入氧气，可以在 50 ms 之内点火。文献［32］认为：在谐振器内产生的最高温升 ΔT ，可以用式（5 - 13）来计算，即

$$\Delta T = 2(k+1)\bar{T} \tag{5-13}$$

式中　$\bar{T}$ ——谐振腔内气体的平均温度（K）；

　　k——驱动气体的比热比；

ΔT——超过射流本身滞止温度的温升。

对于双原子气体，$k = 1.4$。因此，理论上谐振后产生的温升最高值比腔内的平均温度应高约 4.8 倍（实测值要低一些）。

各种试验结果表明，气体动力谐振点火法在很宽的混合比和气动参数范围内都能将氢和氧点燃，而且实测的点燃温度仅为 526℃。图 5-9 的横坐标为喷嘴出口的间隙 l_1 对喷嘴喉部直径 d_{cr1} 之比值，纵坐标为实测谐振温度 T。文献［32］中介绍的试验曲线（见图 5-9），是在氢喷嘴入口总压 p_T 和混合室内压力 p_M 之比值为 5.5 时测得的；氢的入口温度为 288.9 K，即室温，$p_T = 0.113\ 7$ MPa；曲线 1 为氧比氢迟入 100 ms，曲线 2 为氧比氢迟入 50 ms；在 $\frac{l_1}{d_{cr1}}$ 之值从 2.3 增大到 3.7 的范围内都能点燃。

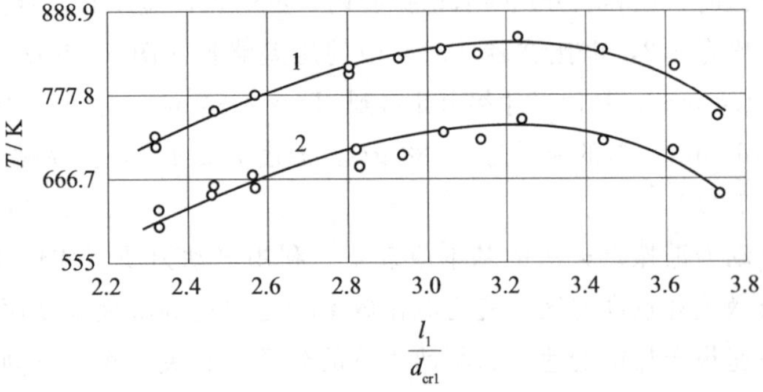

图 5-9　T 和 $\frac{l_1}{d_{cr1}}$ 的关系

Rocketdyne 公司用上述点火法在 J-2S 发动机上进行了点火试验，取得了成功。实际应用的气动力谐振点火器的剖面图如图 5-10 所示。

俄罗斯火箭发动机科研工作者在推广气动力谐振点火方案方面也取得很多成果，在科研成果展览会（1991 年于莫斯科）上展出了一个氢氧姿控小发动机，其点火方法就是采用氢作驱动气体的气动力谐振点火器，虽尚未用于航天器上，但据介绍已达到实际应用的水平。

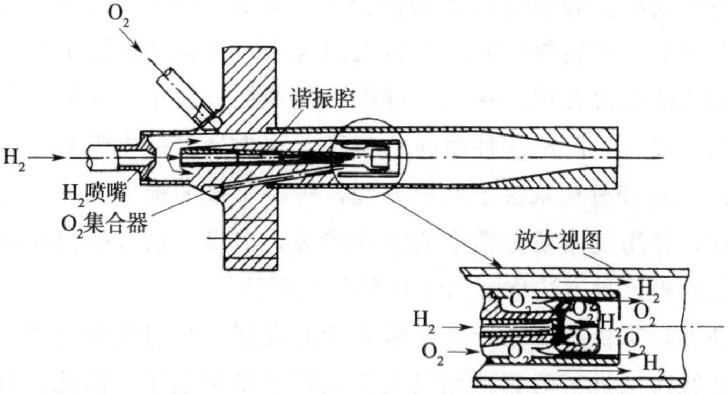

图 5-10　谐振点火器

5.5　氢氧推力室的喷管

5.5.1　大面积比喷管的设计要求

氢氧推力室喷管的作用和一般推力室喷管的作用是相同的，都是把燃烧气体的热能，有效地转变为排出气体的动能，从而获得需要的推力。但采用高能燃料液氢后，由于液氢的密度小，把氢氧推力室喷管用于助推火箭的动力装置上是不合适的。只有将它用于多级火箭的上面级的动力装置上，才能充分发挥其高比冲作用的优点。因此，在设计氢氧推力室喷管时，都是采用大面积比的喷管，使其燃烧气体具有的热能，最大限度地转变为动能，从而获得最高的比冲。这就是氢氧推力室喷管的特点。

设计大面积比喷管，应该特别重视喷管的型面。在实际的工程应用中，喷管面积比的选择，要受到很多约束条件的限制。例如，受到火箭直径的限制和发动机质量的限制，还要考虑到喷管性能测定和结构强度考核时要求，以及高空模拟试车的试车台建设资金和建设周期等因素。因此，大面积喷管的设计方案需要得到充分的研究论证之后才能确定。

在给定流量和喷管长度的前提下，设计一个理想的喷管型面，希望所选的型面能使气流产生最大的推力，也就是说这个型面能使气流的流线非常合理，在流动过程中各种损失最小，获得推力最大的气流流线。人们把这种型面的喷管，称为最大推力喷管。印度学者 Rao 氏用变分法求解了欧拉方程，解决了最大推力喷管的理论计算问题，并用气体动力学中的特征线法，求得了最大推力喷管的型面。人们把这种方法称为 Rao 氏喷管造型法。

随着计算机技术和计算流体力学的发展，当前用空气动力学中的特征线法来进行喷管造型已是不太困难的问题了。因此，对于大面积比的氢氧推力室喷管，可采用最大推力造型法，应用计算流体力学来确定大喷管的型面。

推力室内燃气温度是很高的，一般都超过 3 400 K。在这样高温高压的燃气流中，燃烧产物的离解是不可避免的。离解要消耗一部分能量，并使燃气成分发生变化；但燃气进入喷管后，又要发生膨胀而降温，这时已离解的产物又会产生复合现象。离解产物的复合，又可以放出部分能量，燃气成分又跟着发生相应的变化。这种能量的变化同时发生在流动过程中，使得喷管内的流动成为非常复杂的过程。人们分析计算这种流动过程，不得不假定有两种极端的情况：其一为平衡流动，其二为冻结流动。

5.5.1.1 平衡流动

认为燃气的化学反应过程非常迅速，以至在推力室的每个截面上燃气都能达到在相应温度和压力下的化学平衡和能量平衡。可以把这种流动膨胀称为平衡膨胀。若假定平衡膨胀过程为绝热过程，那么，即可认为这种平衡膨胀是变成分气体热力过程的等熵膨胀。等熵过程的指数可用 n 表示。n 可以用（5－14）式来确定，即

$$n=\frac{\ln\dfrac{p_1}{p}}{\ln\left(\dfrac{p_1}{p}\cdot\dfrac{R}{R_1}\cdot\dfrac{T}{T_1}\right)} \tag{5-14}$$

式中　p_1，T_1，R_1——初始状态下的压力、温度和气体常数；

p，T，R——任意截面上的压力、温度和气体常数，即 n 是多变指数。

5.5.1.2　冻结流动

认为燃气的化学反应过程和流动速度相比是比较慢的，以至在推力室的每个截面上的燃气成分可以认为保持不变，即把燃气成分当成冻结不变的；同时也假定燃气流动过程为绝热过程，而膨胀时的温度下降全部用于分子内部的能量平衡上。在冻结流动情况下，可以认为膨胀过程中能保持能量平衡，但不能保持化学平衡。计算冻结流动过程是采用不变成分的绝热指数 k 。

实际的喷管工作过程，既不可能达到完全平衡流动，也不可能是完全冻结流动，而是处于上述两种流动之间的一种不平衡流动。因为化学平衡状态起着决定性作用，故就把这种不平衡流动称为化学不平衡流动。这是非常复杂的流动问题。通常把燃烧室内和喷管亚声速段的高温气流假定为平衡流动。但是，喷管的超声速段从哪一个截面起可以认为是冻结流动，这是很难明确的。总之，喷管设计的核心是，通过计算获得一种最佳的型面，使在燃气热能转换成动能过程中损失最小，喷管工作效率最高。

5.5.2　大面积比喷管的冷却

大面积比喷管的冷却方法可以是多种多样的，但是由于氢氧火箭发动机使用要求的不同，应该选择最可靠的冷却方案。例如要求多次重复使用的美国航天飞机主发动机 SSME 的大喷管，面积比为 77.5∶1，仍全部采用再生冷却方案。这是因为这种冷却方案可以使喷管重复使用后产生的热变形较小。大喷管分为两段，面积比5∶1这一段为铜内壁上铣切成沟槽式再生冷却通道，用液氢作再生冷却剂。由5∶1到77.5∶1的一段，是管束式结构。用 A286CRES 不锈钢材料制成的 1 080 根变截面的管子组成喷管延伸段，全长约 2.78 m，出口的外圆直径为 2.388 m，质量约为 423.2 kg。这样大尺寸而复杂结构的大喷管延伸段，采用液氢再生冷却方案是比较合适的。从液氢主活门后的集合器上分出 3 根液氢输送导管，将 43.68 MPa的高压液氢引到喷管出口处（每根液氢导管又分成 2 根，共 6 根导管均匀分布进入喷管出口集合环内）；而后，液氢均匀地流入每根管子中。总的液氢冷却流量为 17.1 kg/s，约占发动机全部液氢流量的 25.56%，进入尾部集合环的液氢温度为 51.7 K（实际上是低温气氢），流出大喷管的气氢温度已高达 384.4 K，即冷却剂温升为 332.7 K，保证了整个大喷管延伸段承受的温度应力在允许的范围之内，而通道内的压降仅为 1.8 MPa。

大面积比喷管的另一种冷却方式称为排放冷却。这种冷却方式大都用于不重复使用的氢氧火箭发动机上，如法国的 HM－7 氢氧火箭发动机和日本用于 H－I 火箭第二级上的 LE－5 氢氧火箭发动机，都是采用了排放冷却方案。HM－7 的大喷管在面积比7∶1的一段为再生冷却，由7∶1到63∶1（初始的状态）的喷管延伸段为排放冷却。所谓排放冷却就是将少量的低温氢（通常控制在液氢总流量的 5%左右）引入喷管延伸段，使氢的温度升高到 900～1 000 K，而后从延伸喷管的出口集合器内通过若干小喷管，以超声速气流排放出去，如图 5－11 所示。在进行 HM－7 推力室大喷管延伸段方案论证时，比较了 3 种冷却方案，即再生冷却、液膜冷却和排放冷却，其设计参数如表 5－5 所示。

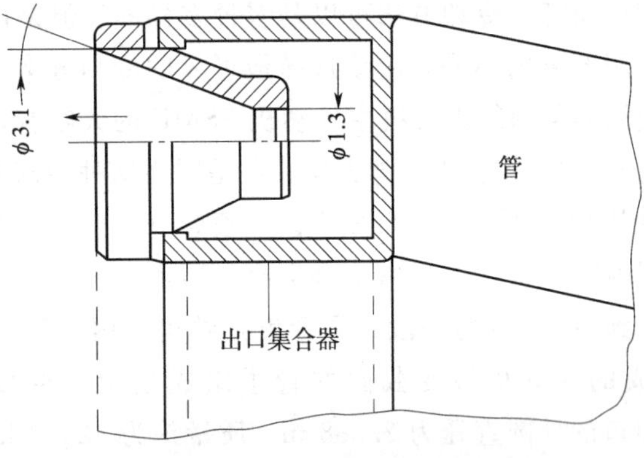

图 5－11　带有排气小喷管的延伸喷管出口集合器

表 5－5　大喷管的冷却方案比较

项　目	冷却方法		
	再生冷却	液膜冷却	排放冷却
冷却剂	氢	氢	氢
喷管延伸段面积比	7∶1～63∶1	7∶1～63∶1	7∶1～63∶1
冷却剂流量/（kg/s）	0.5	0.25	0.126
冷却剂占氢流量的百分比/%	20	10	5
进口集合器冷却剂压力/MPa	4.6	—	0.7
冷却剂压降/MPa	0.31	—	1.2
冷却剂温升/K	330	—	830
最高壁温/K	700	1 100	1 000
有效的推力室比冲/（m/s）	4 378.6 (446.8 s)	4 327.68 (441.6 s)	4 351.2 (444.9 s)

表 5－5 中的数据表明，再生冷却方案的比冲最高，由于排放冷却的氢流量不能参加燃烧，因此对推力室性能有一定的损失，而液膜冷却对推力室的性能损失最大。这是因为排放冷却的气氢到喷管出口集合器时已具有约 860 K 的高温，通过 484 个小喷管，其面积比为5.7∶1，排出时的气体已膨胀成超声速气流，可以回收几百牛的推力。

HM－7 氢氧火箭发动机喷管延伸段的最大优点是结构质量很小，是目前所有氢氧火箭发动机同类喷管中最轻的大喷管延伸段结构。表 5－5 中再生冷却方案采用普通钎焊的管束式结构，喷管延伸段质量为 30 kg，而采用排放冷却的喷管延伸段是 0.32 mm 壁厚的 242 根因康镍 600 的矩形管绕型面螺旋缠绕而成，并采用单面焊接技术，质量仅为 25.2 kg，其刚度好，不需要加强箍就能保证足够的刚度。整个管子压成边长 4 mm 的方形截面，只是在延伸段入口段约

150 mm 长的一部分滚压成高度 2.2 mm 的矩形截面，以提高这一部分的传热性能。这种不变截面的方形管和变截面的传统管束式管子相比，制造简单，因而价格也便宜，也是这种结构的优点。

设计喷管冷却方案还应该注意以下问题。

1）采用排放冷却方案时，流量可以一部分取自泵后的高压液氢，另一部分应用冷却轴承的流量。如果采用这种方案，则必须在轴承和动密封之间设一道液封轮，或者动密封的动环背面就是液封轮工作叶片。这样既可保证动密封的工作压力不会过高，又充分利用了冷却轴承的液氢。实现这种方案也减少了泵后高压液氢的流失。

2）可以利用喷管冷却的氢驱动涡轮来提高发动机性能。日本研制的 LE－5 氢氧火箭发动机，从喷管面积比8.5∶1到140∶1的延伸段上采用了排放冷却，冷却流量仅为氢主流量的 3%；氢的出口温度已高达 1 000 K，但仍要损失一部分比冲。后来，日本对 LE－5 喷管延伸段的冷却方式进行了改进，把喷管延伸段设计成氢加温器，用冷却喷管延伸段的高温氢气去驱动涡轮。做功后的气氢，温度和压力都已降低了，再把这股低压的气氢引入喷管延伸段靠近出口段的主气流中，充分利用了喷管延伸段的加温器作用。从 LE－5 到改进后的 LE－5A，喷管面积比从原来的140∶1缩短到130∶1，发动机比冲由原来的 4 388.4 m/s（447.8 s）增大到 4 428.6 m/s（451.9 s），发动机高度缩短了 3.2 cm（因发动机推力增大到 12 t，推力室的喉部直径也适当地放大了）发动机质量减小了 13 kg。LE－5A 发动机不仅取消了燃气发生器系统，简化了结构，而且将发动机改为简单的部分氢膨胀循环的先进系统。

5.5.3　氢氧芯级火箭上喷管设计的特点

美国航天飞机发射成功后，运载火箭的设计出现了一种新趋势，即发展一级半的运载火箭。美国航天飞机发射时首先由芯级 3 台氢氧火箭主发动机点火起动，当主发动机起动后约经 4 s，发动机推力达到 90%后，固体助推器才点火起动，而后火箭起飞。这种发射方式可以避免发动机在起动过程中的故障引起发射失败，从而大大提高了发射成功率。20 世纪 80 年代以来开始研制的火箭都纷纷仿效美国航天飞机的发射方式，发展和航天飞机相似的一级半运载火箭的设计方案，诸如欧空局研制的 ARIANE－V、日本的 H－Ⅱ运载火箭，以及美国曾经规划中的先进发射系统的各种运载器方案都采用一级半方案。一级半运载火箭设计方案和二级串联的运载火箭相比，有一些明显的优点：

1）一级半运载火箭的所有主发动机都在地面起动点火；待到主发动机起动转主级工况完全正常后，才把运载火箭释放出去，大大提高了火箭动力系统在发射起动过程中的成功率。

2）一级半运载火箭的助推器和芯级火箭分离是横向分离，分离过程中助推器对芯级火箭的干扰力造成的影响要小一些，因为在分离时芯级主发动机处于额定推力工况，抗干扰能力较强。

3）在起飞前加注液氧、液氢和地面预冷过程中，火箭动力舱的环境温度急剧下降，有些部位甚至产生液化空气流动，有些复杂结构还会发生低温抽吸而冻结一些活动部件，绝热贮箱的外表面的冷凝水大面积流淌，造成电器的绝缘电阻下降等。为了避免造成不良影响，在动力舱内必须采取氮气、氦气吹除和气封等措施，因此氢氧火箭发射时各种气体的消耗量比较大。如果采用二级火箭方案，则氢氧上面级发射前的耗气虽可以由地面设备提供，但起飞后的耗气量必须由自带气瓶供应，这样会使气瓶数量多而且质量也大。如果改成一级半火箭方案，即把二级火箭和一级并联的方案，二级火箭在地面点火，则全部气体消耗都由地面设备提供，不仅减少火箭自带气瓶的数量，减小了结构质量，也取消了箭上一套吹除气封系统。

4）一级半火箭的氢氧芯级都采用粗而短的箭体，这一方面可以减小贮箱的绝热表面积，更重要的是改善了火箭的细长比，一级半火箭的芯级细长比大约保持在 10。粗而短的箭体使得解决火箭的结构动力学问题和气动弹性问题都相应地简单了一些。

但是，一级半火箭方案给用于芯级火箭上的氢氧火箭发动机设计又带来一些新的问题，特别是对氢氧推力室的喷管设计提出了一些新的要求：

1）一级半火箭发射时，助推火箭和芯级火箭都是从地面起飞时就点火，芯级火箭从地面到入轨的全部飞行过程中，其主发动机都在工作，致使芯级火箭上应用的氢氧火箭发动机主级工作时间特别长。在发动机结构设计，特别是各种密封结构设计时，应充分考虑具有较好抗振能力和结构的疲劳破坏等因素。

2）设计芯级火箭上应用的氢氧火箭发动机，既要如二级发动机一样，把喷管面积比尽量设计得大一些，以便于获得更高的真空比冲，又要考虑到地面点火时，其环境有 0.1 MPa 的因素存在，要防止喷管内气流分离而引起的激波振动带来的危险。因此，如何在这样的限制条件下设计出合理的喷管，就必须进行充分的研究后才能确定方案。

3）为了研究芯级火箭上主发动机喷管面积比如何确定，可以首先分析美国航天飞机的主发动机、欧空局 ARIANE－V 芯级火箭上的氢氧火箭发动机和日本 H－II 火箭上的 LE－7 发动机的喷管面积比是如何确定的。表 5－6 中列出了以上 3 种氢氧火箭发动机的燃烧室压力、喷管面积比、喷管出口压力等参数。

表 5－6　芯级火箭上燃烧室压力和喷管面积比的选取

<table>
<tr><th rowspan="3">参　数</th><th colspan="4">发动机名称</th></tr>
<tr><th rowspan="2">SSME</th><th colspan="2">LE－7</th><th rowspan="2">HM－60</th></tr>
<tr><th>早期方案</th><th>实际应用方案</th></tr>
<tr><td>燃烧室压力/MPa</td><td>20.503
(209 kg/cm²)</td><td>14.52
(148 kg/cm²)</td><td>13.24
(135 kg/cm²)</td><td>9.81
(100 kg/cm²)</td></tr>
<tr><td>喷管面积比</td><td>77.5：1</td><td>60：1</td><td>54：1</td><td>45：1</td></tr>
<tr><td>喷管出口压力/MPa</td><td>0.017 95
(0.183 kg/cm²)</td><td>0.017 8
(0.181 4 kg/cm²)</td><td>0.018 6
(0.190 2 kg/cm²)</td><td>0.017 85
(0.182 kg/cm²)</td></tr>
</table>

从表 5-6 的数据中可以看到，3 种发动机的燃烧室压力都相差很大，喷管面积比也各不相同，但它们的喷管出口压力都选在0.017 8～0.018 6 MPa 范围内，特别是 LE-7 氢氧火箭发动机，当它早期定的喷管面积比为60：1时（当时的燃烧压力为 14.52 MPa），喷管出口压力为 0.0178 MPa，后来燃烧室压力降到 13.24 MPa 时，喷管面积比改成54：1，喷管出口压力为 0.018 6 MPa。LE-7 发动机喷管参数的变化是通过试验研究后，根据喷管内气流的流动分离点测出的参数来选定的。

LE-7 发动机大喷管的流动分离试验曲线如图 5-12 所示。随着燃烧室压力提高，流动分离截面也逐渐增大，实线是理论计算的结果，试验测得的流动分离截面都分布在计算曲线的附近。设计值取在略高于计算曲线之上。

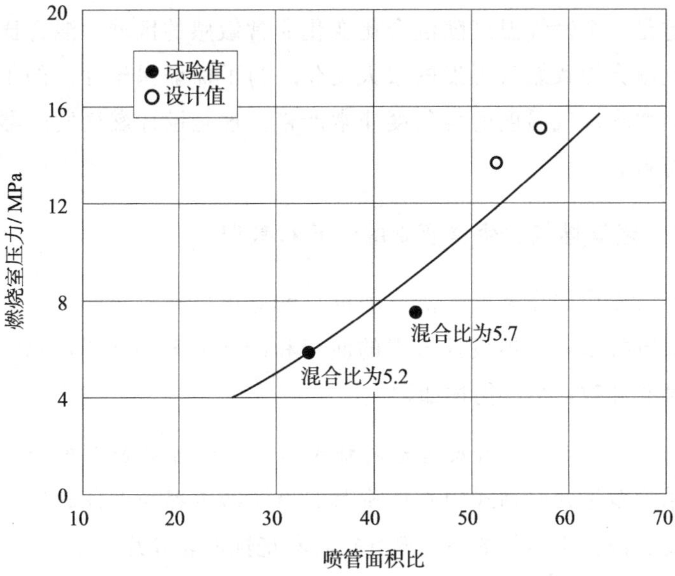

图 5-12　LE-7 发动机大喷管流动分离模型试验曲线

4）从以上资料分析，设计芯级火箭的氢氧火箭发动机喷管面积比时，必须根据燃烧压力大小、喷管出口截面处的流动分离的压力值等参数研究确定之后才能最后定下来。采用一级半火箭时，芯级火箭上的氢氧火箭发动机喷管面积比能不能取得大一点，采取什么措施能采用大面积比喷管，这就成为今后需要研究解决的新问题了。

5.6 氢氧燃气发生器

在液体火箭发动机上为涡轮提供工质的系统称为副系统。它们包括燃气发生器、燃料和氧化剂的流量控制器和相应工作的各种活门自动器组成的涡轮泵的动力供应系统。它能调节发动机的推力大小和推进剂的流量变化，是氢氧火箭发动机非常重要的系统。

在氢氧燃气发生器工作时都把燃气的温度控制在 800～950 K 之间。这是一个燃气温度随混合比变化非常敏感的区域，混合比的很小变化就会导致燃气温度的很大变化。为了保证涡轮叶片的工作可靠性，要求燃气温度的均匀度非常严格。这是设计燃气发生器的难点和特点。

5.6.1 氢氧燃气发生器研制的经验和教训

燃气发生器在氢氧火箭发动机上的应用已有多年的历史，对于它的关键技术喷注器设计方案的演变和冷却方案的选择，总结多年来的经验和教训可以简述如下。

5.6.1.1 喷注器采用双组元同轴式同心环喷嘴是最合理的

采用双组元同轴式同心环喷嘴的喷注器更容易保证燃气温度的均匀度。温度不均匀的高温燃气很容易烧蚀涡轮叶片。

5.6.1.2 喷注器面板必须有足够的厚度

在氢氧燃气成分中，约有 14％是高温水蒸气。如果喷注器面板太薄，在超低温液氢的作用下，太薄的面板可能处于深冷状态，将水蒸气抽吸冷凝在面板上，形成冰层，关机后冰又会融化成水，流进氢喷嘴的缝隙内又形成冰。第二次起动时，该氢氧双组元喷嘴，就会提供温度不均匀的燃气，从而造成烧坏涡轮叶片的故障。

经过仿真计算后，只要把面板的厚度控制在 5 mm 以上，面板的表面高温就可保证不出现结冰的现象。

5.6.1.3　燃气发生器的身部冷却问题

燃气发生器的身部收敛段最容易被温度不均匀的燃气烧蚀，或者形成过热区。因此收敛段是身部冷却的重点保护地区。根据多年来的实践经验得知，最好的办法是采用夹套顺流式冷却方案。因为燃气热流并不大，不需要太高的流速。只要引入适量的氢流量进入夹套，顺着燃气流动方向冷却，在夹套出口进入收敛段处引出，使之形成气幕就可以保护收敛段，也能改善涡轮叶片的工作条件。

5.6.1.4　一个值得思考的喷注器方案

J－2 氢氧火箭发动机采用了特殊的喷注器方案如图 5－13 所示。副系统的全部液氧仅从一个中心离心式喷嘴排出。全部氢都从边区喷出。两组推进剂经过撞击，混合后，从扰流器流出。这种喷注器方案在 J－2 氢氧火箭发动机上应用后不久，在 J－2S 火箭发动机上不再沿用。

采用这种喷注器后，也带来了不少麻烦：

首先是起动时火药起动器的火烟残渣颗粒很容易窜到氧喷嘴内破坏流态，为了解决这个问题，必须在火药起动器工作前打开高压氦吹除系统，堵住火烟残渣进入氧喷注器。这不仅增加了高压氦的吹除系统，而且还增大了高压氦的消耗量，增加了发射成本。

其次是这种喷注器并不能使氢和氧获得均匀的掺混，致使其燃气的温度的均匀性并不好，对涡轮叶片有潜在的隐患。因此，该喷注器方案并未在美国后续型号发动机中继续应用。但是，在欧空局研制的 HM－7 氢氧火箭发动机上却采用了该方案，使人难以理解。

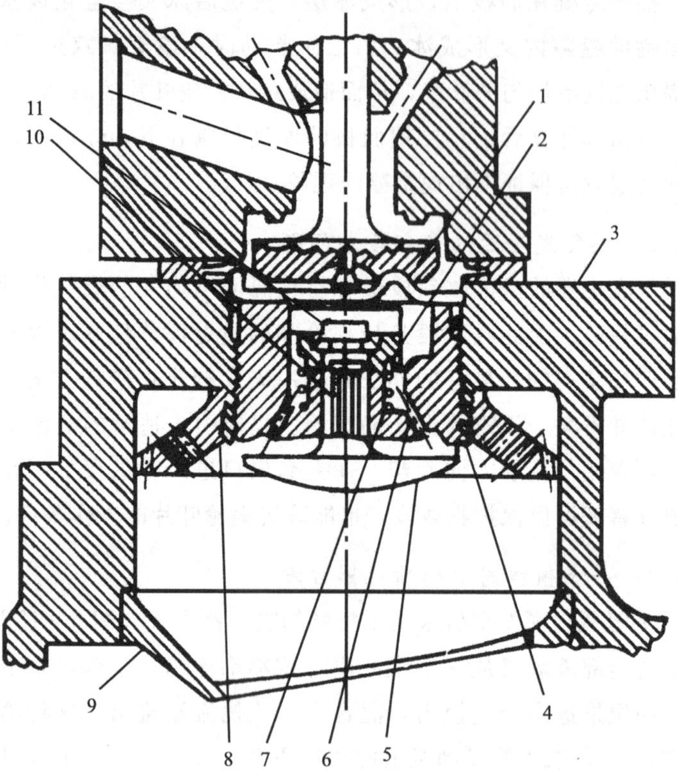

图 5－13　J－2 氢氧火箭发动机燃气发生器喷注器

1—固定环；2—氧化剂喷注器；3—集合器；4—软密封；5—菌形活门头；6—测量孔；7—弹簧；8—燃料喷注器；9—扰流环；10—柱槽；11—制动螺母

5.6.2　燃气发生器与副系统耦合振荡燃烧问题

燃气发生器和副系统工作是否稳定，取决于喷注器的阻尼作用。如果喷注器的阻尼作用很强，系统中的压力脉动传递喷注器就被阻尼掉，则该系统是稳定的。如果喷注器的阻尼作用很小，或者没有阻尼作用，则副系统的压力脉动就可能与燃烧系统产生耦合振荡燃烧，就会造成严重的故障。

下面主要研究燃气发生器工作的稳定性问题。

任何燃烧过程都会产生压力脉动，这种压力脉动以声速来传递。

设燃气发生器的混合比为 $K=0.9$；产生的燃气温度约为 920 K，燃气温度对涡轮叶片工作比较合适。这种燃气的气体常数 $R=2\ 157.5$ J/（kg·K）；绝热指数 $k=1.364$。

根据以上数据，利用式（5-1），可以求得燃气的声波传递速度 $a=1\ 640$ m/s。

通常燃气发生器的圆柱段身部长度 $L=0.18\sim0.22$ m，可以利用式（5-2）求得声波传递的频率范围为 7 800～9 000 Hz。

液氧供应系统由程序控制活门、汽蚀文氏管、膜片式稳压器等组成。如果利用活门对主系统的推进剂进行调节，就会在系统内产生压力脉动，这种压力脉动的频率和膜片式稳压器的自激振荡频率响应时，就会引发副系统内的压力振荡。图 5-13 所示的燃气发生器的液氧喷注器是一种无阻尼方案，这种喷注器可以将副系统压力脉动传递给燃烧系统。只要副系统压力脉动频率和燃气压力脉动有倍频关系，就会形成耦合振荡燃烧，其故障的具体表现就是烧穿燃气发生器收敛段。

20 世纪 80 年代 ARIANE-Ⅳ运载火箭发射同步定点轨道卫星没有入轨，故障分析认为 HM-7 氢氧火箭发动机氢副系统可能存在多余物，造成燃气发生器富氧燃烧，烧穿收敛段使涡轮工况下降，造成故障。这样的分析有些勉强。

由于 HM-7 氢氧火箭发动机氧副系统工作稳定性不好，在调整混合比过程中引发压力脉动而产生振荡燃烧故障的可能性很大，因为收敛段烧穿后，振荡燃烧就会停止，燃气发生器工作又会正常供应涡轮工作，只是漏掉部分流量。火箭在低工况下能继续工作。这才符合故障火箭的实际情况。

5.6.3 关机程序和氧头腔吹除残留的氧

氢氧火箭发动机大都用于末级火箭上，有时需要采用空中二次起动程序。为了保证关机过程不使燃气发生器身部过热或烧蚀，必须采取特殊的关机程序。这是由于氢、氧两组元的热物理特性要求的。通过液体火箭发动机的研制实践可知，采用燃气发生器的富燃关机程序是安全的，即首先切断氧的供应系统，而后关闭氢的供应系统。但在氢氧火箭发动机研制过程中发现，仅此措施仍不够安全。即使把氧的供应系统提前 1 s 切断，仍会烧穿燃气发生器身部，特别是采用单壁内冷却的身部时，关机过程中烧坏身部的故障时有发生。

在飞行时，高空环境压力很低。当把氧切断后，燃气发生器即停止燃烧，而低温的氢仍在喷射。经过 1 s 之后关闭氢系统后，由于氢的黏度和表面张力远远小于液氧，所以在很短的时间内氢腔就泄成超低压，而氧头腔虽然很小，残留的液氧在氢已泄压之后仍慢慢地蒸发而排放，这就容易引起富氧烧蚀燃气发生器的身部。为了解决这个问题，必须在切断氧供应系统的同时，立即打开氦气吹除系统，把喷注器头部的氧强迫吹除出去，才能保证完全可靠地关机。

燃气发生器喷注器的喷注元件烧蚀，身部内壁出现过热条纹等现象，往往是改进措施不力造成的。航天飞机主发动机的氢燃气发生器在 1980 年 7 月到 1981 年 7 月的 1 年内，发生过 3 次喷注器局部烧蚀，其真正的原因分析并不是十分令人信服的。可靠的关机程序和处理好头腔残留的氧，需结合每种发动机的具体情况进行分析后再采取有效的措施。

第 6 章　氢氧涡轮泵

6.1　液氢泵的设计技术

6.1.1　泵的一般理论

液氢在 20 K 到临界温度的温区之间，其物理特性和一般液体基本相同，因此泵的设计理论都可用于液氢泵。

工程上评价泵的汽蚀性能好坏，常用汽蚀比转速 C 来表示，则有

$$C = 5.62 \frac{n\sqrt{Q}}{(\Delta h_d)^{\frac{3}{4}}} \tag{6-1}$$

式中　n——转速（r/min）；

Q——容积流量（m^3/s）；

Δh_d——净正抽吸压头（m）。

液体火箭发动机离心泵的临界汽蚀比转速 C_{kp} 可达 2 000～2 500。如果在离心泵前设置了诱导轮，则临界汽蚀比转速 C_{kp} 可提高到 4 500～5 500。

根据以上临界汽蚀比转速的条件，可以计算出无汽蚀条件下泵允许的最大工作转速为

$$n_{max} = \frac{C_{kp} (\Delta h_d)^{\frac{3}{4}}}{5.62\sqrt{Q}} \tag{6-2}$$

从另一个方面可以规定，泵的无汽蚀工作条件为

$$h_0 - \Delta h_d > \frac{p_s}{\rho_0 g} \tag{6-3}$$

式中 h_0 ——泵的入口压头（m）；

p_s ——推进剂的饱和蒸气压（Pa）；

ρ_0 ——泵入口推进剂的密度（kg/m^3）；

g——重力加速度（m/s^2）。

如何来求得泵的入口压头？从推进剂贮箱内的压力到泵入口的几何尺寸为已知值，可以写出以下关系式

$$h_0 = \frac{p_x}{\rho g} + l - \frac{\Delta p_{x-0}}{\rho g} \tag{6-4}$$

式中 p_x ——推进剂贮箱内的压力（Pa）；

l——从贮箱出口到泵入口的垂直高度（m）；

Δp_{x-0} ——从贮箱出口到泵入口的压降（Pa）；

ρ ——推进剂的密度（kg/m^3）。

比较泵的无汽蚀工作条件和式（6－4），就可求得泵的净正抽吸压头的表达式为

$$\Delta h_d = h_0 - \frac{p_s}{\rho_0 g} \qquad (m) \tag{6-5}$$

以上规定，不仅适用于一般的泵，也适用于液氢泵的要求。液氢泵和一般泵的差别在于：

1）由于液氢的密度很小，约为水的 1/14.3，为了获得足够的压升，必须设计高扬程泵；

2）液氢的黏性系数很小，但冷却性能很好，液氢泵轴承的润滑问题需要专门研究解决。

6.1.1.1 离心泵叶轮上的速度关系

如图 6－1 所示，离心泵叶轮逆时针旋转，流体顺叶片型面而流动。在叶片入口处的条件都以下标 1 表示，在叶片出口处的条件都以下标 2 表示。

切线速度 u（m/s）的计算公式为

$$u = \frac{\pi D n}{60} \tag{6-6}$$

式中 n——转速（r/min）；

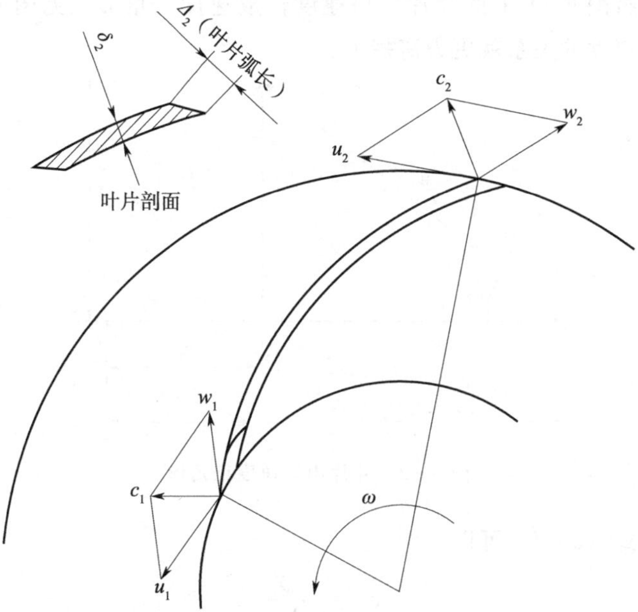

图 6－1　离心泵叶轮的正视图

D——叶轮所求速度点的直径（m）。

图 6－1 中，c 为液体的绝对速度，即相对于壳体的速度（m/s）；w 为液体的相对速度，即相对于叶轮的速度（m/s）。

设泵的容积流量为 Q，泵的泄漏量为 ΔQ，则实际通过叶轮的流量 $Q' = Q + \Delta Q$，

流体的绝对速度投影到子午线上的分速 c_m 可以用式（6－7）确定，即

$$c_m = \frac{Q'}{A_m} \tag{6-7}$$

式中　A_m——垂直于子午分速（绝对的）方向上叶轮通流的横截面积，或者是由叶轮的两个侧壁和垂直于子午分速的旋转表面所形成的横截面；

下标 m——子午线方向上的投影。

若将图 6-1 上的叶片出口速度作成速度三角形（见图 6-2），则各种速度的关系就更为清楚了。

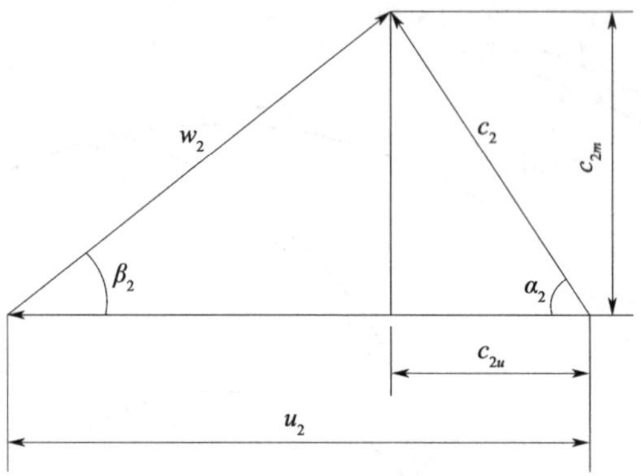

图 6-2　叶片出口速度三角形

如式（6-7）可得

$$c_{2m} = \frac{Q'}{A_{m2}} \tag{6-8}$$

假如认为叶片为无限多，则有

$$A_{m2} = 2\pi r_2 b_2 \tag{6-9}$$

式中　r_2——叶轮出口半径（m）；

　　b_2——叶轮出口宽度（m）。

于是有

$$c_{2m} = \frac{Q'}{2\pi r_2 b_2} \tag{6-10}$$

如图 6-2 所示，c_{2m} 为垂直于切线速度 u_2 的分速度。这是叶轮出口绝对速度投影到子午线方向的分速，流出叶轮后 c_{2m} 即立刻降下来。刚刚流出叶轮后在子午线方向的分速度用 c_{3m} 表示为

$$c_{3m} = \frac{Q'}{2\pi r_3 b_3} = \frac{Q'}{A_{m3}} \tag{6-11}$$

式中　$A_{m3} = 2\pi r_3 b_3$ 。

由 r_2 到 r_3 在子午线方向的变化几乎接近于零，但截面积的变化为 $\frac{A_{m3}}{A_{m2}} = k_2$ ，称为出口处截面收缩系数。由图 6-1 上可以看出，出

口处叶片的弧长 Δ_2 和叶片厚度 δ_2 的关系可用式（6-12）表示为

$$\delta_2 = \Delta_2 \sin\beta_2 \tag{6-12}$$

式中　β_2——叶片出口角（°）。

则有

$$A_{m2} = (t_2 - \Delta_2) Z b_2 \tag{6-13}$$

式中　t_2——出口处叶片的节距（m）；

Z——叶片数。

若

$$k_2 = \frac{A_{m3}}{A_{m2}} = \frac{t_2 b_2 Z}{(t_2 - \Delta_2) Z b_2} = \frac{t_2}{(t_2 - \Delta_2)} \tag{6-14}$$

或

$$k_2 = \frac{t_2}{t_2 - \dfrac{\delta_2}{\sin\beta_2}} = \frac{1}{1 - \dfrac{\delta_2}{t_2 \sin\beta_2}} \tag{6-15}$$

由式（6-8）和式（6-11）可以求得 $k_2 = \frac{c_{2m}}{c_{3m}}$，因此就有 $c_{2m} = k_2 c_{3m}$。

同理，可写出叶片入口处的收缩系数表达式为

$$k_1 = \frac{t_1}{t_1 - \Delta_1} = \frac{1}{1 - \dfrac{\delta_1}{t_1 \sin\beta_1}} \tag{6-16}$$

式中　t_1——入口处叶片的节距（m）。

在叶轮入口之前的绝对速度 $c_{0m} = \dfrac{Q'}{A_{m0}}$，进入叶轮后入口处的绝对速度 $c_{1m} = \dfrac{Q'}{A_{m1}}$。因为 $k_1 = \dfrac{A_{m0}}{A_{m1}} = \dfrac{Q'/c_{0m}}{Q'/c_{1m}} = \dfrac{c_{1m}}{c_{0m}}$，则有 $c_{1m} = k_1 c_{0m}$。

工作叶轮上的速度关系都用速度三角形来表示，根据上面求定的速度作速度三角形时，一般是取垂直线的方向为子午线方向，因此 c_{0m}、c_{1m}、c_{2m} 等都作成垂直向量。取水平线表示切线速度 $\boldsymbol{u}$ 的方向，而相对速度 $\boldsymbol{w}$ 可由向量 $\boldsymbol{c}$ 和 $\boldsymbol{u}$ 之差求得，即 $\boldsymbol{w} = \boldsymbol{c} - \boldsymbol{u}$。

在相对运动中，进入叶片的液体流动方向与叶片方向之间形成

的夹角称为攻角。在一般情况下液流角和叶片安装角是不一致的，而且攻角可以有正、负两个方向。

6.1.1.2 欧拉方程

当通过叶轮的流体，其相对运动稳定时，作用在流体上的合力矩等于在单位时间内通过该流体的动量矩变化，这就是欧拉方程推导的基本原则。把上述原则用数学式来表示，即

$$M_L = G(c_{2u}r_2 - c_{1u}r_1) \tag{6-17}$$

式中 G——质量流量（kg/s）；

M_L——叶轮作用在流体上的合力矩；

下标 u——投影到切线方向上的分速度。

泵叶轮消耗的功率 N 为转动角速度 ω 和合力矩的乘积，即

$$N = \omega M_L = \omega G(c_{2u}r_2 - c_{1u}r_1) \tag{6-18}$$

因为 $\omega r_2 = u_2, \omega r_1 = u_1$，代入式（6－18）得到

$$N = G(c_{2u}u_2 - c_{1u}u_1) \quad (\mathrm{W}) \tag{6-19}$$

它应等于单位时间内流过叶轮的液体所得到的总能量 GgH_T，由此可得泵的理论扬程

$$H_T = \frac{1}{g}(c_{2u}u_2 - c_{1u}u_1) \quad (\mathrm{m}) \tag{6-20}$$

人们常常称式（6－20）为欧拉方程，这是1754年由欧拉推导得出的。欧拉方程表明，单位质量流体通过叶轮后，获得的能量增大与液体的种类无关，它仅仅是速度的函数。这个关系式既适用于液体，也适用于气体。因此，欧拉方程成为叶片机的基本方程。

6.1.1.3 旋转叶轮上的能量方程

前面推导的欧拉方程没有把叶片通道内流体所具有的压力和速度之间的关系建立起来。要给出流体的压力和速度关系，必须应用能量方程，即伯努利方程。当稳定流动时，流体沿流线方向上的压力能、位能和动能之和等于常量。这是伯努利方程建立的原则。对于不可压缩的液体，伯努利方程的表达式为

$$\frac{p}{\rho g}+h+\frac{c^2}{2g}=\text{常数} \tag{6-21}$$

式中　h——当地流体的压头（m）。

叶轮内部流体运动的研究表明，流体的相对运动可以认为是稳定的，而叶轮内部流体的绝对运动是不稳定的。只适用于稳定流动的伯努利方程在旋转叶轮中就不能应用了，因此在旋转叶轮内只能研究叶轮中流体相对运动的能量方程。

在研究旋转叶轮内流体的相对运动时，必须应用质量力的概念，即微分单元流体所具有的移动方向上的质量力，它由重力、离心力和惯性力引起的伽利略力组成。由于伽利略力作用的方向是垂直于相对速度的方向的，所以它在运动方向上做的功为零，因此在研究能量方程时这个因素可以不予考虑，列出的能量方程为

$$g\mathrm{d}Z-\omega^2\mathrm{d}\left(\frac{r^2}{2}\right)+\frac{1}{\rho}\mathrm{d}p+\mathrm{d}\left(\frac{w^2}{2}\right)=0 \tag{6-22}$$

式中　ω——角速度；

w——相对速度。

对于不可压缩流体，ρ 为常数，式（6－22）经过积分之后得到

$$h_z-\frac{\omega^2r^2}{2g}+\frac{w^2}{2g}+\frac{p}{\rho g}=\text{常数} \tag{6-23}$$

因为 $\omega^2r^2=u^2$，代入式（6－23）得到

$$h_z+\frac{w^2-u^2}{2g}+\frac{p}{\rho g}=\text{常数} \tag{6-24}$$

式（6－24）为旋转叶轮中流体的能量方程。这个方程不仅适用于旋转叶轮中的流线方向上的能量表达关系式，也适用于理想液体经过叶轮的所有流动的能量方程。

6.1.1.4　欧拉方程的第二种形式

首先我们来分析一下叶轮的叶片入口处和出口处的速度三角形，如图 6－3 所示。

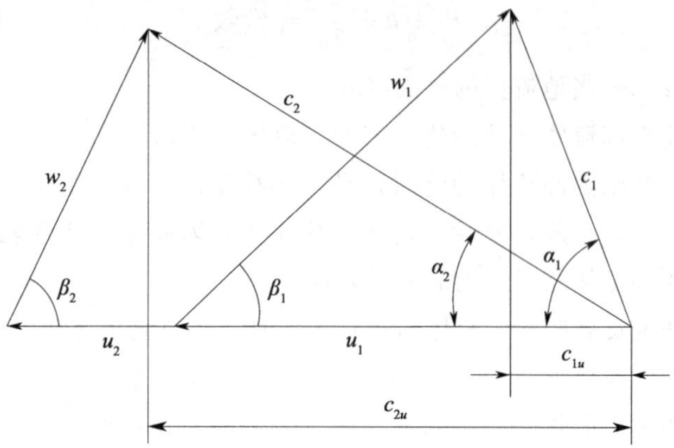

图 6-3　叶片入口、出口速度三角形

当忽略叶片厚度随速度的影响后，根据余弦定律，可以得到相对速度和其他速度的关系式如下：

对于入口处的速度三角形

$$w_1^2 = u_1^2 + c_1^2 - 2c_1u_1\cos\alpha_1 \tag{6-25}$$

由于 $c_{1u} = c_1\cos\alpha_1$ ，则式（6-25）可以写成

$$w_1^2 = u_1^2 + c_1^2 - 2c_{1u}u_1 \tag{6-26}$$

对于出口处的速度三角形

$$w_2^2 = u_2^2 + c_2^2 - 2c_2u_2\cos\alpha_2 \tag{6-27}$$

同样，$c_{2u} = c_2\cos\alpha_2$ ，则式（6-27）可以写成

$$w_2^2 = u_2^2 + c_2^2 - 2c_{2u}u_2 \tag{6-28}$$

式（6-28）和式（6-26）相减，并除以 $2g$，可化成下列形式

$$\frac{w_2^2 - w_1^2}{2g} = \frac{u_2^2 - u_1^2}{2g} + \frac{c_2^2 - c_1^2}{2g} - \frac{c_{2u}u_2 - c_{1u}u_1}{g} \tag{6-29}$$

比较式（6-20）形式的欧拉方程，离心泵的理论扬程 H_T 就是式（6-29）的最后一项，因此得

$$H_T = \frac{u_2^2 - u_1^2}{2g} + \frac{c_2^2 - c_1^2}{2g} - \frac{w_2^2 - w_1^2}{2g} \tag{6-30}$$

式（6-30）称为欧拉方程的第二种形式。这种形式的欧拉方

程，把离心泵工作的几个物理量描述得更为直观。下面我们来分别讨论一下。

设 m 为旋转盘上的一小块流体，旋转速度为 ω，小块流体的半径为 r，则它受到的离心加速度为 $\omega^2 r$，它由 r_1 到 r_2 时离心力做的功为

$$\begin{aligned} W &= \int_{r_1}^{r_2} m\omega^2 r\mathrm{d}r = m\omega^2 \int_{r_1}^{r_2} r\mathrm{d}r \\ &= m\omega^2 \frac{r_2^2 - r_1^2}{2} = m\frac{u_2^2 - u_1^2}{2} \end{aligned} \tag{6-31}$$

令 $m=1$，则

$$W = \frac{u_2^2 - u_1^2}{2} \tag{6-32}$$

由此可见，欧拉方程第二种形式（式（6-30））中的第一项，就是单位质量流体受离心力做功产生的压能增量。

第二项表示在绝对运动中单位质量流体的动能增量，或称为叶轮的动压头

$$H_{\mathrm{dyn}} = \frac{c_2^2 - c_1^2}{2g} \tag{6-33}$$

在分析第三项时，应用旋转叶轮中流体的能量方程（6-24），叶轮入口处的能量方程为

$$h_{z1} + \frac{w_1^2 - u_1^2}{2g} + \frac{p_1}{\rho g} = 常数 \tag{6-34}$$

叶轮出口处的能量方程为

$$h_{z2} + \frac{w_2^2 - u_2^2}{2g} + \frac{p_2}{\rho g} = 常数 \tag{6-35}$$

流体由入口到出口应是能量守恒的（假定没有损失），则有

$$h_{z1} + \frac{w_1^2 - u_1^2}{2g} + \frac{p_1}{\rho g} = h_{z2} + \frac{w_2^2 - u_2^2}{2g} + \frac{p_2}{\rho g} \tag{6-36}$$

或

$$\frac{p_2}{\rho g} - \frac{p_1}{\rho g} = (h_{z1} - h_{z2}) + \frac{w_1^2 - w_2^2}{2g} + \frac{u_2^2 - u_1^2}{2g} \tag{6-37}$$

方程（6－37）中右边的第一项为泵进、出口之间的位能差，可以忽略不计。则有

$$\frac{p_2 - p_1}{\rho g} = \frac{u_2^2 - u_1^2}{2g} + \frac{w_1^2 - w_2^2}{2g} \tag{6-38}$$

式（6－38）为泵工作时所产生的压力能量，可称为叶轮的静压头 H_{st}

$$H_{st} = \frac{p_2 - p_1}{\rho g} \tag{6-39}$$

因此，欧拉方程的第二种形式（式（6－30））表达了离心泵工作时产生的动压头（式（6－33））和静压头（式（6－39））之和，即

$$H_T = H_{dyn} + H_{st} \tag{6-40}$$

在离心泵的设计中，把静压头和理论总压头的比值称为叶轮的反力度 ρ_c ，则有

$$\rho_c = \frac{H_{st}}{H_T} \tag{6-41}$$

所有离心泵都具有反力度，因此 $\rho_c \neq 0$ ，但离心泵中也不存在 $\rho_c = 1$ ，因为不产生任何压头的泵是没有意义的。

6.1.2 液氢泵设计的几个特点

6.1.2.1 液氢泵设计要求有很高的工作转速

氢氧火箭发动机的发展，使其燃烧室压力不断提高以求得发动机尺寸和质量的减小，这就要求液氢泵能提供更高的压升。泵的压升 Δp_{2-1} 可用式（6－42）来表示，即

$$\Delta p_{2-1} = \rho g H_T \tag{6-42}$$

由于液氢的密度很小，约为水的1/14.3，如果水泵和液氢泵要求的压升（ Δp_{2-1} ）相同，则液氢泵要求的扬程（H_T）为水泵的14.3倍，即 $\frac{\Delta p_{2-1水}}{\Delta p_{2-1(LH_2)}} = \frac{\rho_水 g H_{T水}}{\rho_{(LH_2)} g H_{T(LH_2)}} = 1$ ，$H_{T(LH_2)} = \frac{\rho_水 H_{T水}}{\rho_{(LH_2)}} = 14.3 H_{T水}$。

由式（6－30）可以看到，高扬程是依靠高转速来实现的，因此液氢泵都采用高的工作转速。由于这个特点给液氢泵的研制带来了一系列的麻烦和技术关键问题。

6.1.2.2　叶片出口角的选择

航空发动机上用的离心式压气机，几乎都采用径向式叶片。液氢泵设计时常常参照压气机的设计原则，因此很多液氢泵的叶片出口角采用 90°的径向式叶片。即使不采用径向式叶片，液氢泵的叶片出口角常常取得比较大，使液氢在叶轮中获得较大的功。但从发动机系统工作平稳考虑，又希望泵具有随着流量增大而压头略有下降的特性，叶轮出口角的选取也应满足这个要求。

6.1.2.3　叶轮流道内相对速度的分布规律

液氢不仅密度小，它的动力黏度也和气体相近，因此它在叶轮的流道内很容易产生涡流而引起相对速度分布不均，严重时产生脱流而造成“失速”。这种现象在液氢泵的小流量工作区内最容易发生。

图 6－4 所示是截取叶轮的一部分。叶轮旋转时叶片的工作面（1）上受到流体的压力，而相邻叶片的非工作面（2）上流体压力作用不上，为非受压面，取圆弧 $a-a$ 来分析。叶片通道内的工作面和非工作面之间存在压力差和速度差，应用旋转叶轮上的能量方程（6－24）可以写出下列方程（略去 h_z 项，而且沿 $a-a$ 圆弧的 u 是相等的）

$$\frac{p_1}{\rho_1 g}+\frac{w_1^2}{2g}=\frac{p_2}{\rho_2 g}+\frac{w_2^2}{2g} \tag{6-43}$$

叶片的工作面上由于流体受阻而相对速度 w_1 具有速度头转变为压力 p_1，而非工作面上由于流体不受阻，相对速度 w_2 由于部分压力头转变成速度头而增大。这就产生了相对速度在叶片通道内分布不均，形成了扭斜的相对速度流场。这种现象只有当叶片无限多、叶片通道无限小时才能消失。欧拉方程计算出来的扬程，实际上是无限多叶片的理论扬程，通常用 $H_{T\infty}$ 来表示，按欧拉方程计算的有限叶片叶轮的理论扬程 H_T 都是小于 $H_{T\infty}$ 的。

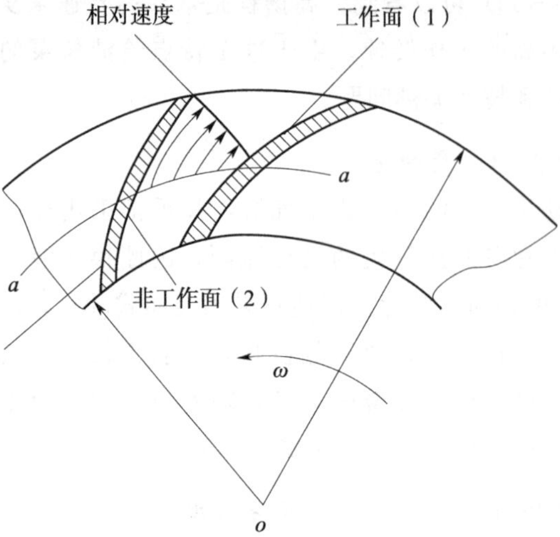

图 6-4　部分叶轮流道内相对速度分布

改善这种现象的办法是增加叶片数，而且是随着轮盘直径的增大，必须增加短叶片数量，以减少脱流现象的产生。液氢泵出口叶片的数量都比较多，长短叶片都计算在内常常可达 24 片或更多。

为了使相对速度分布合理和叶片造型优化，很多泵的研究工作者对高效率泵和压气机的通流部分进行统计和综合，制定了一些设计准则来评判相对速度分布的合理性和叶片造型的质量。判断非工作面上相对速度增大的剧烈程度常用下列准则（参见图 6-5，式（6-44）是假定相对速度呈线性分布）。

$$G=\frac{w_{\mathrm{BC2}}^{2}-w_{\mathrm{BC1}}^{2}}{\overline{w}_{\mathrm{BC}}^{2}\left(\frac{\Delta l_{m}}{l_{m}}\right)} \tag{6-44}$$

式中　G——带任意叶型的叶轮造型质量评判准则。根据高效率泵的统计结果，要想获得泵造型的满意特性，则必须使 $G\leqslant 3.5$，如果这个条件做到，则叶片工作面上的相对速度就可以大于零；

l_m——流线投影到子午线上的长度，即流道的总长度；

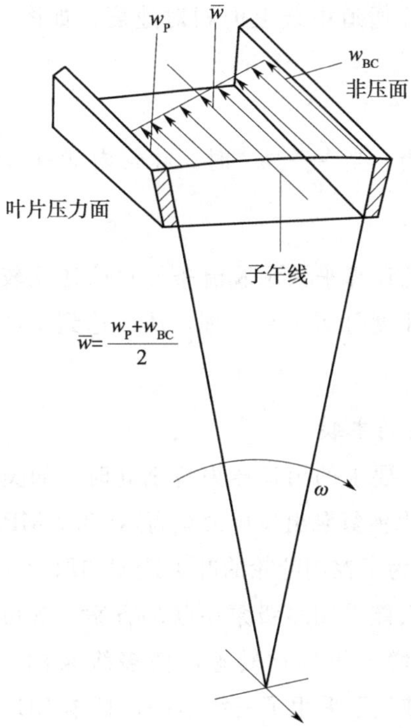

图 6-5　叶片间相对速度假设呈线性分布

Δl_m ——将 l_m 分切成的小段长度；

w_{BC} ——非工作面上的相对速度；

下标 1—— Δl_m 起始点的相对速度；

下标 2—— Δl_m 终点处的相对速度。

$$\overline{w}_{BC}=\frac{w_{BC1}+w_{BC2}}{2} \tag{6-45}$$

第二个重要准则是判断叶片通道内相对速度的不均匀度。它由下列准则判断，即

$$\frac{\Delta w}{\overline{w}}\leqslant 2 \tag{6-46}$$

式中　Δw——在所取截面内叶片的压力面（工作面）和非压力面（非工作面）之间的相对速度差；

$\bar{w}$——叶片通道中线上的相对速度，如图 6 - 5 所示，$\bar{w}=\frac{w_P+w_{BC}}{2}$。

试验结果表明，当 $\frac{\Delta w}{\bar{w}}>2$ 时，叶轮内就有可能产生很大的脱流区。

用严格的理论计算来预示脱流条件目前还比较困难，但用上述准则来判断相对速度分布是否合理，从而达到不产生脱流现象是可以的。

6.1.2.4 液氢泵的串联

当液氢泵设计要求的出口压力特别高时，如美国航天飞机主发动机 SSME 上要求液氢泵出口压力竟高达 43.7 MPa（折合成扬程约为 6.2×10^4 m），为了控制叶轮的叶尖速度和取得合理的比转速，对这种高压液氢泵只能采用多级泵串联的方案，既可以减小叶轮的叶尖速度，又可以增大级的比转速，使多级泵的总效率有所提高。SSME 上的高压液氢泵采用了三级串联，日本 LE - 7 上的高压液氢泵出口压力高达 26.8 MPa（转速为 42 000 r/min），用两级液氢泵串联。因此，多级液氢泵在氢氧火箭发动机上比较多见。但组合泵的级太多也不好，结构复杂，轴的设计也有麻烦，一般不多于三级离心泵串联。

多级液氢泵中前一级的出口速度很大，而不希望后一级的入口速度大，因此就应特别注意级与级之间的过渡流道。太大的流速和多次转弯最容易造成不均匀的流场，这是最后一级泵的入口条件不能接受的。为此，必须设计合理的导流叶片和扩散装置以满足下一级泵入口的流场要求。设计这种导流扩散装置时应注意，在动能转变为压力能的过程中尽量减小能量损失，特别是不能引起剧烈的压力脉动。因此，导流扩散装置的叶型设计也是很重要的。导流扩散器内的叶片数在满足流体动力学性能的条件下应尽量少一些，而且要注意不要与旋转叶轮内的叶片数目成倍数，以防止叶轮内的流体压力脉动与导流扩散装置产生耦合共振。

6.1.3　泵的相似理论和比转速

由于泵内流体运动非常复杂，所以设计泵时常要应用前人的试验数据和结论；或者在一种模型泵（基准泵）上进行试验研究，取得一些相似的参数进行换算，再应用到新设计的泵上。这种办法已经在泵的设计工作中广泛应用，并且取得了满意的效果。液氢泵的设计也必须应用这种成功的办法，而且应该参考一些压气机的设计参数和试验结果。

对于具有黏性流体的实际应用的泵来说，一般应用 3 个相似准则，即几何相似、流体的运动相似和动力学相似。对于多级液氢泵，由于它的第二级和第三级工作温度可能超过液氢的临界温度，实际上是压气机工况，因此还必须引入马赫数相似准则。

6.1.3.1　几何相似

要求试验模型泵和换算到新设计的泵之间，其对应的几何尺寸之比应保持为常数，如对应的直径比 $\dfrac{D_1}{D_{m1}}=L_K$（下标 m 为模型泵；L_K 为尺寸比例常数）。

6.1.3.2　运动相似

要求泵的通道内对应部位速度三角形相似。用数学式表达为

$$\frac{w}{w_m}=\frac{c}{c_m}=\frac{u}{u_m}=\text{常数} \tag{6-47}$$

即要求模型泵和新设计的泵之间，各种相应速度比值为常数。

可以把泵的工作参数和它的转速 n 写成函数关系

$$\frac{u}{u_m}=\frac{w\dfrac{D}{2}}{w_m\dfrac{D_m}{2}}=L_K\frac{n}{n_m} \tag{6-48}$$

通过泵的容积流量 Q 和绝对速度 c 之间有 $Q=cA$，而 A 是截面积，是长度 l^2 的函数，则有 $Q=cl^2\times$ 常数，于是可写出

$$\frac{Q}{Q_{\mathrm{m}}}=\frac{c}{c_{\mathrm{m}}}\cdot\frac{l}{l_{\mathrm{m}}}=\frac{c}{c_{\mathrm{m}}}\cdot L_{\mathrm{K}}^{2} \tag{6-49}$$

因为

$$\frac{c}{c_{\mathrm{m}}}=\frac{u}{u_{\mathrm{m}}}=\frac{n}{n_{\mathrm{m}}}\cdot L_{\mathrm{K}} \tag{6-50}$$

则有

$$\frac{Q}{Q_{\mathrm{m}}}=L_{\mathrm{K}}^{3}\,\frac{n}{n_{\mathrm{m}}} \tag{6-51}$$

忽略容积效率之差别，而把泵的某一直径 D 作特征尺寸，则式（6－51）可以写成下列形式

$$\frac{Q}{Q_{\mathrm{m}}}=\left(\frac{D}{D_{\mathrm{m}}}\right)^{3}\frac{n}{n_{\mathrm{m}}}\text{或}\frac{Q}{D^{3}n}=\frac{Q_{\mathrm{m}}}{D_{\mathrm{m}}^{3}n_{\mathrm{m}}}=\text{常数} \tag{6-52}$$

两台泵之间满足了式（6－52）的条件，就能保证这两台泵之间的流体运动相似，即速度三角形相似。

6.1.3.3 动力学相似

要求两台泵的对应部位上雷诺数相同。雷诺数是表达黏性流体具有的惯性力和摩擦力之间的比例关系的。它和泵内水力损失有关，如果泵已在水力光滑区工作，这时水力损失已不取决于雷诺数，而是和泵叶轮通道的相对粗糙度有关。若两台泵的相对粗糙度相近，只要求几何相似和运动相似就可以了。

6.1.3.4 马赫数相似

关于马赫数相似问题准备在后面讨论。这和泵的试验介质有关，如果多级液氢泵采用气体作模拟介质时，就必须讨论马赫数相似问题。

6.1.3.5 泵的扬程和功率换算问题

假如认为泵的效率相同或者相近，在工程中应用泵时，经常进行泵的扬程和功率换算。现在我们从欧拉方程可知，泵的理论扬程与其流速的平方成正比，即 $H_{\mathrm{T}}=\frac{c_{2u}u_2}{g}$。

由图 6－2 中可以看到在 c_{2u} 和 u_2 之间有一定的比例关系，因此

可写成 $c_{2u}=j_{u2}u_2$，j_{u2} 为比例常数，则 $H_{\mathrm{T}}=\dfrac{j_{u2}u_2^2}{g}$，设计的泵和模型泵之间可写出下列关系式

$$\frac{H_{\mathrm{T}}}{H_{\mathrm{Tm}}}=\frac{u_2^2}{u_{\mathrm{m}2}^2}=L_{\mathrm{K}}^2\left(\frac{n}{n_{\mathrm{m}}}\right)^2 \tag{6-53}$$

或者把实际扬程 $H=\eta_{\mathrm{f}}H_{\mathrm{T}}$ 代入式（6－53）中得

$$\frac{H}{H_{\mathrm{m}}}=L_{\mathrm{K}}^2\left(\frac{n}{n_{\mathrm{m}}}\right)^2\frac{\eta_{\mathrm{f}}}{\eta_{\mathrm{fm}}} \tag{6-54}$$

式中　η_{f}——水力效率。

泵的功率 $N_{\mathrm{b}}=\dfrac{\rho gQH}{\eta_{\mathrm{b}}}$（$\eta_{\mathrm{b}}$ 为泵的总效率），则有

$$\frac{N_{\mathrm{b}}}{N_{\mathrm{bm}}}=\frac{\rho}{\rho_{\mathrm{m}}}\cdot\frac{Q}{Q_{\mathrm{m}}}\cdot\frac{H}{H_{\mathrm{m}}}\cdot\frac{\eta_{\mathrm{bm}}}{\eta_{\mathrm{b}}} \tag{6-55}$$

令 $\eta_{\mathrm{bm}}=\eta_{\mathrm{b}}$，把式（6－51）和式（6－54）代入式（6－55），并进行化简得

$$\frac{N_{\mathrm{b}}}{N_{\mathrm{bm}}}=L_{\mathrm{K}}^5\left(\frac{n}{n_{\mathrm{m}}}\right)^3\cdot\frac{\rho}{\rho_{\mathrm{m}}} \tag{6-56}$$

将式（6－51）和式（6－54）相除，则有

$$\frac{QH_{\mathrm{m}}}{Q_{\mathrm{m}}H}=L_{\mathrm{K}}\frac{n_{\mathrm{m}}}{n} \tag{6-57}$$

由此得

$$L_{\mathrm{K}}=\frac{QnH_{\mathrm{m}}}{Q_{\mathrm{m}}n_{\mathrm{m}}H} \tag{6-58}$$

式（6－58）表明，两台几何相似的泵，它们的流量、扬程和转速也具有比例关系。这个关系可用于泵的分类，从而可引导出泵的比转速概念。

将式（6－51）进行平方，将式（6－54）进行立方，得到

$$\left(\frac{Q}{Q_{\mathrm{m}}}\right)^2=L_{\mathrm{K}}^6\left(\frac{n}{n_{\mathrm{m}}}\right)^2 \tag{6-59}$$

$$\left(\frac{H}{H_{\mathrm{m}}}\right)^3=L_{\mathrm{K}}^6\left(\frac{n}{n_{\mathrm{m}}}\right)^6 \tag{6-60}$$

并将式（6－60）和式（6－59）相除，得

$$\frac{\left(\frac{H}{H_{m}}\right)^{3}}{\left(\frac{Q}{Q_{m}}\right)^{2}}=\left(\frac{n}{n_{m}}\right)^{4} \tag{6-61}$$

由此得

$$\frac{n}{n_{m}}=\left(\frac{H}{H_{m}}\right)^{\frac{3}{4}}\left(\frac{Q_{m}}{Q}\right)^{\frac{1}{2}} \tag{6-62}$$

或

$$\frac{n_{m}Q_{m}^{\frac{1}{2}}}{H_{m}^{\frac{3}{4}}}=\frac{nQ^{\frac{1}{2}}}{H^{\frac{3}{4}}} \tag{6-63}$$

将式（6－62）代入式（6－58）中，并化简得

$$L_{K}=\left(\frac{Q}{Q_{m}}\right)^{\frac{1}{2}}\left(\frac{H_{m}}{H}\right)^{\frac{1}{4}} \tag{6-64}$$

假如我们规定一种基准泵（模型泵），它消耗 735.5 W（1 马力）的有效功率可建立 1 m 扬程需要的转速为比转速，那么其余的各种泵，只要它们之间的水力效率和容积效率相等，所有与基准泵几何相似的泵都可归纳为同一类型的泵。利用比转速这一概念对泵进行分类，在工程上有很多方便之处。

基准泵的功率为 $N_{bm}=\rho_{m}gQ_{m}H_{m}$ ，当 $H_{m}=1$ m，$N_{bm}=735.5$ W，则 $735.5=\rho_{m}gQ_{m}$ 。把通过基准泵的流量 $Q_{m}=\frac{75}{\rho_{m}}$ 代入式（6－63），就得到比转速的表达式，工程上都用 n_{s} 表示比转速，则得

$$n_{s}=\sqrt{\frac{\rho_{m}}{75}}\cdot\frac{n\sqrt{Q}}{H^{\frac{3}{4}}} \tag{6-65}$$

如果模型泵试验时用的工质为水，$\rho_{水}=1\ 000\ \text{kg/m}^3$，则式（6－65）即成为工程上广泛应用的比转速表达式

$$n_{s}=3.65n\frac{\sqrt{Q}}{H^{\frac{3}{4}}} \tag{6-66}$$

式（6－66）中，Q 的单位为 m^3/s，H 的单位为 m，n 的单位为 r/min。

6.1.3.6　比转速和泵叶轮几何尺寸的关系

比转速表达了泵的叶轮几何尺寸关系，比转速的变化可以说明泵叶轮的几何形状发生了变化。现在先从叶轮入口速度三角形来分析。图 6-6 中，β_{1l}为叶片安装角，如果不考虑叶片厚度的影响，则进入泵的全部容积流量 Q'可以表示为

$$Q' = \pi D_1 b_1 c_{1m} \tag{6-67}$$

式中　b_1——入口流通部分在子午截面上的宽度；

D_1——入口直径；

$c_{1m} = u_1 \tan\beta_1$ 。

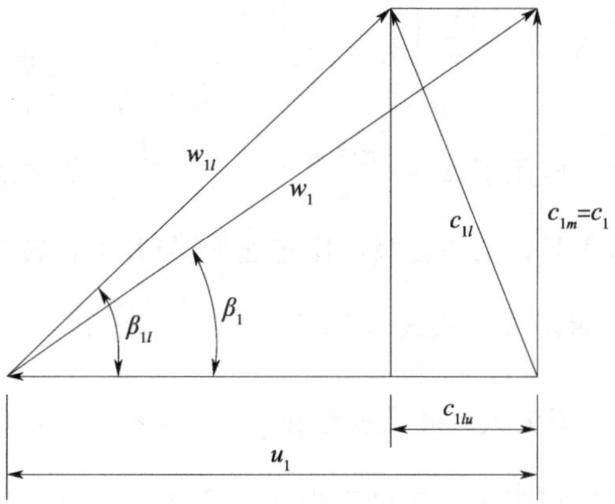

图 6-6　叶轮入口的速度三角形

因不考虑叶片厚度的影响，则攻角 $i = \beta_{1l} - \beta_1 = 0$ ，于是有 $\beta_{1l} = \beta_1$ 和 $c_{1lu} = 0$ 。在这些条件下则有

$$Q' = \pi D_1 b_1 u_1 \tan\beta_{1l} \tag{6-68}$$

设有限叶片的理论扬程 H_{T} 和无限叶片的 $H_{\mathrm{T}\infty}$ 之间有下列关系

$$\frac{H_{\mathrm{T}}}{H_{\mathrm{T}\infty}} = \frac{1}{1+\lambda} \tag{6-69}$$

式中　λ——有限叶片系数。

当 $c_{1lu} = 0$ 时，$H_{\mathrm{T}\infty} = \dfrac{u_2 c_{2u}}{g}$ ，并有 $c_{2u} = u_2 - c_{2m}\cot\beta_{2l}(c_{2m} =$

$\frac{Q'}{\pi D_2 b_2} = \frac{\pi D_1 b_1 u_1 \tan\beta_{1l}}{\pi D_2 b_2}$）。

根据 $H = H_T \eta_f = \frac{\eta_f}{1+\lambda} H_{T\infty} = \frac{\eta_f}{1+\lambda} \cdot \frac{u_2 c_{2u}}{g}$ 的关系，将以上有关参数分别代入并化简，得到

$$H = \frac{\eta_f}{1+\lambda} \cdot \frac{u_2}{g}\left(u_2 - u_1 \frac{D_1}{D_2} \cdot \frac{b_1}{b_2} \cdot \frac{\tan\beta_{1l}}{\tan\beta_{2l}}\right) \tag{6-70}$$

将式（6-68）及式（6-70）和以上各参数的关系式代入式（6-65）后，经过化简并整理得到比转速用泵叶轮几何尺寸的表达式

$$n_s = \sqrt{\frac{\rho_m}{75}} \cdot \frac{60}{\sqrt{\pi}} \left(\frac{g}{\eta_f}\right)^{\frac{3}{4}} \frac{\frac{D_1}{D_2}\sqrt{\frac{b_1}{D_2}\tan\beta_{1l}}\,(1+\lambda)^{\frac{3}{4}}}{\left[1-\left(\frac{D_1}{D_2}\right)^2 \frac{b_1}{b_2} \cdot \frac{\tan\beta_{1l}}{\tan\beta_{2l}}\right]^{\frac{3}{4}}} \tag{6-71}$$

在化简中，应用了 $u_1 = \frac{\pi D_1 n}{60}$ 和 $u_2 = \frac{\pi D_2 n}{60}$ 的关系式消去了 n。由此可见，对于具体的一台泵，比转速 n_s 与其工作转速无关，只是叶轮几何尺寸的函数。从式（6-71）中可以看出，增大 $\frac{D_1}{D_2}$ 的值、增大 $\frac{b_1}{D_2}$ 的值、增大入口叶片安装角 β_{1l}，或者减少叶片数目及叶片的工作表面积以增大 λ，均可以提高比转速，其中最敏感的参数是增大 $\frac{D_1}{D_2}$ 之值。

6.1.4 泵的效率分析

通常泵的效率 η_b 分成 3 个部分，即水力效率 η_f、容积效率 η_v 和机械效率 η_{mex}，所以有

$$\eta_b = \eta_f \eta_v \eta_{mex} \tag{6-72}$$

这些效率一般不用计算求定，而是通过试验来确定。在此进行分析的目的是了解泵工作时有哪些因素在影响泵的效率，从而找出提高效率的技术途径。

6.1.4.1　泵的水力效率 η_f

根据水力学的理论，泵工作时存在各种水力损失，其中包括水力摩擦损失 Δh_{f1} 、涡流损失 Δh_{f2} 、扩散损失 Δh_{f3} 、速度改变引起的冲击损失 Δh_{f4} 等。因此，水力效率 η_f 可表示为

$$\eta_f = 1 - \frac{\sum \Delta h_f}{H_T} \tag{6-73}$$

式中　$\sum \Delta h_f = \Delta h_{f1} + \Delta h_{f2} + \Delta h_{f3} + \Delta h_{f4} + \cdots$ 。

(1) 摩擦损失 Δh_{f1}

假如把叶轮通道看成是一种管内流动，则按照水力学理论可写出叶轮通道内的摩擦损失为

$$\Delta h_{f1} = \lambda \frac{l}{D_a} \cdot \frac{w_a^2}{2g} \tag{6-74}$$

式中　l——叶片通道长度 (m)；

λ——流体阻力系数；

D_a——叶片通道的水力直径的平均值；

w_a——相对速度的平均值，$w_a = \frac{w_1 + w_2}{2}$ 。

根据文献 [38] 有

$$\begin{cases} D_a = \dfrac{D_1 + D_2}{2} \\ D_1 = \dfrac{\dfrac{2t_1}{k_1}\sin\beta_{1l} b_1}{\dfrac{t_1}{k_1}\sin\beta_{1l} + b_1} \\ D_2 = \dfrac{\dfrac{2t_2}{k_2}\sin\beta_{2l} b_2}{\dfrac{t_2}{k_2}\sin\beta_{2l} + b_2} \end{cases} \tag{6-75}$$

式 (6-75) 中，k_1 按式 (6-16) 确定，k_2 按式 (6-15) 确定，t_1 和 t_2 为叶轮的进出口叶片节距。

流体阻力系数 λ 取决于雷诺数 Re 和通道的相对粗糙度。对于

$Re > 2\ 000$，认为是光滑壁，$\lambda = \dfrac{0.316\ 4}{Re^{0.25}}$；对于粗糙壁，$\lambda = 1/\left(1.74 + 2\lg\dfrac{r}{\Delta}\right)^2$。$r$ 是半径，$\Delta = 0.05 \sim 0.1$ mm（铸造表面相对粗糙度），Re 的计算采用相对速度平均值 w_a。

（2）涡流损失 Δh_{f2}

在离心泵中大多数叶片通道内都不能避免涡流的出现，但定量地计算涡流损失是困难的。文献［36］中建议用式（6－76）近似地计算，即

$$\Delta h_{f2} = \xi_{f2}\frac{w_1^2}{2g} \tag{6-76}$$

这是根据涡流损失仅仅和叶片入口的动能有关提出的关系式，如果入口处的攻角 i 的取值范围是：

$i = -5° \sim +10°$，$\xi_{f2} = 0.3 \sim 0.4$；

$i = +10° \sim +20°$，$\xi_{f2} = 0.3 \sim 0.6$。

（3）扩散损失 Δh_{f3}

叶轮的通道如果设计成渐渐扩大的通道，则叶轮内通道面积的扩大引起相对速度的变化，则可以引起以下损失

$$\Delta h'_{f3} = \xi'_{f3}\frac{w_1^2 - w_2^2}{2g} \tag{6-77}$$

式中　$\xi'_{f3} = 0.3 \sim 0.6$。

式（6－77）适用的条件为 $w_1 > w_2$。

另一种扩散损失发生在叶轮出口处。由于流出叶轮时流通截面由 A_{m2} 扩大到 A_{m3}，则 c_{2m} 降到 c_{3m} 而引起了扩散损失。这部分损失可用式（6－78）求得

$$\Delta h''_{f3} = \xi''_{f3}\frac{c_{2m}^2}{2g} \tag{6-78}$$

式中　$\xi''_{f3} = 0.09 \sim 0.11$。

总的扩散损失为

$$\Delta h_{f3} = \Delta h'_{f3} + \Delta h''_{f3} \tag{6-79}$$

(4) 冲击损失 Δh_{f4}

流体从叶轮冲入涡壳，引起涡壳内紊流而产生了冲量交换，而且流线方向也发生变化而引起速度不均匀分布。这时涡壳通道半径 r_3 上的切向分速小于叶轮流出来的切向分速 c_{3u} ，流速的大小改变和方向改变引起的能量损失为

$$\Delta h_{f4} = \xi_4 \frac{c_{3u}^2 - c_4^2}{2g} \tag{6-80}$$

式中　c_4——可取涡壳的出口速度[40]。

6.1.4.2　泵的容积效率 η_v

液体进入叶轮吸收了能量后，流出叶轮的流量有部分被漏掉，这部分被漏掉的流量造成的能量损失，就体现在泵的容积效率中。因此，泵的容积效率就是通过叶轮后去掉泄漏部分的流量和叶轮流出的实际流量 Q' 之比值。

设有各种泄漏的流量为 $\sum Q$，则泵的容积效率为

$$\eta_v = \frac{Q' - \sum Q}{Q'} \tag{6-81}$$

现在来分析 $\sum Q$ 所包含的泄漏量：ΔQ_1 为由泵的高压出口腔通过叶轮前后侧壁的密封环套再返回泵前而泄漏的容积流量；ΔQ_2 为轴承冷却、润滑所必需的流量；ΔQ_3 为泵的轴向力平衡设的卸荷孔漏掉的流量；ΔQ_4 为其他的各种泄漏损失，即

$$\sum Q = \Delta Q_1 + \Delta Q_2 + \Delta Q_3 + \Delta Q_4 \tag{6-82}$$

不论这些泄漏的流量是什么形式，它们都可以用式 (6-83) 来求定，即

$$\Delta Q = \mu A \sqrt{\frac{2(p_2 - p_1)}{\rho}} \tag{6-83}$$

式中　p_2——高压腔的压力（不大于泵的出口压力）；

p_1——低压腔的压力（返回泵前时，可取泵前压力）；

ρ——密度，对于液氢，可用泵的进出口的平均温度作为确定

密度的参考温度；

μ——流量系数，应根据具体结构形式，应用水力学上的方法确定（它可能是 $\mu_1, \mu_2, \mu_3, \cdots$ 之和）；

A——计算流量损失需要的各种节流截面积。

在初步设计时，都是根据工作流量的大小来选取 η_v 的值。扬程相同而流量大的泵，其比转速也大，则容积效率比较高，反之则小。据文献［36］建议，初步设计时可以在 $n_s=30\sim150$ 范围内，选取 $\eta_v=0.9\sim0.97$。n_s 小的泵，对应取小的 η_v。液氢的动力黏度比较小，和液氧相比，它的动力黏度小一个数量级，所以液氢泵的泄漏量比较大，而且液氢泵的比转速都比较小，因此液氢泵的容积效率一般都比较低。这也是液氢泵的一个特点。

6.1.4.3 泵的机械效率 η_{mex}

离心泵的机械损失主要来自轴承和端面动密封。当然为了减小容积损失，把密封环的间隙设计得很小，也要产生一定的机械摩擦而引起一部分损失。但一般说，离心泵的机械损失比较小，它消耗的机械摩擦功率一般应小于1%。这部分机械损失，可以通过轴承的选择和端面密封设计的摩擦力矩大小等确定。

6.1.4.4 两级液氢泵效率问题

涡轮泵功率消耗的大小会直接影响到火箭发动机的比冲。降低涡轮泵的功率消耗，最好的办法就是提高涡轮泵的效率。在氢氧火箭发动机上液氢泵的功率约占整个涡轮泵功率的80%，提高液氢泵的效率就成为提高涡轮泵效率的重要问题，也是提高氢氧火箭发动机比冲的重要措施之一。

通常认为两级液氢泵的总功率 N_{bz} 等于第一级泵功率 N_{b1} 加第二级泵功率 N_{b2} 之和，忽略了两泵之间过渡段的水力损失[36]。后来的实践证明，如果两级泵之间的过渡段流道设计得不够合理，就会产生很大的水力损失。多级泵水力试验测出的总功率是包含了两级之间的功率损失的。因此，应该将两级泵的总功率表达式写为

$$N_{bz} = N_{b1} + N_{b2} + N_{b1-2} \tag{6-84}$$

式中　N_{b1-2}——两级之间泵的内部功率损失。

两台串联起来的泵，通过的质量流量 G 应该是相同的，可以将式（6-84）写成展开形式

$$\frac{G\Delta P_z}{\rho_z \eta_z} = \frac{G\Delta P_1}{\rho_1 \eta_1} + \frac{G\Delta P_{1-2}}{\rho_{1-2}\eta_{1-2}} + \frac{G\Delta P_2}{\rho_2 \eta_2} \tag{6-85}$$

式中　ΔP——泵的压升；

η——泵的效率；

ρ——液氢的密度；

下标 1——一级泵；

下标 2——二级泵；

下标 1－2——过渡段；

下标 z——组合泵。

将式（6-85）中的质量流量 G 消去后，则有

$$\frac{\Delta P_z}{\rho_z \eta_z} = \frac{\Delta P_1}{\rho_1 \eta_1} + \frac{\Delta P_{1-2}}{\rho_{1-2}\eta_{1-2}} + \frac{\Delta P_2}{\rho_2 \eta_2} \tag{6-86}$$

在此令 $H = \dfrac{\Delta P}{\rho g}$，这就是泵的扬程，其单位为米（m）。组合泵的总扬程不仅是每级泵扬程之和，还要包含过渡段损失的负扬程，在式（6-86）中只取其绝对值。现将对应下标的各个扬程分别代入式（6-86）后，可以写出

$$\frac{H}{\eta_z} = \frac{H_1}{\eta_1} + \frac{H_{1-2}}{\eta_{1-2}} + \frac{H_2}{\eta_2} \tag{6-87}$$

应该重点分析式（6-87）中右边的 H_{1-2} 项，这是两级泵之间过渡段的扬程损失。如果过渡段的流道设计得合理，这项损失本应该很小。但实际工作中都常常不重视过渡段的设计和研究，往往贪图简单，甚至将第一级泵和第二级泵用一张图纸进行生产；对过渡段流道也不进行流场分析。假如这样组装成多级泵进行水力试验，其试验的结果一定很不好。记得在一项高技术发展规划的研究课题中用这样组装起来的两级组合液氢泵进行水力试验，组合泵的效率

竟低于 48%。这样低效率的液氢组合泵是无法在火箭发动机上使用的，但一时又找不出改进的措施，严重影响了研究工作的进程。

通过这项课题研究才认识到，H_{1-2} 是一项很大的内部水力损失。我们认为，H_{1-2} 至少由 3 部分损失组成：第一部分是从第一级泵出口的高速液流和过渡段的导叶之间的损失，如果出口和入口的流场不匹配，就会产生很大的液流冲击损失；第二部分是因过渡段导叶设计得不够合理，而在流道里产生涡流或冲击引起的流阻损失；第三部分是因过渡段出口条件和第二级泵入口条件不匹配，而造成的第二级泵入口的冲击损失。这 3 部分损失占整个组合泵损失的很大比例，估计会超过 25%，甚至更多。

在某型号发动机研制开始之前，对 H_{1-2} 项损失进行了专门的课题研究，通过对型号泵的设计图纸各个部位进行流场计算和分析，提出了改进方案，优化了第一级泵入口和诱导轮出口流动匹配条件，并消除了过渡段可能产生涡流部位的流道型面，使过渡段流道符合流线型。采取这两项措施后，把原来效率低于 50%的多级液氢泵改进成为效率高达 65%左右，能在型号上使用的多级液氢泵。

现在第二级泵的叶片入口角和过渡段叶片出口角仍然不匹配。由于改变第二级泵入口角涉及已投产产品，改动量太大，而目前液氢组合泵的效率已达 65%，已能满足火箭发动机的使用要求，就没有急于改造第二级泵的入口型面。如果第二级泵入口条件得到改进，该泵的效率还能进一步提高。

通过对 H_{1-2} 流场分析和改进，在型号发动机上获得两大好处：其一是泵的功率消耗大幅度降低了，从而使涡轮功率有了富余，这就可以减小涡轮工质的流量，于是将燃气发生器的额定流量由原来的 8 kg/s 降低到 6 kg/s，因而使发动机比冲提高约 20 m/ s；其二，由于泵内水力损失减小，使泵后管路内液氢温度由原来的 41 K 降到 34 K，这给推力室提供了冷却性能更好一些的液氢。

现在将式（6 - 87）变换成多级组合泵效率的表达式：

令组合泵的扬程分配系数 $k_1=\dfrac{H_1}{H}$，$k_2=\dfrac{H_2}{H}$，$k_{1-2}=\dfrac{H_{1-2}}{H}$；分

别代入式（6 - 87），于是有

$$\frac{1}{\eta}=\frac{k_1}{\eta_1}+\frac{k_2}{\eta_2}+\frac{k_{1-2}}{\eta_{1-2}} \tag{6-88}$$

由于 $k_1+k_2+k_{1-2}=1$，经过推导和变换等，最后得到工程上实际应用组合泵的总效率表达式为

$$\eta=\frac{\eta_1\eta_2\eta_{1-2}}{k_1\eta_2\eta_{1-2}+k_2\eta_1\eta_{1-2}+(1-k_1-k_2)\eta_1\eta_2} \tag{6-89}$$

当过渡段的设计非常合理，H_{1-2}项的扬程损失就会非常小，则 k_{1-2}可能趋近于 0，于是有 $1=k_1+k_2$；如果用这些关系式消去式（6 - 88）中的 k_{1-2}项，或者认为 k_{1-2}趋近于 0 时，则 η_{1-2}就趋近于 1，这时式（6 - 89）就简化为

$$\eta=\frac{\eta_1\eta_2}{k_1\eta_2+k_2\eta_1} \tag{6-90}$$

式（6 - 90）是两级组合泵总效率的特殊情况的表达式，实际的组合泵不可能做到 k_{1-2}趋近于 0，也不可能达到 η_{1-2}趋近于 1。但在此可以利用式（6 - 90）来讨论两级组合泵如何合理地选配单级泵的原则。如果两个泵的效率比较接近，即 $\eta_1=\eta_2$，又有 $k_1+k_2=1$ 的关系，则代入式（6 - 90）后，则有

$$\eta=\eta_1 \text{ 或 } \eta=\eta_2 \tag{6-91}$$

由式（6 - 91）可知，选择任意单级泵时，应尽量选择效率比较接近的泵进行组装。

单级泵的效率是多级组合泵效率的基础，有了高效率的单级泵才能组装出高效率的多级组合泵。因此，提高组合泵效率的重点必须放在提高单级泵效率上。

6.2　液氢泵的试验技术

6.2.1　液氢泵试验中存在的问题

液氢泵和其他泵一样，需要通过试验来测定它的扬程特性和效

率特性。工业上应用的各种离心泵，它们的上述特性都是用水作模拟介质来测定的，甚至汽蚀特性也是用水来试验测定的，试验结果都能满足工程上应用的要求。这是因为水的物理特性（如密度和动力黏度等）和各种离心泵的真实介质比较接近，或者说水和真实介质之间具有很好的模拟特性。

但水和液氢相比，它们的物理特性相差太大了。液氢的密度仅为水的 1/14.3，液氢的动力黏度仅为水的 1/81.3，再加上液氢的超低温对材料的尺寸收缩影响等，因此液氢泵的特性测定，不能用水作模拟介质，而是直接在液氢中进行各种特性试验研究和特性测定。这给液氢泵的研制工作带来一系列的麻烦和问题：

首先是超低温介质的试验技术很复杂，而且液氢是易发生爆炸的高能化学燃料，试验中的安全操作问题也很突出，必须由经过严格训练后的专门人员进行操作；其次是液氢的价格昂贵，试验后的液氢由于温度升高也不好回收，造成浪费。

由于以上原因，使得液氢得不到普遍推广应用。因此，液氢泵试验目前有不少问题需要妥善解决。下面根据实践经验提出一些解决问题的方法，但并非是最理想的方法：

1）液氢泵试验时不希望采用电机带动的试验装置。电机起动停车都可以产生火花，万一高压氢泄漏，很容易发生爆炸事故。当然，可以把电机安装在防爆室内，但是电机安装在常温基座上，液氢泵预冷后整个试验架要收缩变形，调整电机的传动轴和泵轴之间的同心度非常困难。每台泵的制造中其轴的高度都有一定的公差，试验前的安装调试工作量也非常大。

2）液氢泵的功率比较大，以同样推力的发动机参数做比较，假定燃烧室压力都取相同的值 10 MPa，推力都为 500 kN，常规推进剂的燃料泵功率一般为 1 177～1 324 kW，而氢氧火箭发动机上的液氢泵功率却高达 5 884～6 620 kW。建一个泵试验台投资较大，都希望一种试验台能适应几种推力的发动机研制时泵的试验要求。这在常规发动机上容易实现，而在液氢泵试验台上不易实现。例如将 50 t

氢氧火箭发动机改成分级燃烧循环，即使燃烧室压力保持不变，由于涡轮压比和预燃室要求的参数变化，液氢泵的功率至少要比上述功率增大 1.6 倍，即 9 410～10 600 kW。如果推力再增大，液氢泵功率还要大幅度提高，这就意味着另建试验台。

3）带动氢泵试验的动力采用涡轮比较方便，或者直接应用发动机上与该氢泵配套的涡轮，或者另外研制一台专用的试验涡轮。小推力氢氧火箭发动机上的氢泵性能试验，采用与之配套的涡轮最方便，因为涡轮工质可以采用常温气氢，和燃气涡轮的工质的 RT 值相差不大。例如 $(RT)_{氢} \approx 1.22\times10^6$ J/kg，而 $(RT)_{燃气} \approx 1.77\times10^6$ J/kg，涡轮结构不作任何改变是可以适应的，只需增大气氢流量就能满足氢泵的功率要求。

4）氢泵试验的测功问题。常规泵试验时测功问题比较容易解决，液氢泵试验的测功问题存在许多困难。首先是氢泵轴在起动前必须预冷到接近液氢温度，轴本身就要产生温度变形。如果采用轴扭矩测功，则温度变形引起的误差就足以破坏测量精度。因此，采用轴扭矩测功的方法不仅麻烦，而且精度不够理想。工程上解决这个问题的办法只有放宽精度要求，把传动涡轮的效率特性线尽量测准一些。传动涡轮既是动力源，又是测功器，在发动机使用时，由于泵的功率误差不是独立的，它不会和涡轮功率误差叠加放大，而在发动机进行性能校准试车时，可以检查和修正发动机性能，因而它不会造成不良后果，这在氢氧火箭发动机上可以行得通，但它的缺点是不利于研究泵的问题。只能说这种办法在工程上方便，能用，但不理想。

5）火箭发动机上应用的液氢泵，一般都是高转速高扬程泵，转速大都在 40 000～60 000 r/min，扬程大都在 6 500 m 以上。如果用水作模拟介质，则泵的压升需要超过 65 MPa，泵的壳体强度、泵内的密封件等都不能承受。因此只能把转速降到 10 000 r/min 左右进行试验，这样不仅介质的物理性能相差太大，转速换算扬程变化工况时也太粗糙，所测得的特性是严重失真的。

6）水和液氢的物理特性相差太大，在水中测得的效率特性和在液氢中测得的数值也不相同。因为液氢的动力黏度很小，泵内的摩擦损失和泄漏损失都和水试不相同。这是液氢泵在水试中得不出真实的效率特性的重要原因。

7）液氢泵设计中的缺陷如何通过试验研究得到解决？液氢泵离心轮的通流部分设计得是否合理？液氢泵工作时是否会产生“脱流”和“失速”？这些液氢泵设计中的重要缺陷，都不能通过水试检查出来。因此，液氢泵的设计缺陷在水中进行试验是没有意义的。

8）液氢的价格是很贵的。所有的试验都要在液氢中进行，这要消耗大量的液氢，会使得液氢泵研制经费很高。液氢的低温试验技术比较复杂，如低温条件下的测功问题、低温流量计的校准技术等都比较复杂。

6.2.2 液氢泵试验的模拟介质研究

液氢虽然具有一定的可压缩性，而且在压缩时会产生一定的温度升高，但液氢的这种特性并不符合气体压缩的热力学规律。选择液氢泵试验的模拟介质，主要还需以根据泵的工作原理，并方便于工程上的应用为原则。泵的不同工况下特性参数换算，都是根据相似理论进行的，因此选择液氢泵试验的模拟介质，也必须以相似理论为基础。通常泵应用以下 3 个基本的相似原则：

1）泵的几何相似。液氢泵在模拟介质中进行特性测定都是直接用真实的产品，因此几何相似的原则是完全得到满足的。

2）应保持泵内流体的运动相似。这就是要求在模拟介质中试验时，在泵内的各个对应通道内和液氢中试验时具有速度三角形相似的原则。如果选用的模拟介质为气体，则必须使模拟介质受压缩时的密度增大和温升增加的规律和液氢的变化规律相一致或比较相近，也就是应符合式（6－47）表达的关系$\left(\frac{w}{w_m}=\frac{c}{c_m}=\frac{u}{u_m}=常数\right)$。

3）在模拟介质中试验时，应保持泵内流体的动力学相似。这就是说，所选的模拟介质在液氢泵内工作时，流体具有的惯性力和摩擦力的比值应保持和液氢中试验时这两个参数的比值相等或者等于一个常数。流体的惯性力和摩擦力的比值就是雷诺数的物理表达式。若要保持雷诺数相等，则模拟介质只能在气体中寻找，因为所有的液体，它们的动力黏度都比液氢大一个数量级。只有低温气体的动力黏度才有可能和液氢相近或相等。根据以上的基本原则，液氢泵试验的模拟介质应在低温气体中研究确定。

液氢泵工作时，泵内各旋转部件和泵壳之间泄漏间隙、密封、轴承等的泄漏率都因低温收缩而产生变化，因此选用模拟介质时必须同时考虑液氢泵低温工作条件的实际情况。选用低温气体作液氢泵的模拟介质，也需根据这个特点来确定。

根据动力学相似的原则，要求模拟介质和液氢之间保持雷诺数相等，即

$$Re = \left(\frac{cD_{\mathrm{d}}\rho}{\mu}\right)_{\mathrm{LH_2}} = \left(\frac{cD_{\mathrm{d}}\rho}{\mu}\right)_{\mathrm{M}} \tag{6-92}$$

式中　c ——流体的速度；

D_{d} ——断面当量直径；

μ ——动力黏度。

要满足式（6－92）的条件，最关键的两个参数是密度和动力黏度应该相等或相近。先来分析一下液氢泵入口条件。设计火箭发动机时要求液氢泵入口压力一般在 0.2～0.3 MPa，入口温度约为 21～23 K。在这个压力范围和温区内，液氢的密度大致在 70～67 $\mathrm{kg/m^3}$ 范围内，动力黏度大致在 $1.25\times10^{-5}\sim1.06\times10^{-5}\ \mathrm{Pa\cdot s}$ 范围内。

要满足泵内各个对应通道内的速度三角形相似的原则，则必须分析每级离心泵工作时的温升和压力增大的变化关系。液氢虽有一定的可压缩性，但由泵的入口到泵的出口，压力升高的幅值较大，由于同时有一定的温升，所以液氢经过泵后，密度变化的幅值并不大。选用气体作模拟介质，应注意保持压力增大和温升有一定的比例关系，从而可以保持速度三角形相似的原则。

综合以上各种因素的考虑和泵的入口压力不宜选得太高等原则，采用低温气氮，其温区在110～135 K，压力在（1.4±0.2）MPa的状态可以用作液氢泵试验的模拟介质。

6.2.3　液氢泵模拟介质试验数据比较

为了确定液氢泵试验的模拟介质是否可行、试验结果应该如何处理等，作者带领一个试验研究组，在以下简易试验系统上进行过概念研究，取得了一些初步的结果。

选用一台实际使用的液氢泵（单级离心泵）为试验件，在模拟介质中试验时的装配状态完全和液氢试验时状态相同，这是为了便于比较两者的试验结果。试验系统如图6-7所示。

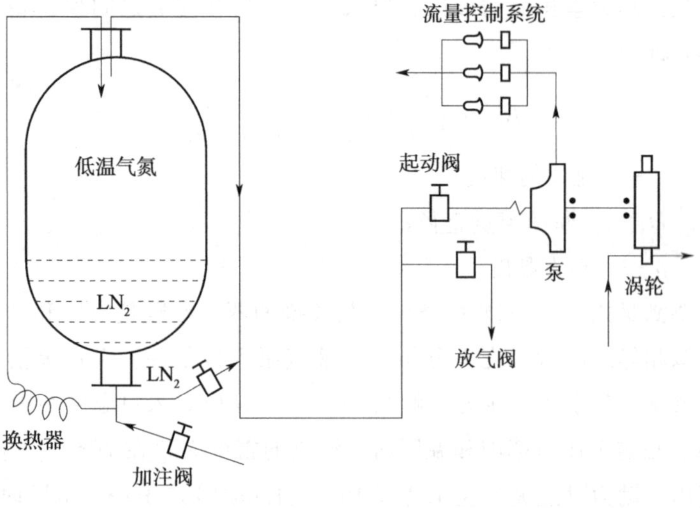

图6-7　低温气氮作模拟介质的液氢泵试验系统

液氮贮罐内加入少量的液氮，通过换热器加温成低温气氮后，再返入贮罐内，待贮罐内的压力升高到要求值时，打开泵前的放气阀进行系统预冷，在预冷过程中为了调节泵前导管内的温度，在贮罐底部连接一条液氮降温旁路。当泵前的温度和压力都达到要求值时，打开起动阀使液氢泵以及泵后的系统也进行一定时间的预冷。

涡轮试验用空气作工质，它的效率公式已通过校核试验后的数据处理，可用于涡轮功率计算。只要测定了涡轮流量、入口温度、入口压力后，就可以求得涡轮的功率。该试验件的涡轮功率全部用于泵的功率消耗，所以泵的功率也测定了。

泵的流量是通过泵后管路中的声速喷管流量计测定的。通过 3 条不同管路中的不同流量组合，可以获得 80%、90%、100%、110%的 4 种流量和 4 种流量时泵的压升、转速等主要参数。试验中测得的各种工况的参数经过处理后，换算到相同转速下，并做成扬程和流量变化的函数关系图、效率随流量变化的函数关系图。这就是试验应求得的两个重要特性。

图 6－8 是该试验件（液氢泵）通过模拟介质试验和液氢试验获得的扬程随流量变化的曲线。

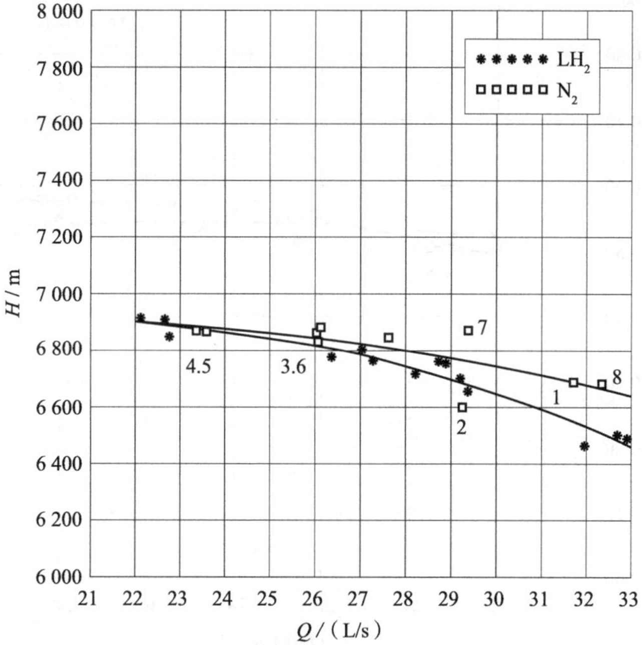

图 6－8　液氢和模拟介质试验中测得的扬程特性比较

图 6-8 中两条曲线是比较接近的。随着流量变化，扬程特性曲线变化的规律有些不同，这是因为在模拟介质中轴承冷却流量是固定不变的，而在液氢中试验时轴承冷却流量是随着泵的流量增大而增大。因此，在大流量区泵的容积效率下降，是扬程特性有些升高造成的。在小流量区，两种介质中测得的扬程特性曲线基本上接近，说明所选的低温气氮对液氢泵做模拟试验是可行的。

图 6-9 所示是该试验件在模拟介质中试验测得的效率特性曲线和液氢试验的效率特性曲线。这两条曲线基本上是接近的。在大流量区模拟介质试验测得的效率特性略高于液氢中的数据。这和扬程特性偏高的原因是相同的。

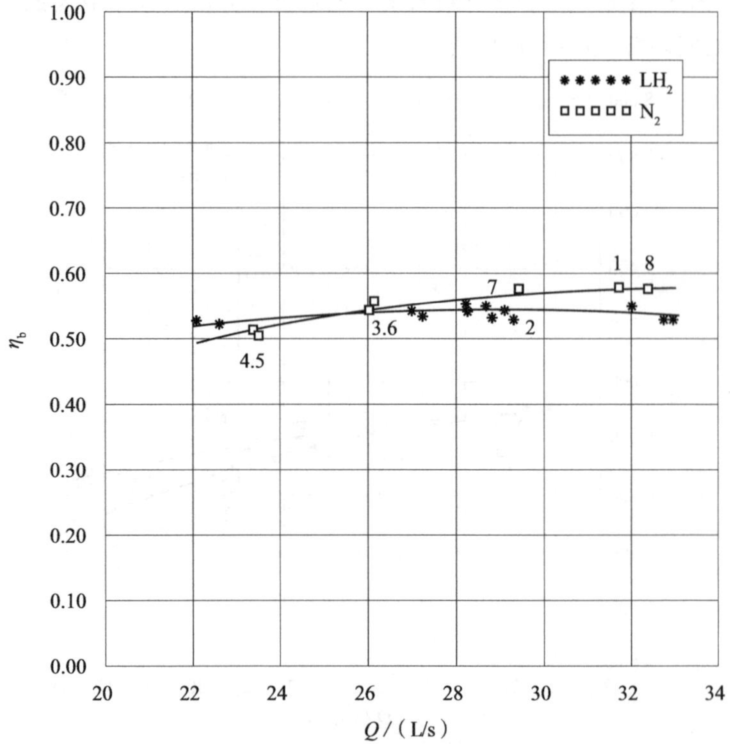

图 6-9　液氢和模拟介质试验中测得的效率特性比较

比较以上扬程特性和效率特性两种重要参数后可以得出：选用低温气氮压力在（1.4±0.2）MPa、温区在 110～135 K 范围内作液氢泵试验的模拟介质是可行的，测得的数据完全能满足工程应用需求。但是，液氢泵的汽蚀特性仍需在液氢中进行测定，不过液氢泵一般都在含一定量气体条件下工作，液氢泵的汽蚀性能已不如常规泵那样重要了。

当液氢泵离心轮通流部分设计得不合理时，很容易在工作中发生“脱流”的故障。这种性能故障对发动机的推力精度和混合比精度控制造成严重的破坏。“脱流”现象只有在液氢试验中才出现，物理特性和液氢相差悬殊的其他液体（如水等）中是不能出现“脱流”现象的。图 6－10 是在低温气氮作模拟介质试验时测得的液氢泵“脱流”现象。这台液氢泵的设计工作转速为 40 000 r/min，离心轮的工作叶片为 12 个，没有分长短叶片相间隔，叶片出口角为 90°。该泵在液氢中正常工作时，在额定流量附近（40 000 r/min 时 $Q\approx$（29±1）L/s）能提供的扬程为 7 300 m。但发生“脱流”时，在同样转速和相同流量区只能提供约 6 700 m 扬程。

图 6－10 中有 4 次试验的数据，每次试验测得扬程随流量变化的数据都用实线相连。这些数据都已换算到 40 000 r/min 相同转速下的数值。这台泵在小流量高扬程工作区时，随着流量增大可以落到低扬程工作区内；也可以相反，先在小流量低扬程工作区时，随着流量增大又跳到高扬程工作区。扬程特性是非常紊乱的，说明该泵的离心轮设计是有严重缺陷的。这台泵在水中做过大量的研究性试验，并没有发现它的离心轮设计有问题，也从未发现它有扬程特性不稳定现象。我们在低温气氮中试验时，完全再现了该泵在液氢试验中出现的扬程特性不稳定现象。图 6－10 中的数据表明，低温气氮作液氢泵试验的模拟介质不仅能测定扬程特性和效率特性，而且能再现泵设计上的缺陷，因此它的模拟性是很好的。

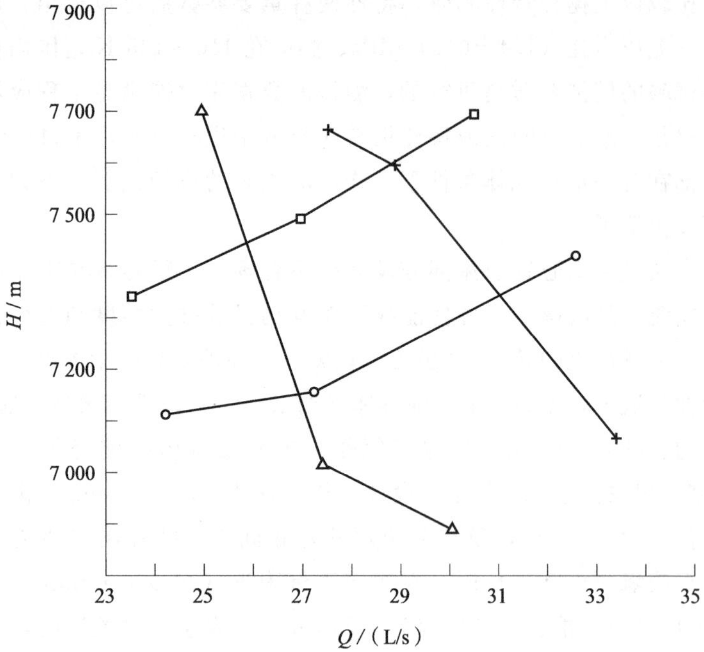

图 6-10　液氢泵“脱流”故障在模拟介质试验中再现

图 6-10 中的扬程数值比液氢中约高 300 m，这是在模拟介质中试验时它的容积效率偏高（轴承冷却流量偏小）造成的。但该泵的扬程跳跃的数值是很接近的。低扬程和高扬程跳跃之差为 600～700 m。

6.2.4　模拟介质试验数据处理中应注意的问题

液氢泵工作时，其进出口的温升比较大，而且它的温升并不完全符合气体热力学压缩升温的规律，因为液氢终究是液体；但它的温升又不符合由于泵的损失功率换算的数值。液氢泵工作时进出口温升实际上是它的功率损失引起的温升和部分饱和氢在压缩时焓升引起的温升之和。因此，液氢泵可以用泵的理论设计，但也具有某些压气机的特征。低温气氮若要用作液氢的模拟介质，必须具备速度三角形相似和动力相似。在低温气氮的压力和温度相近的条件下做到雷诺数相等是不难的。在泵流道内的任何截面中速度三角形相似是很困难的。但试验研究表明，气氮的等熵压缩温升和功率损失引起的温升之和相当大，因而气体压缩而产生的大幅度密度变化可以得到一定程度补偿。因此，速度三角形相似的原则基本得到满足。假如我们采用泵的进出口密度平均值来处理试验数据，就能做到和液氢的密度相当接近。

模拟介质试验获得的数据如何处理并可以和液氢泵特性相比较，这是非常重要的问题。作者建立了简单的数据处理热力学模型，在工程中使用是比较方便的，现介绍如下。

设 n 为试验实测转速，n_0 为氢泵扬程特性比较时用的转速。模拟介质试验的数据处理步骤如下：

1）根据实测的泵出口压力 p_{er} 和泵入口压力 p_{or}，求得泵在转速 n 时的实测压升 $\Delta p_n = p_{er} - p_{or}$ 。

2）按泵的常规换算办法，将泵的压升换算到设计额定转速 n_0 时的压升 $\Delta p_{n_0} = \left(\frac{n_0}{n}\right)^2 \Delta p_n$ 。

3）求得泵在转速 n_0 时的出口压力 $p_{ern_0} = \Delta p_{n_0} + p_{or}$ 。

4）按以下步骤计算 n_0 时的泵后温度 T_{ern_0} ：

a）根据实测的泵入口温度 T_{or} 和 p_{or} 、p_{er} ，用热力学定律求得泵工作时等熵压缩后的温度 $T_2 = \left(\frac{p_{er}}{p_{or}}\right)^{\frac{k-1}{k}} T_{or}$（$k$ 为等熵压缩指数）；

b）由此可以求得由于泵内的各种功率损失引起的温升 $\Delta T_1 = T_{er} - T_2$（$T_{er}$ 为实测的泵后温度）；

c）根据实测泵的参数可以求得泵在转速为 n 时的功率 W_b，然后按泵的功率随转速变化呈三次方的关系，计算出在 n_0 时泵的功率 $W_{bn_0} = \left(\frac{n_0}{n}\right)^3 W_b$ ；

d）泵内的功率损失引起的温升应和泵的功耗成正比，因此可以

近似地假定 $\Delta T_2 = \frac{W_{bn_0}}{W_b} \cdot \Delta T_1$（$\Delta T_2$为泵由试验实测转速 n 换算到额定的设计转速 n_0时，由于泵内功率损失引起的温升）；

e）由试验实测转速 n 换算到 n_0时，模拟介质受到的等熵压缩也要产生温升，设这时泵的出口温度为 T_3（T_3是由 p_{er} 增压到 p_{ern_0} 后等熵压缩后的温度），因此有 $T_3 = \left(\frac{p_{ern_0}}{p_{er}}\right)^{\frac{k-1}{k}} T_{er}$ ；

f）最后求得 $T_{ern_0} = T_3 + \Delta T_2$ 。

5）根据热力学定理，在泵的转速达到 n_0时模拟介质的出口密度为 $\rho_{n_0} = \frac{p_{ern_0}}{R_{N_2} T_{ern_0}}$ 。

6）求得泵在模拟介质试验时，进出口的平均密度为 $\rho_{平均} = \frac{\rho_{n_0} + \rho_{or}}{2}$ $\left(\rho_{or} = \frac{p_{or}}{R_{N_2} T_{or}}\right.$ 为泵的入口密度$\left.\right)$。

7）求得泵的模拟介质中的出口扬程为 $\Delta H_{n_0} = \frac{\Delta p_{n_0}}{\rho_{平均}}$ 。该扬程可以和液氢泵在液氢中实测的扬程换算到 n_0时的数值相比。

图 6－8 中的数据就是按照上述步骤进行处理的。这种办法既符合泵的参数换算原则，又引进了气体热力学原则，也符合液氢泵使用时常用进出口平均密度的原则。根据以上步骤编制成计算机程序，使用是很方便的。

6.2.5　关于多级液氢泵的特性试验

所谓多级液氢泵是指几台单级离心泵串联在同一根轴上而成的组合泵。由于每台离心泵工作时都有一定的温升，而且随着压升的增加和每台泵的效率不一定相同，因此每台泵的温升也不一定相同。例如美国的 SSME 上采用的是三级离心泵串联而成的多级泵，其出口压力高达 42.56 MPa，出口温度已高达 51.67 K。假如其每级温升都相同的话，则每级离心泵的温升约为 10 K。由此可以推论：第一级泵工作在液氢中；第三级泵工作在气氢中；而第二级泵也可能工作在两相流中，也可能工作在气氢中，这取决于第一级泵的温升是多少，这样的物理状态就使得多级泵特性试验复杂化了。因此多级液氢泵的特性试验，不能简单地当作水泵那样的串联来研究，但也不能完全认为是压气机那样的工作。在多级液氢泵特性试验中既可能出现泵试验中出现的问题，也可能出现压气机试验中出现的问题。在这种特殊条件下进行模拟介质试验时，应该重视液氢（气氢）和模拟介质的马赫数相等的问题。

马赫数为局部流速和当地的声速 a 之比，如果流速取绝对速度 c，则

$$Ma = \frac{c}{a} = \frac{c}{\sqrt{kRT}} \tag{6-93}$$

式中　R——模拟介质或氢的气体常数；

T——温度（K）；

k——绝热指数。

若模拟介质和液氢之间的马赫数相等，则

$$\frac{Ma_{H_2}}{Ma_M} = \frac{\dfrac{c_{H_2}}{\sqrt{(kRT)_{H_2}}}}{\dfrac{c_M}{\sqrt{(kRT)_M}}} = 1 \tag{6-94}$$

也即

$$\frac{c_{H_2}}{c_M} = \sqrt{\frac{(kRT)_{H_2}}{(kRT)_M}} \tag{6-95}$$

根据运动相似的原则 $\frac{c_{H_2}}{c_M} = \frac{u}{u_M} = L_K \frac{n}{n_M}$，由此得

$$L_K \frac{n}{n_M} = \sqrt{\frac{(kRT)_{H_2}}{(kRT)_M}} \tag{6-96}$$

这里的特征尺寸比值 $L_K = 1$，对于式（6－96），适当地选择模拟介质氮气的温度，则基本上可以做到 $\frac{n}{n_M} \approx 2$ 。

由此可见，多级液氢泵在用低温气氮作模拟介质进行试验时，

只要把模拟介质中泵的工作转速 n_M 降低到液氢中工作转速 n 的 $\frac{1}{2}$，就能保持马赫数相等的要求。这对采用模拟介质试验是非常有利的。

多级泵的功率很大，不宜采用固定转速的电机带动的试验系统，一般都用涡轮带动泵。

采用涡轮带动泵的试验，当泵的流量改变时，泵的转速、压升和功率都将随之而变，整个涡轮和泵的功率平衡只能在新的转速下实现。如果涡轮的流量、压比、转速和工质的温度都已测定，则涡轮的绝热功 L 和效率都能按已知的参数计算出来，则涡轮的功率就能计算出来了。而涡轮功率全部供给了泵，泵的流量、压升也已测定，泵的效率也可以求出来。希望将火箭发动机上泵的扬程特性方程写为以下形式

$$H = An^2 + BnG + CG^2 \tag{6-97}$$

式中　A，B，C——待定常数；

n——转速；

G——流量。

泵的扬程 H（或压升 Δp）和 n、G 的函数关系直接由试验数据处理出来，在使用上是方便的。在试验过程中每改变一种泵的流量 G，涡轮泵能在某一个 n 处自动得到功率平衡。因此，我们只需在某试验中任取 3 种稳定工况的 n、G 和 H 分别代入式（6－97）中，并令

$$a_1 = n_1^2 \qquad b_1 = n_1G_1 \qquad c_1 = G_1^2$$

$$a_2 = n_2^2 \qquad b_2 = n_2G_2 \qquad c_2 = G_2^2$$

$$a_3 = n_3^2 \qquad b_3 = n_3G_3 \qquad c_3 = G_3^2$$

由此可以获得以下 3 个扬程特性方程式

$$H_1 = a_1A + b_1B + c_1C \tag{6-98}$$

$$H_2 = a_2A + b_2B + c_2C \tag{6-99}$$

$$H_3 = a_3 A + b_3 B + c_3 C \tag{6-100}$$

这是三元一次方程组，可以利用克莱姆求解行列式的规则来求得 A、B、C。

$$\Delta = \begin{vmatrix} a_1 & b_1 & c_1 \\ a_2 & b_2 & c_2 \\ a_3 & b_3 & c_3 \end{vmatrix} \qquad \Delta_1 = \begin{vmatrix} H_1 & b_1 & c_1 \\ H_2 & b_2 & c_2 \\ H_3 & b_3 & c_3 \end{vmatrix}$$

$$\Delta_2 = \begin{vmatrix} a_1 & H_1 & c_1 \\ a_2 & H_2 & c_2 \\ a_3 & H_3 & c_3 \end{vmatrix} \qquad \Delta_3 = \begin{vmatrix} a_1 & b_1 & H_1 \\ a_2 & b_2 & H_2 \\ a_3 & b_3 & H_3 \end{vmatrix}$$

故 $A = \dfrac{\Delta_1}{\Delta}, B = \dfrac{\Delta_2}{\Delta}, C = \dfrac{\Delta_3}{\Delta}$。

将已求定的 A、B、C 代入式（6－97），即得到该台泵的 $H = f(n,G)$ 关系式。在发动机系统上进行参数调整时非常方便。

由于涡轮的特性方程为已知，则在每一个功率平衡点上都可以求得涡轮的功率，并认为该功率和泵消耗的功率是相等的。利用相应的流量、扬程和功率，可以求得对应于这些数据下泵的效率。把泵的效率公式写成下列形式

$$\eta_b = A\left(\frac{G}{n}\right)^2 + B\frac{G}{n} + C \tag{6-101}$$

用上述同样的办法，任取 3 组数据分别代入式（6－101），并令

$$a_1 = \left(\frac{G_1}{n_1}\right)^2 \quad b_1 = \frac{G_1}{n_1} \quad c_1 = 1$$

$$a_2 = \left(\frac{G_2}{n_2}\right)^2 \quad b_2 = \frac{G_2}{n_2} \quad c_2 = 1$$

$$a_3 = \left(\frac{G_3}{n_3}\right)^2 \quad b_3 = \frac{G_3}{n_3} \quad c_3 = 1$$

分别代入式（6－101）后，获得下列 3 个三元一次方程

$$\eta_{b1} = a_1 A + b_1 B + C \tag{6-102}$$

$$\eta_{b2} = a_2 A + b_2 B + C \tag{6-103}$$

$$\eta_{b3} = a_3 A + b_3 B + C \tag{6-104}$$

用同样的办法求得该台泵的 $\eta_b = f(n,G)$ 表达式。由此可见，泵的试验方法改变后，数据处理也做了改进，试验结果更便于应用。

6.3　氢氧燃气涡轮

在氢氧火箭发动机上采用氢氧燃气作涡轮工质，为液氧泵和液氢泵提供传动轴的动力。涡轮可以分成冲动式和反力式两种。在火箭发动机上冲动式涡轮用得比较多。在小推力火箭发动机上为了简化结构常常采用单级单转子冲动式涡轮，这种涡轮的效率比较低。在推力较大的火箭发动机上都采用速度分级冲动式涡轮。这两种涡轮的简图分别如图 6－11 和图 6－12 所示。

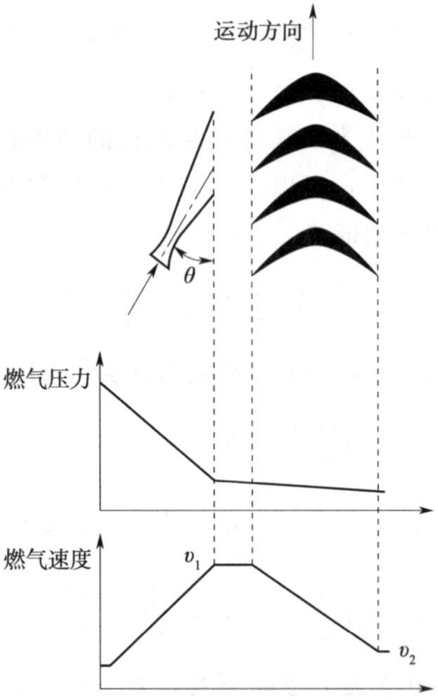

图 6－11　单级、单转子冲动式涡轮

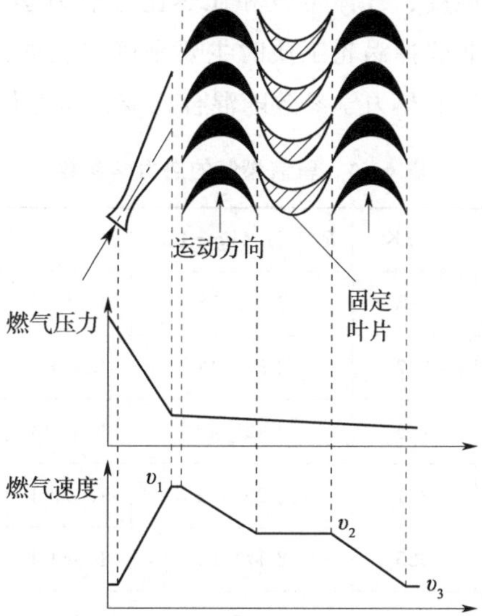

图 6 - 12　单级、双转子、速度分级冲动式涡轮

速度分级冲动式涡轮由两排分开的旋转轮盘组装在一根轴上，两个轮盘的叶片之间安装一排固定叶片将燃气导入第二排动叶片。第一排动叶片工作后的燃气，降低一部分速度再通过不降低流速的固定导向叶片，进入第二排动叶片，使燃气的动能得到更充分的利用。这种涡轮的效率显然要高于前面所述的单转子涡轮。由于速度分级的涡轮只有一个压力台阶（见图 6 - 12），所以仍把速度分级涡轮当成单级涡轮。

6.3.1　涡轮工质的热力学参数选择

氢氧燃气涡轮的工质都是采用富氢的燃气。氢和氧燃烧的燃气非常干净，其主要成分是气氢和水蒸气。因此，采用这种燃气作涡轮工质，不需要为涡轮流道内积炭污染而担心，氢氧燃气涡轮可以完全重复使用。由于高温燃气中含有气氢，所以涡轮转子的材料不宜选用钛合金，因为钛合金材料有“氢脆”现象。

氢氧燃气的温度、气体常数和比热比等热力学参数主要和它的混合比有关，因此选择涡轮工质时主要是确定它的混合比。表 6－1 中列出了氢氧燃气的热力学参数随混合比变化而变化的规律。

表 6－1　氢氧燃气的热力学参数

序号	混合比 K_f	T_f/K	R/（J/（kg·K））	k	c_p/（J/（kg·K））
1	0.5	538	2 749.78	1.388 9	9 797.1
2	0.6	637	2 578.17	1.384 9	9 280.4
3	0.7	735	2 426.46	1.379 4	8 827.0
4	0.8	831	2 291.72	1.372 1	8 454.4
5	0.9	925	2 171.09	1.364 1	8 138.7
6	0.95	972	2 115.39	1.360 1	7 993.8
7	1.0	1 018	2 062.53	1.35 5	7 806.7
8	1.05	1 063	2 012.23	1.350 9	7 750.1
9	1.10	1 108	1 964.27	1.340 2	7 629.3

衡量涡轮工质做功能力的标准是它的 RT 值，即每千克涡轮工质能发出多少焦耳的功。从表 6－1 中所列的数据可以看到，氢氧燃气的气体常数 R 值很大，与液氧/煤油燃气的 R 值相比，约大一个数量级。氢氧燃气作涡轮工质具有的这个特点，给工程应用带来了很大的方便，即如果要求的涡轮工质 RT 值相同，则采用氢氧燃气作涡轮工质时，它不仅具有干净而无积炭的优点，而且还可以选择比较低的燃气温度。这给涡轮转子材料的选择带来了很大的好处。

从另一方面说，由于氢氧燃气 RT 值很高，在涡轮压比、涡轮转子材料等都已确定的前提下，采用氢氧燃气作涡轮工质，则涡轮工质的流量可以大幅度降低。不论发动机采用什么样的动力循环，这个特点都给发动机的总体性能提高带来好处。

在涡轮设计、涡轮工作性能调节和故障分析时，都需要用到表 6-1中的涡轮工质热力参数。为了方便应用，特别是用计算机进行计算时，把这些数据用代数方程表达更为方便。从表 6-1 中所列出的数据可以看出，温度 T_f、气体常数 R、比热比 k 和等压比热 c_p都与混合比 K_f有函数关系，都可以用混合比来表达它们的数值。以下 4 个方程就是用它们拟合出来的代数方程，它们的计算精度都很高。

$$T_f=13+1\ 092.5K_f-87.5\ K_f^2 \tag{6-105}$$

$$R=3\ 781.2-2\ 434.5K_f+715.9K_f^2 \tag{6-106}$$

$$k=1.397\ 5+0.011\ 25K_f-0.053\ 75K_f^2 \tag{6-107}$$

$$c_p=13\ 152.8-8\ 196.7K_f+2\ 904.6K_f^2 \tag{6-108}$$

式中　K_f——燃气发生器混合比；

k——比热比；

T_f——燃气温度（K）；

R——燃气的气体常数（J/（kg·K））；

c_p——燃气的等压比热（J/（kg·K））。

在液体火箭发动机上涡轮工质都是由燃气发生器提供的。燃气发生器可以是单组元燃气发生器，也可以是双组元发生器，大型运载火箭上的氢氧火箭发动机多采用氢氧燃气发生器。涡轮工质的热力学参数是通过调整氢氧两组元的混合比 K_f来控制的。在当前研制和使用的氢氧火箭发动机上，氢氧两组元的混合比大都选择在 0.8～0.95 范围内。例如美国航天飞机主发动机 SSME 的氢涡轮泵的涡轮工质的温度为 961.6 K，其氢氧两组元的混合比为 0.94，氧涡轮泵的涡轮工质的温度为 814.4 K，其组元混合比接近 0.8；法国研制的 HM-7 氢氧火箭发动机上，涡轮工质的氢氧两组元混合比为 0.9。式（6-105）、式（6-106）、式（6-107）和式（6-108）应用范围是混合比 K_f为 0.5～1.1，因此在一般情况下都能满足工程应用的需要。

6.3.2　涡轮的气动力参数计算

氢氧两组元在燃气发生器内经过燃烧，形成高压高温燃气，通过涡轮喷嘴喉部节流后，气流膨胀加速，使得高速气流进入涡轮叶片通道，一部分动能被涡轮转子吸收变成机械能，多余部分排出成为涡轮废气的动能损失。研究设计高效率涡轮的任务之一，就是设法减小它的动能损失。下面首先来分析涡轮内的各种速度的关系。

6.3.2.1 涡轮喷嘴内的流动速度

若涡轮工质在燃气发生器内具有的压力为 p_0，温度为 T_0，流速为 c_0，则通过拉瓦尔喷嘴膨胀到 p_1 和 T_1，则其绝热膨胀速度 c_{1t}，可以按式（6－109）来计算，即

$$c_{1t}=\sqrt{\frac{2k}{k-1}RT_0\left[1-\left(\frac{p_1}{p_0}\right)^{\frac{k-1}{k}}\right]+c_0^2} \tag{6-109}$$

式（6－109）为不计损失的理论速度，在气流通过喷嘴的实际流动中，由于气流和壁面的摩擦，以及分子与分子间的内摩擦，还有涡流存在，都要损失一部分动能，这部分动能又再度转变为热能，表现为出口焓略有增高。在实际的工程计算中，对于这些损失，常用一种系数来修正。另外 c_0 的影响也较小，可以纳入喷嘴修正系数中考虑。这个修正系数称为喷嘴速度系数，以 φ 表示，于是有

$$c_1=\varphi c_{1t} \tag{6-110}$$

根据文献［41］介绍，$\frac{p_1}{p_0}$ 从 0.12 增大到 0.33，φ 由 0.97 降到 0.8。由此可以把式（6－110）写成下列形式

$$c_1=\varphi\sqrt{\frac{2k}{k-1}RT_0\left[1-\left(\frac{p_1}{p_0}\right)^{\frac{k-1}{k}}\right]} \tag{6-111}$$

6.3.2.2 涡轮工质的绝热膨胀功

涡轮工质由压力 p_0 膨胀降压到 p_1，气流具有的绝热功可以用式（6－112）来计算，即

$$L_{\mathrm{ad}}=\frac{k}{k-1}RT_0\left[1-\left(\frac{p_1}{p_0}\right)^{\frac{k-1}{k}}\right] \tag{6-112}$$

这是涡轮性能参数计算中常用的重要参数，通过这个参数可以计算喷嘴出口的流速 c_{1t}，即

$$c_{1t} = \sqrt{2L_{\mathrm{ad}}} \tag{6-113}$$

式（6－113）中忽略了初速 c_0的影响。

6.3.2.3　涡轮工质流量的计算

涡轮工质的流量是通过涡轮喷嘴的喉部截面积来控制的。如果喷嘴是按超声速工况设计的，则喷嘴入口压力 p_0和出口压力 p_1之比必须满足下列条件

$$\frac{p_1}{p_0} \leqslant \left(\frac{2}{k+1}\right)^{\frac{k}{k-1}} \tag{6-114}$$

对于双原子气体，绝热指数 $k=1.4$，那么

$$\frac{p_1}{p_0} = 0.528 \tag{6-115}$$

式（6－115）为喷嘴实现超声速工况的临界压比。

通过超声速喷嘴的质量流量可用式（6－116）进行计算，即

$$G = Ap_0\sqrt{\frac{k}{RT_0}}\left(\frac{2}{k+1}\right)^{\frac{k+1}{2(k-1)}} \tag{6-116}$$

式中　A——喷嘴喉部截面积的总和；

p_0——喷嘴前的气流入口压力；

G——质量流量（kg/s）。

若 $\frac{p_1}{p_0} > \left(\frac{2}{k+1}\right)^{\frac{k}{k-1}}$，则喷嘴是按亚声速工况工作，这时涡轮工质的质量流量按式（6－117）来计算，即

$$G = Ap_0\sqrt{\frac{2k}{(k-1)RT_0}\left[\left(\frac{p_1}{p_0}\right)^{\frac{2}{k}} - \left(\frac{p_1}{p_0}\right)^{\frac{k+1}{k}}\right]} \tag{6-117}$$

如果涡轮工质的质量流量已经给定，则式（6－116）和式（6－117）也可以用于计算涡轮喷嘴要求的总截面积 A。

6.3.2.4　气流作用在涡轮叶片上的力

如图 6－13 中所示，c_{1u}为绝对速度 c_1在叶片切向速度 u 方向上的分量；c_{2u}为绝对速度 c_2在叶片切向速度 u 方向上的分量。在作速度三角形时应注意这两个速度方向，如果取得和 c_{1u}的方向相同，则

应取 c_{2u}，因为它的符号和角 α_2 有关，当 $\alpha_2>90°$时，应采用$-c_{2u}$。

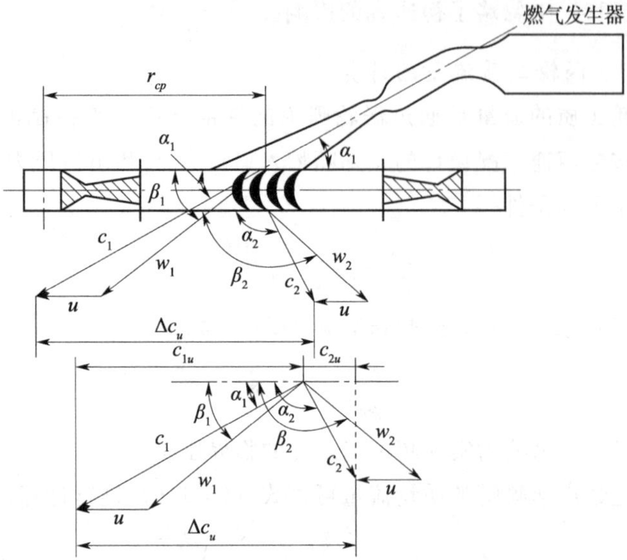

图 6 - 13　涡轮盘上进、出口的速度三角形

气流作用在涡轮叶片上的力为

$$F_{u1}=\frac{\mathrm{d}m}{\mathrm{d}t}(c_{1u}-c_{2u}) \tag{6-118}$$

式中　$\frac{\mathrm{d}m}{\mathrm{d}t}$——单位时间内通过叶片的流量（kg/s）。

因为 $c_{1u}=u+w_1\cos\beta_1, c_{2u}=w_2\cos(180-\beta_2)+u=-w_2\cos\beta_2+u$，将 c_{1u}和 c_{2u}代入式（6 - 118），并令 $\frac{\mathrm{d}m}{\mathrm{d}t}$ 为单位质量流量，则单位质量流量作用在叶片上的力为

$$F_{u1}=w_1\cos\beta_1+w_2\cos\beta_2 \tag{6-119}$$

设 r 为叶片平均高度处转子的半径，则由于 F_{u1}的作用叶轮产生的转动力矩 M 为

$$M=F_{u1}r=r(w_1\cos\beta_1+w_2\cos\beta_2) \tag{6-120}$$

式（6 - 120）表示每千克涡轮工质流量作用在叶片上能给出的

转动力矩值。

6.3.2.5 涡轮转子发出的功率

涡轮转子发出的功率 L_r 为转动力矩乘以其转速 ω，$L_r = M\omega = r\omega(w_1\cos\beta_1 + w_2\cos\beta_2)$，因 $u=r\omega$，则有

$$L_r = u(w_1\cos\beta_1 + w_2\cos\beta_2) \tag{6-121}$$

式（6－121）表示单位质量流量的涡轮工质作用在叶轮上所发出的功率。如果涡轮工质流量为 G，则叶轮能发出的功率为

$$L_r = Gu(w_1\cos\beta_1 + w_2\cos\beta_2) \tag{6-122}$$

6.3.2.6 涡轮的效率

涡轮工质具有的理论功率即向涡轮输入的功率，就是通过拉瓦尔喷嘴气流进行绝热膨胀后具有的可用功率。它可以表示为

$$L_{ad} = \frac{c_{1t}^2}{2} \tag{6-123}$$

式（6－121）为涡轮的输出功率。涡轮效率即输出功率和输入功率之比值，即

$$\eta_T = \frac{L_r}{L_{ad}} \tag{6-124}$$

将式（6－121）和式（6－123）代入式（6－124）得

$$\begin{aligned}\eta_T &= \frac{u(w_1\cos\beta_1 + w_2\cos\beta_2)}{\frac{c_{1t}^2}{2}} \\ &= \frac{2u}{c_{1t}^2}\left(1 + \frac{w_2\cos\beta_2}{w_1\cos\beta_1}\right)w_1\cos\beta_1\end{aligned} \tag{6-125}$$

令 $\psi = \frac{w_2}{w_1}$（ψ 称为叶片的速度系数，文献［41］指出，ψ 的值一般在 0.86～0.9 之间），将式（6－110）代入式（6－125），整理得

$$\eta_T = 2\varphi^2\frac{u}{c_1^2}w_1\cos\beta_1\left(1 + \psi\frac{\cos\beta_2}{\cos\beta_1}\right) \tag{6-126}$$

由图 6－13 可知 $w_1\cos\beta_1 = c_1\cos\alpha_1 - u$，代入式（6－126）经过整理得

$$\eta_T = 2\varphi^2 \left(1+\psi \frac{\cos\beta_2}{\cos\beta_1}\right)\left(\frac{u}{c_1}\cos\alpha_1 - \frac{u^2}{c_1^2}\right) \tag{6-127}$$

文献［39］称式（6－127）为计算涡轮效率的 Banka 公式。这个公式在工程上应用很广。若令

$$\begin{cases} A = 2\varphi^2 \left(1+\psi \dfrac{\cos\beta_2}{\cos\beta_1}\right)\cos\alpha_1 \\ B = -2\varphi^2 \left(1+\psi \dfrac{\cos\beta_2}{\cos\beta_1}\right) \end{cases} \tag{6-128}$$

则式（6－127）可以写成下列形式

$$\eta_T = \frac{u}{c_1}\left(A + B\frac{u}{c_1}\right) \tag{6-129}$$

式（6－129）中的 A 和 B，可以由实际试验数据来确定。由此可见涡轮效率是 $\frac{u}{c_1}$ 的抛物线函数。

令 $\frac{u}{c_1} = y$，代入式（6－129），则有

$$\eta_T = Ay + By^2 \tag{6-130}$$

对式（6－130）进行微分，并令其微分式等于 0，则得到以下方程式

$$\frac{d\eta_T}{dy} = A + 2By = 0 \tag{6-131}$$

由此得出

$$y = \frac{u}{c_1} = -\frac{A}{2B} \tag{6-132}$$

将 A 和 B 代入式（6－132）并化简得

$$\frac{u}{c_1} = \frac{1}{2}\cos\alpha_1 \tag{6-133}$$

式（6－133）说明：当 $\frac{u}{c_1} = \frac{1}{2}\cos\alpha_1$ 时，涡轮具有最高的效率。在冲动式涡轮中气流的余速 c_2 损失占总的动能损失的主要部分。欲使余速损失降到最小值，才能获得涡轮效率的最高值，这种情况只有当 $\alpha_2 = 90°$时才会出现。因此提高涡轮效率的途径是使 α_2 尽量大一些。对于冲动式涡轮，α_1 一般在 16°～20°范围内选择。

6.3.2.7　涡轮的功率计算

整个涡轮的功率可以按式（6 - 134）来计算，即

$$N_{\mathrm{T}} = GL_{\mathrm{ad}}\eta_{\mathrm{T}} \quad (\mathrm{W}) \tag{6-134}$$

流量 G 的单位为 kg/s，用式（6 - 116）或式（6 - 117）计算，绝热功 L_{ad} 按式（6 - 112）计算，其单位为 J/kg，效率 η_{T} 用式（6 - 129）计算。

6.4　涡轮转子动力学的基本概念

氢氧涡轮泵，特别是氢涡轮泵都是在高速旋转条件下工作的。由于生产装配中不可能做到旋转部件的质心完全和轴的旋转中心线重合，则转子在工作时必然会引起振动，研究涡轮转子动力学的基本任务就是使转子的振动控制在允许的范围之内。大量试验研究表明，转子系统的强烈振动，都是由于没有很好解决转子系统的动力学问题而引起的。强烈的振动必然造成涡轮泵支撑失效，导致结构严重破坏。

可将转子看成是在弹性系统中工作，在径向力的作用下，轴要发生如图 6 - 14 所示的弯曲变形。如果这种强迫振动频率和转子系统的固有弯曲振动的频率发生耦合，就要产生共振。激发转子强迫振动的因素比较复杂，其中明显的因素有：

1）涡轮泵工作叶片上受到了非稳定的流体动力影响造成的激振力；

2）由于转子系统的零件加工误差等造成的不平衡质量引起的可变径向力的作用；

3）轴的材料组织不匀，在两个方向上具有不同的刚度；

4）轴承支承的刚度不同，具有明显的方向性等。

由于转子在共振工况下工作特别危险，而且上述这些因素存在是固有的，所以把这种共振工况称为临界工况，这时的转子速度称为临界转速。因此在设计阶段，必须计算出转子系统的临界转速，使工作转速远离它的临界转速。

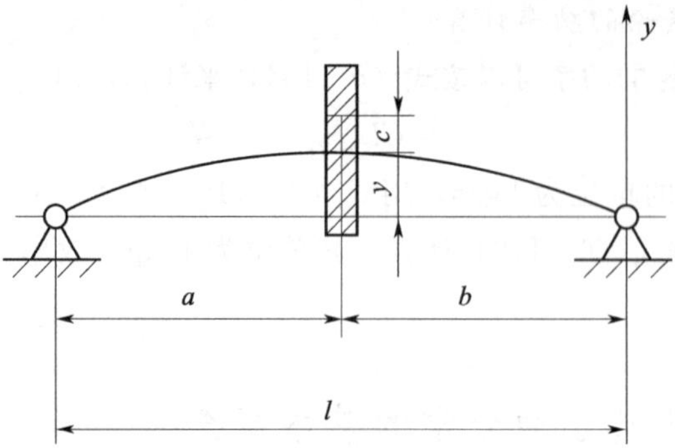

图 6-14 转子弯曲变形示意

6.4.1 刚性轴和柔性轴

如图 6-14 所示，转子旋转时在离心力 F_c作用下，轴产生了弹性变形，其变形挠度为 y，假定轴的质量与转子相比可以忽略不计，轴的角速度为 ω，转子的质量偏心距为 e，则转子工作时产生的离心力 F_c可用式（6-135）表示，即

$$F_c = m(y+e)\omega^2 \tag{6-135}$$

式中 m——转子的质量。

由于轴是弹性体，所以具有抗弯曲的能力。若轴的抗弯曲的刚度系数为 k，则轴的抗弯曲力 $F_y=ky$。在轴工作的每个瞬间 F_c和 F_y是相互平衡的，因此有

$$m(y+e)\omega^2 = ky \tag{6-136}$$

或

$$y = \frac{\omega^2 me}{k-m\omega^2} = \frac{e}{\dfrac{k}{m\omega^2}-1} \tag{6-137}$$

式（6-137）为轴的挠度 y 随角速度 ω 变化的表达式，这是一种最简化的转子系统的振幅一频率特性方程。随着角速度的加大，挠度增大得很快，当 $m\omega^2 = k$ 时，则 y 趋向无穷大。这就是共振条

件。这时的角速度称为临界转速，故临界转速为

$$\omega_{cr}=\sqrt{\frac{k}{m}} \tag{6-138}$$

根据材料力学，轴的弯曲刚度系数 k 可以按以下情况计算：涡轮泵的轴一端支承在“死”点轴承上，另一端支承在“活”点轴承上，故是铰支状态，按文献［40］，$k=EJ\,\dfrac{3(a+b)}{a^2b^2}$（$a$ 和 b 为转子到两个支承的距离，参见图 6－14）。若 $a=b=\dfrac{l}{2}$，则有

$$k=\frac{48EJ}{l} \tag{6-139}$$

式中　l——两轴承的支承间的距离；

E——轴材料的弹性模量；

J——轴的惯性矩。

根据式（6－137），可以计算得出如图 6－15 的转子振幅一频率特性曲线。如果轴在 ω_{cr} 的左面工作，即工作转速小于 ω_{cr}，轴的工作特性为刚性，称为刚性轴；随着工作转速加大，轴的挠度 y 也增大，当工作转速去趋近于 ω_{cr} 时，y 值趋向于无穷大。这和实际情况是不符合的，这是由于建立方程式（6－137）时，对复杂的转子系统过于简化而引起的。但这个结果可以供我们定性地分析轴的工作特性。实际的情况是，工作转速等于 ω_{cr} 时，轴的振幅虽不等于无穷大，但也是最大的振幅，因此绝不能把工作转速设计在 ω_{cr} 附近的区域。

超过临界转速后，随着 ω 的加大，轴的弯曲挠度 y 跳到负值，即弯曲挠度与转子的偏心距 e 是反向的，并随着工作转速 ω 的增大 y 的绝对值逐步减小。根据式（6－137）可知，当 ω 趋向无穷大，$\dfrac{k}{m\omega^2}$ 趋近于零，则 $y\approx-e$。由此可见，超过临界转速后的转子系统是围绕自己的质心旋转的平稳工况。超临界的工况是能自动定心的工况。超临界工况下能自动定心的轴称为“柔”性轴。由于存在这个优点，在现代涡轮泵转子设计时都愿意采用“柔”轴方案。

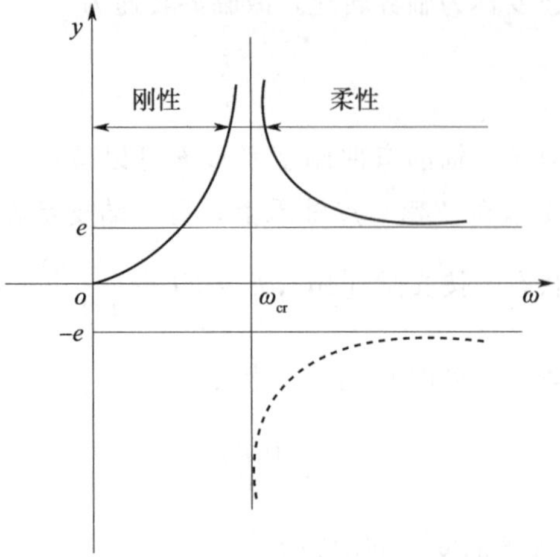

图 6-15　转子振幅-频率特性

可以有一阶临界转速，也可以出现二阶或三阶临界转速。在“柔”轴方案中就存在合理选择工作转速的问题。通常在一阶临界转速附近时其振幅大的区域比较宽；二阶临界转速的共振区比较窄，即共振峰较尖锐；三阶临界转速的共振区更窄。根据实践，如果工作转速选择在一阶临界转速附近，则刚性轴方案的共振禁区在 $\omega < 0.85\omega_{cr}$，或柔轴方案的共振禁区在 $\omega \geqslant 1.15\omega_{cr}$ [36]。在装配转子系统时把偏心距 e 值控制得愈小，则柔性轴工作时振幅就愈小而平稳。这是比较理想而又容易实现的。

涡轮泵的工作转速多数是由液氢泵的要求而确定的。如果转子发生了共振，改变工作转速的办法是很难被采纳的，比较易行的办法是改变临界转速。在刚性轴工况时，如果企图增大一阶临界转速，则就必须增大轴的刚度 k（见式（6-139）），即减小两个轴承之间的距离 l；如果是柔性轴工况，则必须降低轴的刚度而达到降低临界转速的目的。有两种可以考虑的办法：第一种办法，增大两轴承间的距离 l 值；第二种办法是采用弹性支承，把轴承安装在刚度较小的弹性支承上。弹性支承的刚度可以通过计算和试验来调整。

6.4.2　转子的进动

6.4.2.1　进动的物理概念

一个旋转刚体绕 oz 轴进行自旋，该旋转体具有的角动量为 $I_z\omega$，如图 6－16 所示。如果没有摩擦力和其他外力阻止，则旋转刚体不仅绕 oz 轴线旋转，而且 oz 轴线本身以角速度 Ω 绕 oo' 轴线旋转。这种现象称为进动（precession）。力学上可以用角动量定理来说明刚体旋转的进动规律。角动量定理为：旋转体的总角动量变化率等于作用于该旋转体所有外力力矩之和，即

$$\frac{\mathrm{d}}{\mathrm{d}t}(I\omega) = \sum M \tag{6-140}$$

式中　I——物体的转动惯性矩，图 6－16 中绕 oz 轴的转动惯性矩为 I_z；

ω——角速度；

M——外力的力矩。

对于图 6－16 中的旋转系统，假如没有其他外力，仅仅是通过重心 c 点的重力 W 作用，对于 o 点外力矩为 $Wl\sin\alpha$。与这个外力矩平衡的角动量矩（即陀螺力矩）为 $\Omega(I_z\omega)\sin\alpha$，则按角动量定理有

$$\Omega(I_z\omega)\sin\alpha = Wl\sin\alpha \tag{6-141}$$

式中　α——oo' 轴和 oz 轴的夹角。

故得

$$\Omega = \frac{Wl\sin\alpha}{I_z\omega\sin\alpha} = \frac{Wl}{I_z\omega} \tag{6-142}$$

式（6－142）即为刚体旋转时进动的运动方程。Ω 称为自旋轴 oz 的进动角速度。如果支点非常光滑，仅仅是由于旋转体的质量不平衡度引起的进动，则 Ω 与 ω 的旋转方向相同，其 oz 轴的运动轨迹呈圆锥形，称为正向圆形进动。

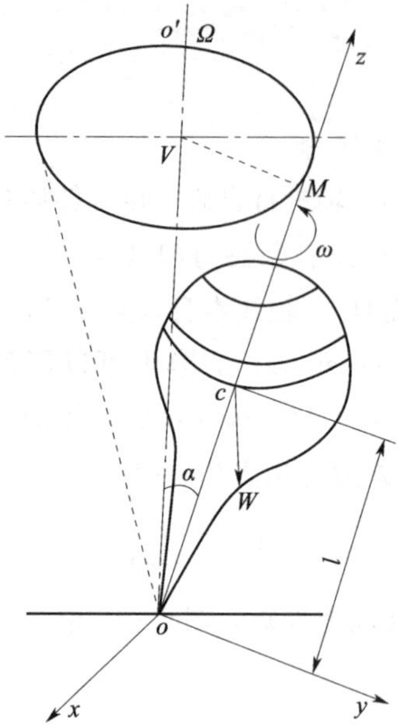

图 6－16　刚体旋转的进动

进动轨迹可以呈反向圆形进动和其他的正反向非圆形进动。这些都与支承刚度的不同、各种外来因素干扰的不同有关。按进动轨迹的不同，可以分为以下几种运动形式：

1）正进动：Ω 与 ω 的旋转方向相同；

2）反进动：Ω 与 ω 的旋转方向相反；

3）同步进动：$\Omega = \pm \omega$，正、负号表示进动的正、反方向；

4）非同步进动：Ω 与 ω 不相等而且旋转方向也各不相同。

在涡轮泵转子系统中常常遇到的是非同步进动（或同步进动）。当非同步进动产生强烈共振时会造成结构严重破坏。因此，非同步进动是我们要研究的主要问题。

均匀圆盘（即为涡轮盘）产生进动的情况如图 6－17 所示。旋转轴 oo' 横放在水平状态，圆盘以角速度 ω 绕自身的弯曲轴线 o_1o_1' 旋转，而 o_1o_1' 轴线又以角速度 Ω 绕 oo' 轴线旋转。为了简化旋转系统，可先假定轴是没有质量的，但是有弹性，支承是绝对刚性的。

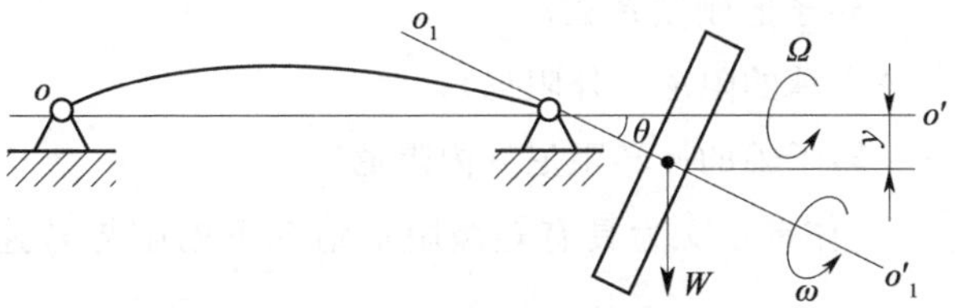

图 6 - 17　均匀圆盘进动示意

6.4.2.2　涡轮泵转子产生进动的原因

涡轮泵的旋转部分是由很多零件组成的，每个零件制造上都有一定的公差，装配成的涡轮泵转子实际上是质量分布不均的旋转体。涡轮泵转子的支承并非绝对刚性。轴上还装有轴承、各种动密封和泵。旋转时都有各种各样的外力来干扰，轴的材料也为非均匀的弹性体，这些因素都可以影响转子的运动。因此，涡轮泵转子激发起各种形式的进动，是很多复杂因素的综合作用造成的。研究涡轮泵转子产生进动的原因必须从多方面去考虑。

E. J. Gunter 在文献［41］中考虑了转子在两个方向上的内、外阻尼不同，支承的刚性随着旋转而发生变化等因素，进行了转子稳定性的分析。作者认为旋转阻尼系数与柔性轴的横截面上 x 和 y 两个方向作用力的力耦有关。他建立了四阶微分方程来描述回旋振荡（Whirling Vibration，理论力学上称的 Precession）的频率特性，运用 Routh 的稳定性准则代入四阶微分方程并求解。作者认为这样求解来检查涡轮泵转子系统的稳定性更为方便。他得到的柔性轴转子系统的稳定性判断准则为

$$\omega_{cr}^2 (n_1 + n_2)^2 > (\omega n_2)^2 \tag{6-143}$$

式中　n_1 ——支承的静态阻尼系数，$n_1 = \dfrac{c_1}{M}\left(\dfrac{k_2}{k_1 + k_2}\right)^2$；

n_2 ——转子轴的旋转阻尼系数，$n_2 = \dfrac{c_2}{M}\left(\dfrac{k_1}{k_1 + k_2}\right)^2$；

M——转子的质量；

k_1——支承的刚度系数；

k_2——转子的刚度系数；

c_1——支承的阻尼（外阻尼）；

c_2——转子轴的旋转阻尼（内阻尼）；

ω_{cr}^2——作者定义为具有轻微阻尼情况下的临界转速的平方，

$$\omega_{cr}^2 = \frac{k_1 k_2}{M(k_1 + k_2)} \text{ 或 } \omega_{cr} = \sqrt{\frac{k_1 k_2}{M(k_1 + k_2)}} \text{。}$$

作者在计算临界转速时应用的是有效折合刚度 k_T，这里的 k_T 为 $\frac{1}{k_T} = \frac{1}{k_1} + \frac{1}{k_2}$，即 $k_T = \frac{k_1 k_2}{k_1 + k_2}$。

将式（6－143）两边开方，并代入以上各关系式，经过化简得到

$$\omega < \omega_{cr}\left[1 + \frac{c_1}{c_2}\left(\frac{k_2}{k_1}\right)^2\right] \tag{6-144}$$

式（6－144）为具有内阻尼 c_2 条件下判别柔性转子系统稳定性的关系式。从式（6－144）可以看出，当工作转速 ω 超过第一临界转速 ω_{cr1} 时，转子在产生不稳定工况的门槛转速为 Ω^*，则式（6－145）即判别转子的稳定性准则方程

$$\Omega^* = \omega_{cr1}\left[1 + \frac{c_1}{c_2}\left(\frac{k_2}{k_1}\right)^2\right] \tag{6-145}$$

从式（6－145）可以看出，转子产生不稳定工况的门槛值与转子的不平衡度无关，仅仅是转子系统的刚度比 $\left(\frac{k_2}{k_1}\right)$ 和阻尼比 $\left(\frac{c_1}{c_2}\right)$ 的函数。这是符合实际情况的。当转子的支承刚度系数 k_1 降低，或者减小转子的旋转阻尼（内阻尼）c_2 时，转子不稳定回旋的门槛值就能增大。式（6－145）提供了提高转子工作稳定性的方向。测定转子和支承的刚度系数 k_2、k_1 和支承的阻尼 c_1 及转子的内阻尼 c_2 后，就可以计算出转子系统不稳定回旋的门槛值 Ω^*。因此，式（6－145）在工程上得到广泛的应用，成为转子工作稳定性的判别式。

早在 1924 年 B. L. Newkirk 博士对轴和轮盘进行紧密装配的转子系统做了进动特性的试验研究。他发现轮盘的平衡度的好坏对进动的起始速度（门槛值 Ω^* ）不起作用。他得出结论：不管轴的工作转速如何变化，进动的速度总是常量。改变轴承座的刚度，或者增加轴向负荷，都可以改变进动的起始速度。可见，E. J. Gunter 的理论研究和 B. L. Newkirk 试验研究结论是相同的。而 E. J. Gunter 不仅从理论上阐述得很清楚，而且提供了转子工作稳定性的判别准则方程，可以预示稳定性边界的数值。

6.4.2.3　次同步回旋共振的危害和应采取的措施

1976 年 3 月，美国航天飞机主发动机 SSME 在一次试验中发生了特殊的振动，在 2～3 s 的时间内，靠涡轮处的轴承遭到严重破坏，该轴上的很多动密封也都被磨坏。经过分析研究后，确认这是一种次同步回旋共振。它开始发生的转速为 19 000 r/min（317 Hz）；而涡轮泵的工作转速为 34 700 r/min（578 Hz）。这就是说，次同步回旋共振的频率为工作转速频率的 0.548。

文献［41］中，在求解回旋进动速率 Ω 和临界转速的关系时已得出

$$\Omega=\omega_{cr}\left[1+\frac{1}{8}\left(\frac{\omega}{\omega_{cr}}\right)^2\left(\frac{D}{4\omega_{cr}}\right)^2\right] \tag{6-146}$$

式中 $D=\dfrac{c_2}{c_1}$ 。

当 $\left(\dfrac{D}{4\omega_{cr}}\right)^2\ll 1$ 时，工作转速 ω 超过第一临界转速 ω_{cr1} 的 2～3 倍，回旋进动的速度 Ω 仍然非常接近它的第一临界转速 ω_{cr1} 。因此，把这种现象称为次同步回旋共振（Subsynchronous Whirl Resonance）。SSME 氢涡轮泵次同步回旋共振的频率为工作转速的 0.5～0.56。在氢涡轮泵上已安装了良好的多向弹性支承，已把转子的第一临界转速和第二临界转速调低了。它的工作转速是在第二临界转速和第三临界转速之间。认为 SSME 氢涡轮泵产生次同步回旋共振，是流体动力干扰因素诱发，即所谓 Alford 效应。这种 Alford 效应和

轴的平衡好坏是无关的。

为了解决 SSME 氢涡轮泵次同步回旋共振问题，采取了以下措施：

1）改变多级泵级间动密封的结构，以减小动密封所受的流体动力干扰；

2）提高轴承支承的刚度和轴的刚度；

3）增加轴承支座和泵壳间垫片的数量和消除轴承与轴承间的轴向间隙等。

这些措施对解决由于 Alford 效应引起的次同步回旋共振是非常有效的。次同步回旋共振是非常复杂的动力学问题，产生的原因是多种多样的，因此只能根据具体条件来研究分析各种解决问题的措施。

6.5 低温高速滚珠轴承

目前，在氢氧涡轮泵上大都采用滚珠轴承，因此本节主要研究高速滚珠轴承在液氢、液氧介质中工作时应重视的一些问题。与液氢相比，液氧具有较好的润滑性能，解决了液氢轴承的润滑问题，液氧轴承的润滑问题也不存在了。而液氧泵的转速比液氢泵低很多，因此本节的重点主要研究液氢高速滚珠轴承的问题，特别是如何正确应用液氢高速滚珠轴承，使之达到工作可靠、工作寿命长的目的。

6.5.1 高速轴承工作的几个重要参数

6.5.1.1 滚珠和滚道的接触应力——赫兹应力

在几何学上可以把滚珠和滚道的接触点理解为一个“点”。但在材料力学上任何微小的力作用在一个“几何点”上所产生的接触应力都变成无限大。无限大的压应力实际上不存在。在工作中的滚珠和滚道受力作用之后，都要产生一定的弹性变形，它们的接触处实际上是一个弹性变形小区。因为确定这个接触区的大小和接触区内形成的接触应力是赫兹首先提出的方法，所以人们把这种接触区称为赫兹区（Hertz Zone），并把这种接触区的应力称为赫兹应力

(Hertz Stress)。

假定滚珠和滚道接触处产生的弹性变形呈球状表面，球状的半径为 a，则半径 a 可按式（6 - 147）求定[42]，即

$$a=\left[\frac{3}{4}W\rho\left(\frac{1-\upsilon_1^2}{E_1}+\frac{1-\upsilon_2^2}{E_2}\right)\right]^{\frac{1}{3}} \tag{6-147}$$

式中　υ_1，υ_2——滚珠和滚道材料的泊松系数；

E_1，E_2——滚珠和滚道材料的弹性模量；

W——作用在接触区的外力；

ρ——滚珠和滚道受力后的共同的曲率半径。

可按式（6 - 148）计算 ρ，即

$$\frac{1}{\rho}=\frac{1}{\rho_1}+\frac{1}{\rho_2} \tag{6-148}$$

式中　ρ_1——滚珠的曲率半径，可采用其半径；

ρ_2——滚道的曲率半径。

作用在赫兹区内的平均应力 $\bar{\sigma}_h$ 为

$$\bar{\sigma}_h=\frac{W}{\pi a^2} \tag{6-149}$$

人们关心的是该区内的最大应力，因为该区的应力分布并不是均匀的。分布在半球表面上的平均应力和最大应力的关系为

$$\sigma_{h\max}=\frac{3}{2}\bar{\sigma}_h=\frac{3}{2}\frac{W}{\pi a^2} \tag{6-150}$$

将式（6 - 147）代入式（6 - 150）并化简，得到最大的赫兹应力计算公式为

$$\sigma_{h\max}=0.578\,4\left\{\frac{WE_1^2E_2^2}{\rho^2\left[(1-\upsilon_1^2)E_2+(1-\upsilon_2^2)E_1\right]^2}\right\}^{\frac{1}{3}} \tag{6-151}$$

最大压应力 $\sigma_{h\max}$ 随着距接触表面下深度的增加而迅速下降。但赫兹区内的剪切应力则不然，它可在接触表面下深度某一处增长到最大值，赫兹区内最大剪切应力用 $\tau_{h\max}$ 表示，则有

$$\tau_{h\max}=\frac{1}{3}\sigma_{h\max} \tag{6-152}$$

滚珠轴承滚道上产生的“点蚀”失效，俗称“麻点”，主要是受到最大剪切应力的作用而产生的表面疲劳。在滚道上出现失去光泽的磨痕，就是表面疲劳已经开始，进一步发展即要出现“点蚀”现象，所以赫兹应力是影响轴承疲劳寿命的重要因素。美国液氢轴承钢常用 AISI 440C 不锈钢，它的许用平均接触应力 $\overline{\sigma}_h = 2\ 274$ MPa，许用最大接触应力可达 3 410 MPa[43]。

赫兹应力的计算方法在文献［44］中有较详细的介绍。我们应用文献［44］中的有关公式和文献［43］中的有关数据做过算例比较，认为文献［44］中的公式和式（6－151）的计算结果比较接近。由于式（6－151）中的物理意义表述得更清楚，故建议采用式（6－151）为好。

6.5.1.2　接触角的选择

液氢轴承都是应用在液氢涡轮泵上的，由于液氢泵的转速都很高，所以这里讨论的液氢轴承都是在很高的转速下工作的。对于高速旋转的轴承，它的滚珠既要随轴旋转而绕轴线公转，同时又有自转。因此，滚珠的运动是被其回转力矩所控制的。回转力矩 M 由式（6－153）求定[42]，即

$$M = J\omega_{自}\ \omega_{公}\ \sin\beta \tag{6-153}$$

式中　J——滚珠的惯性矩；

$\omega_{自}$——滚珠的自转角速度；

$\omega_{公}$——滚珠的公转角速度，也即保持架的角速度；

β——滚珠和滚道的接触角，内圈旋转时，采用滚珠和内滚道的接触角 β_i。

由式（6－153）可知，滚珠的回转力矩和 $\sin\beta_i$ 成正比，β_i 增大即滚珠的回转力矩增大。如果滚珠和内滚道之间的摩擦力矩大于滚珠的回转力矩，则滚珠在内滚道上属于纯滚动；如果滚珠的回转力矩大于它的摩擦力矩，则滚珠就产生了旋转滑动。这样内滚道的发热量就增大，对轴承的寿命影响很大。因此，在液氢中工作的高速轴承不宜采用太大的接触角。

滚珠和滚道的接触角如图 6－18 所示。图中 p_i 和垂直线 y 之间的夹角为滚珠和内滚道之间的接触角，用 β_i 表示，称为内环接触角；p_o 和 y 之间的夹角为外环接触角，用 β_o 表示。

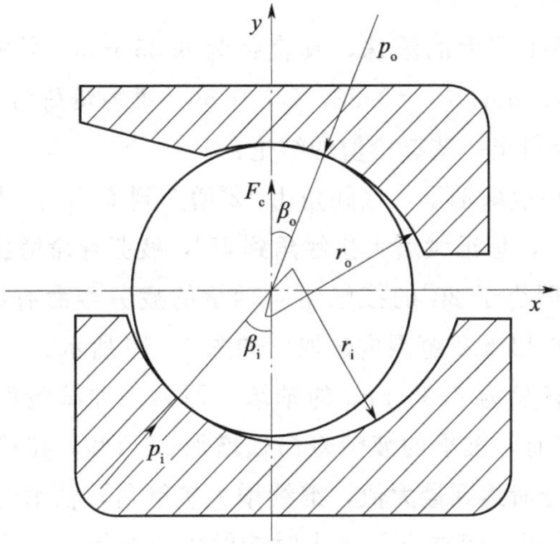

图 6－18　滚珠和滚道的接触角

p_o—外滚道对滚珠的作用力；p_i—内滚道对滚珠的作用力；
F_c—滚珠旋转时产生的离心力；r_o—外滚道的沟曲率半径；r_i—内滚道的沟曲率半径

涡轮泵装配时，滚珠和滚道之间的接触角靠轴向预紧力使滚珠到位而保证，但涡轮泵工作时泵和涡轮之间也有轴向力作用到轴承上。高速旋转的轴承，滚珠自己的离心力 F_c 不能忽视，作用在外环接触处实际上有 3 个力，即离心力、轴向预紧力传递的 p_o 方向的分量和涡轮泵工作时产生的轴向力传递到 p_o 方向的分量，而内环接触没有离心力。这对内环上形成滑动又增加了一个因素。

文献［43］详细研究了接触角作用问题。文中研究了两种类型的轴承。

第一种属于小滚珠轴承，滚珠直径为 4.76 mm，每个轴承有 10 个滚珠，其节圆直径为 28.5 mm，推力负荷为 445 N。滚道的沟曲率半径对滚珠直径的比值称为沟曲率，内环的沟曲率以 f_i 表示，外

环的沟曲率用 f_o 表示。沟曲率等于 0.5 时，滚珠和沟完全重合，则赫兹应力较小，但滚珠和滚道之间没有间隙是不能工作的，因此沟曲率一般至少取 0.52。研究接触角变化的试验件的沟曲率为 $f_o=0.52$，$f_i=0.54$。

第二种属于较大的滚珠，其直径为 6.35 mm，共有 9 个滚珠，节圆直径为 31 mm，$f_o=0.52$，$f_i=0.56$，推力负荷为 455 N。

通过试验得出一些有价值的结论：

1）对于小滚珠轴承，接触角由 12°增大到了 20°，轴承的疲劳寿命增加 34.5%，但继续增大接触角到 25°，疲劳寿命增加不大，仅为 9.5%。这说明小于 20°的接触角对轴承的疲劳寿命有明显的影响。接触角可以在 22°±2°范围内选取，如图 6－19 所示。

2）滚珠直径为 6.35 mm 的轴承，即第二种试验件，接触角由 12°增大到 20°时，轴承的疲劳寿命仅增加 27.1%，在接触角增大到 23°时，疲劳寿命达到最大值，继续增大接触角，轴承的疲劳寿命开始下降。这说明，滚珠直径增大时接触角应取得小一些，最大不要超过 23°，如图 6－20 所示。

3）接触角对轴承的磨损因子（*SV* 值）影响也很明显，磨损因子为最大赫兹应力和滚珠自转速度的乘积。试验结果表示，对于第一种小滚珠轴承，接触角由 12°增大到 20°，磨损因子由 2.83×10^6 增大到 3.28×10^6，增大的斜率为 0.563，如图 6－21 所示；而接触角由 20°增大到 25°时，磨损因子由 3.28×10^6 增大到 3.625×10^6，增大的斜率为 0.69，说明轴承的磨损因子随着接触角的增大而呈非线性增长，接触角超过 20°之后，磨损因子随着接触角的增大而增大得更为剧烈。这种规律在第二种试验中（$f_o=0.52$，$f_i=0.56$，滚珠直径为 6.35 mm）也存在，只是磨损因子随着接触角的增大而增大的趋势略为缓和一些。总之，在液氢泵上工作的高速轴承，不宜采用较大的接触角。其上限不宜超过 24°，但也不宜太小，低于 20°的轴承，疲劳寿命损失也较大。

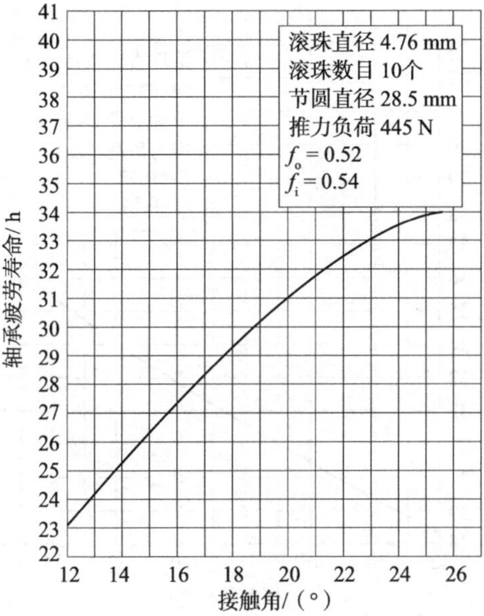

图 6-19 接触角对轴承疲劳寿命的影响（第一种试件）

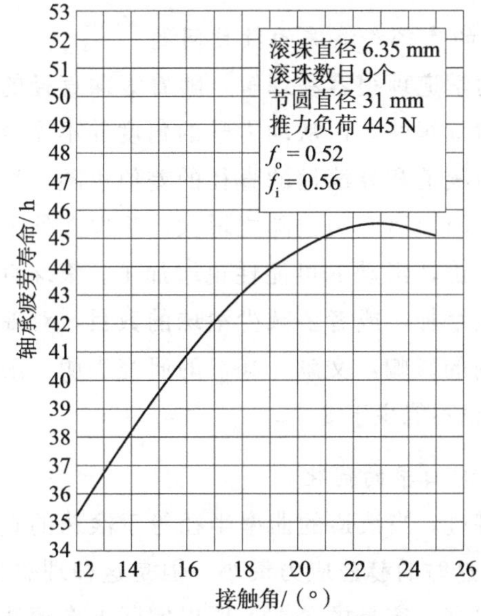

图 6-20 接触角对轴承疲劳寿命的影响（第二种试件）

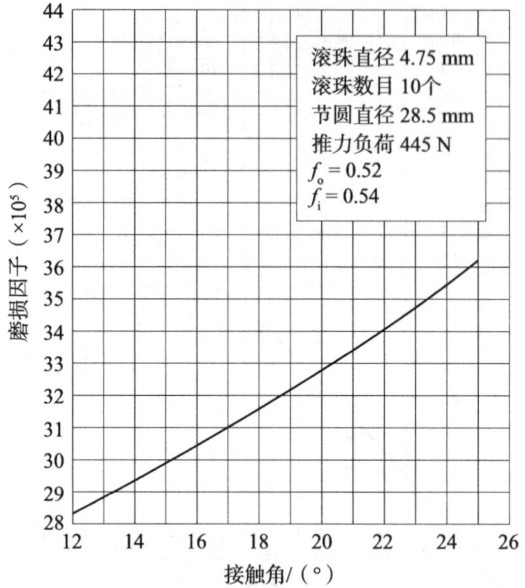

图 6-21　接触角对轴承磨损因子的影响（第一种试件）

6.5.1.3　滚珠的直径和滚珠的数目问题

从简单的力学道理很容易理解，随着滚珠直径的增大，轴承的疲劳寿命也会增加很快。但从动力学的角度并不完全是这样的，滚珠直径增大，内滚道和外滚道的直径的差值也随之增大，滚珠的质量也随之增大，因而离心力也随之增大，滚珠在外滚道上滚动，而在内滚道上产生旋转滑动的可能性也增加了。滚珠直径增大，滚珠的数目如果不能增加，或者要减少滚珠的数目，对轴承的冷却和寿命都会带来不利的影响，文献［46］的研究表明，滚珠的数目不宜超过 10 个，但也不能少于 8 个。

6.5.1.4　滚道沟曲率的优化

前面已经讲过，当滚道的曲率半径等于滚珠的直径时，滚道沟曲率等于 0.5，这时的赫兹应力最小。但是这种理想状态很难实现。由于机加工必须有一定量的公差，所以实际上在滚珠和滚道之间都必须保持有足够的间隙。工程上制造出的滚道沟曲率至少为 0.52。

滚道沟曲率的变化对轴承的疲劳寿命影响很大。文献［43］中的研究结果表明（见图 6－22 和图 6－23），外滚道沟曲率由 $f_o=0.52$ 增大到 0.54、0.56，轴承的疲劳寿命成倍地下降。滚珠直径不同，轴承疲劳寿命降低的规律也不一样。图 6－22 的滚珠直径为 4.76 mm，当外滚道沟曲率 $f_o=0.52$ 时，随着内滚道沟曲率的增大，轴承的疲劳寿命大幅度下降；而滚珠直径为 6.35 mm 时，如图 6－23 所示，随着内滚道沟曲率增大，先是轴承疲劳寿命略有上升，到 $f_i=0.54$ 时达到最高寿命，而后随着 f_i 增大轴承寿命下降。不论滚珠直径如何变化，外滚道沟曲率 f_o 由 0.52 增大到 0.54，轴承的疲劳寿命都成倍下降。这可能是高速轴承工作时，作用在外滚道上的离心力很大，而外滚道沟曲率增大，必然减小赫兹应力接触面积，即增大赫兹应力，从而造成磨损因子的增大。因此，选择滚道沟曲率时应从各个因素间进行优化后再确定。

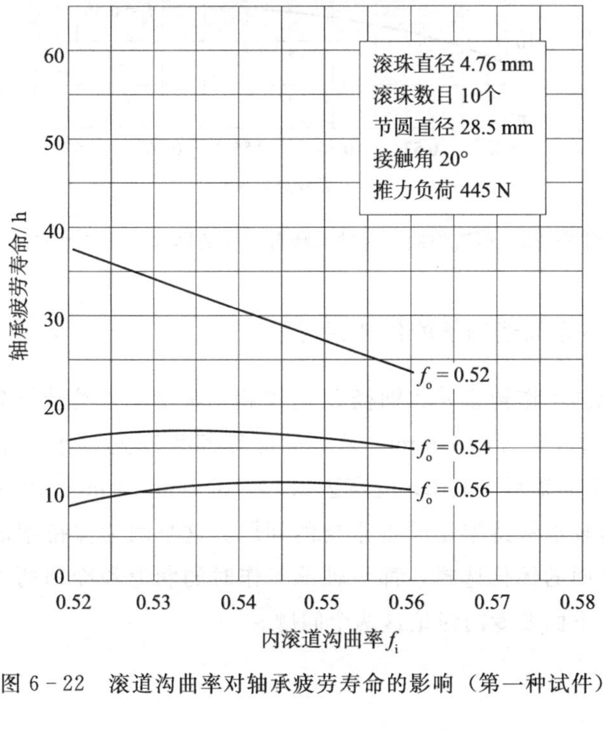

图 6－22　滚道沟曲率对轴承疲劳寿命的影响（第一种试件）

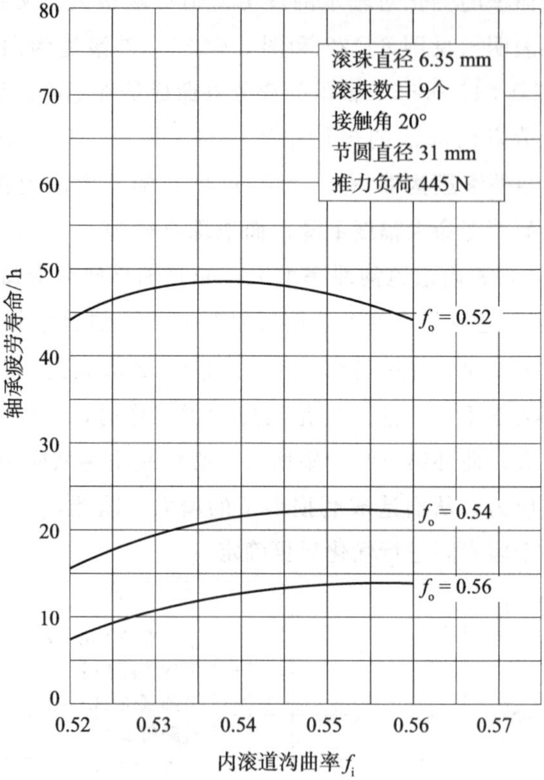

图 6－23　滚道沟曲率对轴承疲劳寿命的影响（第二种试件）

6.5.2　液氢高速轴承的保持架问题

轴承的工作转速 n 和轴径 D 的乘积，常常用来给轴承分类。当 Dn 值超过 10^6 r/min · mm 时，就可称其为高速轴承。用于文献［43］试验的轴承，其 Dn 值高达 2.4×10^6 r/min · mm。因此，如何设计高速轴承保持架是非常重要的问题。这是因为保持架的材料和它的引导面的优化选择，都与轴承工作时的润滑和冷却两大问题密切相关，下面要专门讨论这两个问题。

6.5.2.1　液氢轴承的润滑问题

液氢有比较好的冷却性能，但它的黏性系数很小，和液氧、液氮等低温液体相比，大约小一个数量级。因此在液氢中工作的滚珠轴承，不能像在一般液体中那样利用流体动力学的“油膜”润滑原理，而是采用固体“转移膜”的润滑原理来实现轴承的润滑。所谓固体“转移膜”润滑，就是把保持架设计成双重功能的零件，它既是分隔滚珠的零件，又是润滑剂的载体。滚珠工作并与保持架接触时，粘上润滑剂转移到滚道上来。因此，保持架材料的选择非常重要，不仅应保持稳定的尺寸，又能源源不断“供应”润滑剂，在滚珠和滚道上形成一层薄薄的润滑膜；而且润滑膜的形成和消失是一个动态过程，前面一层的消失和新的一层形成是连续的过程。这就是液氢轴承的润滑原理。

6.5.2.2　保持架材料的选择

从 20 世纪 60 年代以来的实践证明，液氢中工作的轴承保持架材料必须是复合材料。作为润滑材料以聚四氟乙烯为最佳，它能在滚珠接触处由于微量磨损转移薄薄一层润滑膜，但它不能保持稳定的尺寸，需要有一种“骨架”材料，具有一定的强度。另外，聚四氟乙烯的导热系数太差，不能把接触处产生的热量尽快导走。文献［45］研究了各种保持架材料和不同的结构，简单地可归纳以下几点看法：

1）为了避开聚四氟乙烯的强度差，又有冷流现象影响尺寸的稳定性，改用 85％聚酰亚胺为基体材料，填充 15％MoS_2 以改善润滑性能。聚酰亚胺属于非金属高强度结构材料，而且也有良好的自润滑性能，但实际使用的结果并不好。在 33 K 的气氢中的运转寿命与聚四氟乙烯充填玻璃纤维粉相比，缩短到原寿命的 1/15～1/20。由此可以说明，保持架材料需要有一定强度，但并非愈强愈好，只要能保持尺寸稳定并具有一定的强度就足够了。MoS_2 的润滑性能是非常好的，但它不能粘结在滚珠上并转移到滚道上，形成“转移润滑膜”，或许它随着冷却剂流走，起不到润滑作用。文献［45］的试验结果和我们的实践结论是完全相同的。

2）采用金属罩（铝铆接，不锈钢罩盖等）增强聚四氟乙烯充填玻璃纤维粉的保持架方案也没有获得成功。这是因为金属材料和聚四氟乙烯的收缩系数相差很大。表 6－2 中的各种材料收缩系数来自文献［45］。线性收缩系数用 α 表示，比较表 6－2 中的 AISI 440C 不锈钢和聚四氟乙烯的收缩系数相差约 11.3 倍。在预冷到液氢温度时金属罩与聚四氟乙烯之间已形成足够的间隙，金属罩盖或者骨架都起不了加强作用了。

表 6－2　各种材料的低温收缩系数[45]

序号	材料成分	保持架径向总的收缩系数 α/℃$^{-1}$
1	100％聚四氟乙烯	7.84×10^{-5}
2	15％玻璃纤维粉，85％聚四氟乙烯	3.06×10^{-5}
3	25％玻璃纤维粉，75％聚四氟乙烯	3.28×10^{-5}
4	65％青铜粉，75％聚四氟乙烯	5.11×10^{-5}
5	38％层压玻璃布，62％聚四氟乙烯	4.92×10^{-5}
6	AISI 440C 不锈钢（美国低温轴承钢）	6.9×10^{-6}
7	美国 2024 铝合金	1.53×10^{-5}

注：序号 1～7 的数据的温区为 21.1～－252.8℃。

3）聚四氟乙烯层压玻璃布保持架毛坯材料是用玻璃布沿轴胎缠绕并和聚四氟乙烯树脂逐层均匀结合制成的管材。这两种材料的线收缩系数虽不同但相差不太大，因此结构强度和尺寸稳定问题都比较好。但实际工作表明，玻璃布在两个滚珠兜孔之间容易分层，可能是层与层之间粘结不牢引起的。

4）最佳的保持架材料是 75％～85％的聚四氟乙烯充填 15％～25％的玻璃纤维粉。这种材料在液氢泵低温轴承上得到推广应用。这一点与我们的实践经验是相同的。

6.5.2.3　保持架结构设计

保持架结构设计的一个重要问题是采用外环为引导面还是采用内环为引导面。这是在轴承工业界经常引起争论的问题。外引导保持架的优点虽然是明显的，例如：控制面和滚动元件之间能获得较好的润滑；由于外环直径大，控制面上的摩擦速度比内环要小；保持架本身的发热量比较容易被导走，而内环是发热较大的地方，通过保持架是不容易导走热的。但是，外引导保持架也有一些严重的缺点，例如：保持架的外径和外环的内径之间的间隙必须非常谨慎地确定，由表 6－2 中的收缩系数相差很大的情况可知，给得不恰当时可能引起卡住或者引导间隙太大；另外，保持架受到的离心力 F_c 与转速 ω^2 成正比（$F_c = m\omega^2 r$，r 为旋转半径，m 为旋转质量），工作中转速变化也会引起离心力变化。这些因素都给采用外引导保持架方案增加了麻烦。不论理论上如何争论，高速液氢轴承的保持架仍然多数采用外引导方案，而引导间隙的大小可以通过试验来确定。文献［45］建议，液氢轴承采用内引导保持架时引导面的间隙大致为 0.43～0.96 mm（$0.018d_{内} \sim 0.039d_{内}$，$d_{内}$ 为内环直径），滚珠和保持架兜孔之间的间隙宜在 0.355～0.659 mm 范围内选择，即间隙值等于 $0.074d_{珠} \sim 0.104d_{珠}$。

6.5.3　液氢轴承的冷却问题

普通轴承的冷却问题随着“油膜”润滑方案的确立就自然解决了。由于液氢轴承采用固体“转移膜”的润滑方案，所以必须单独研究冷却问题。液氢轴承的冷却重点在内滚道。这个问题很容易从轴承工作的动力学上阐述清楚。在轴承安装时，通过安装时的轴向预紧力，使滚珠和内外滚道之间形成一个初始接触角（见图 6－18）。内滚道的转速即轴的转速 ω_i，保持架的转速 ω_c 比 ω_i 略小，外滚道为固定不转，但滚珠的自转速度远高于 ω_i，这时滚珠除受到轴向力分配到外滚道上的分力 p_o 外，还有自身随保持架作公转的一个离心力 F_c（见图 6－18）；而且

$$F_c = m\omega_c^2 R_c \tag{6-154}$$

式中 R_c——保持架绕轴线的旋转半径；

ω_c——保持架的转速，与内外接触角及滚珠的直径有关，$\omega_c \approx (0.4 \sim 0.42)\omega_i$；

m——滚珠的质量，$m = \frac{\pi}{6}d^3\rho$（ρ 为滚珠的密度，d 为滚珠的直径）。

将 m 代入式（6－154）得

$$F_c = \frac{\pi}{6}d^3\rho\omega_c^2 R_c \tag{6-155}$$

从式（6－155）可知，离心力的大小和滚珠直径的三次方成正比。我国的液氢高速轴承，借用了低速常规轴承的滚珠，直径都比较大，造成了离心力偏大。因此轴承工作时，滚珠受到 p_o 分力和离心力合力的作用，使轴承滚珠的内环接触角 β_i 远远大于外环接触角 β_o。

由图 6－18 可知 $p_i\cos\beta_i = p_o\cos\beta_o - F_c$，于是有

$$p_i = \frac{p_o\cos\beta_o - F_c}{\cos\beta_i} \tag{6-156}$$

当 $F_c = 0$ 时，$p_i = p_o$。

随着转速 ω_i 的增大，ω_c 也增大，F_c 随着 ω_c^2 增大。当 $p_o\cos\beta_o \approx F_c$ 时，$p_i \approx 0$。当然，这种情况不一定出现，但可以看出一个趋势：高速轴承工作时，滚珠在外滚道上是纯滚动，而在内滚道上由于 p_i 的减小既有滚动，又有滑动。由于滚珠自转的速度很高，比 ω_i 高一倍多，在内滚道上既滚动又滑动，内滚道产生的热量就远远大于外滚道的发热量。因此，轴承的冷却重点是应保证内滚道的工作条件。实践也证明，这种分析是符合实际的，每次轴承出现过热、烧伤事故时，大都首先发生在内滚道上。

如果采用内引导保持架，则保持架的内径和轴承内环的外径之间的间隙就很小，这样冷却轴承的氢大部分流经外滚道，造成内滚

道发热量大而得不到良好的冷却。这是内滚道烧伤故障率高的一个重要原因。我们曾经给内引导保持架的引导面上开若干条“半月形”冷却槽，以改善高速液氢轴承内滚道的冷却条件，试验结果非常令人满意，工作后的轴承滚道和滚珠光泽如新。虽然保持架的结构强度有所减弱，但并不影响轴承的工作。这个试验充分证明，对于高速液氢轴承，应把冷却重点放在内滚道上。由此也可以得到一点看法：保持架结构设计应该采用外引导方案，更符合高速液氢轴承的工作条件，因为外引导保持架能比较均匀地分配内滚道和外滚道的冷却流量。

下面来讨论轴承冷却流量的确定问题。

文献［46］对液氢高速轴承的冷却问题做了试验研究，轴承保持架是采用 15%的玻璃纤维粉充填在聚四氟乙烯基体材料中的自润滑材料。轴承的推力负荷分别为 890 N、1 335 N 和 1 780 N。试验研究的转速分别为 20 000 r/min、30 000 r/min 和 35 000 r/min。轴承的冷却剂为 33 K 的气氢。以上的试验研究条件很符合小推力氢氧火箭发动机的氢涡轮泵的工况。试验研究的结果可以直接供工程上应用参考。试验轴承的轴径为 40mm，滚珠直径为 9.5 mm，共有 10 个滚珠，内、外滚道的沟曲率分别为 0.54 和 0.58，径向间隙为 0.063 5 mm，保持架为内引导，内引导面的间隙为 0.66 mm 或 0.965 mm，兜孔和滚珠间的间隙为 0.38 mm 或 0.508 mm，轴承的材料为 AISI 440C 不锈钢。整个试验主要测量了外环的温度变化和冷却流量的关系。由于内环旋转，尚不清楚内环的温度如何变化，最后总结出以下确定轴承冷却需要的最小流量经验公式：

1）保持架材料为聚四氟乙烯充填 15%的玻璃纤维粉时，轴承的最小氢气冷却流量 G_{min} 为

$$G_{min} = 0.344 \times 10^{-12} n^2 \sqrt{P} \tag{6-157}$$

式中　n——轴承的转速（r/min）；

P——轴承的加载负荷（N）。

当轴承受的径向负荷为 P_y，轴向负荷为 P_x 时，则 $P =$

$\sqrt{P_y + 1.5P_x}$ 。

2）保持架材料为聚四氟乙烯中充填30%青铜粉末时，轴承的最小氢气冷却流量 $G_{\min}$ 为

$$G_{\min} = 0.37 \times 10^{-12} n^2 \sqrt{P} \qquad (6-158)$$

式（6－157）和式（6－158）是确定轴承工作时需要的最小冷却流量。根据我们的核算，式（6－157）确定的值与实际的需要量相差太大，不能直接应用在工程设计上。但该公式描述的轴承冷却流量和转速 n 和负荷 P 的函数关系是可以参考的。轴承需要的冷却流量应与具体结构有关，也与轴承负载的动态特性有关。涡轮泵工作时都伴随着振动。在起动过程中在泵的工况较低时，轴承的轴向负荷都是指向涡轮方向，而泵建立额定工况后，轴向负荷又可能指向泵的一端。这些恶劣的工作条件都可能给轴承造成不利的影响，都需要有足够的冷却流量来保证轴承可靠工作。因此建议，可在上述公式中引入一个修正系数 ξ，来确定轴承实际需要的冷却流量，即将式（6－157）写成下列形式

$$G_{\min} = 0.344 \times 10^{-12} \xi n^2 \sqrt{P} \qquad (6-159)$$

ξ 值可根据具体结构通过试验来给定，其中包括冷却的安全余量在内，而且 ξ 值应和轴承的 Dn 值有关。

6.5.4 滚珠轴承的 *Dn* 值

在选用轴承时，通常以 Dn 值的大小来区别该轴承的工况。这里 D 为轴承的孔径（mm），n 为轴承的工作转速（r/min）。Dn 具有速度的因次，因此文献［47］称 Dn 为轴承的速度参数，并认为氢涡轮泵的设计转速应根据选用轴承的 Dn 值来确定。

轴承设计的最重要因素是火箭发动机对轴承要求的工作寿命。轴承的寿命是一个概率统计值。液氢泵上的高速轴承，寿命的概率统计值散布较大。文献［47］用“B－10寿命”、“B－100寿命”等术语来表示轴承在给定载荷和转速下的统计寿命。“B－10寿命”表示该轴承在这个时间终了时有10%已经破坏。就是说在这个统计寿

命内的可靠性为 90%，那么“B－1 寿命”的可靠性为 99%，“B－50 寿命”的可靠性为 50%。涡轮泵的轴承设计时的“B－10 寿命”，通常要定在 100 h 的统计时间，这种轴承工作可靠性达到 99.9%时，即“B－0.1 寿命”的统计时间为 1h。这个数值是非常接近我们实际验收液氢轴承寿命的。

图 6－24 介绍了一种“B－10 寿命”的滚珠轴承，在 10 h、100 h 和 1 000 h 的统计时间内离心载荷的 *Dn* 极限值。离心载荷指滚珠轴承工作时，由于外滚道上受离心载荷作用产生的接触应力疲劳破坏。图 6－24 的横坐标为轴承孔径，纵坐标为 *Dn* 值。在火箭发动机上涡轮泵轴承已能在 *Dn* 值等于 1.5×10^6 r/min · mm 的条件下成功地工作。

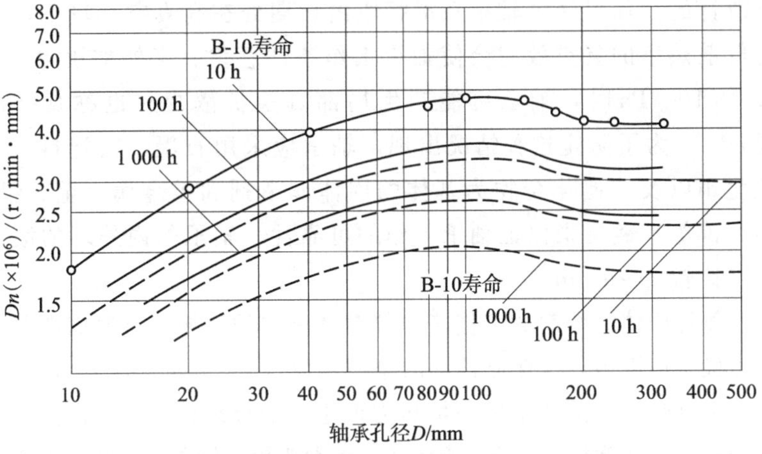

图 6－24　滚珠轴承离心载荷的 *Dn* 值极限

6.5.5　液氢轴承使用中的几个特殊问题

6.5.5.1　保持液氢滚珠轴承的尺寸稳定问题

美国常常用 AISI 440C 不锈钢制造轴承的滚珠和内外滚道。这种材料和我国的轴承钢 9Cr18 差不多，经过热处理之后，轴承钢的金相组织的结晶格内有10%～15%的奥氏体残余在内。这种奥氏体残留体不是很稳定的，当轴承在液氢低温条件下工作时，在赫兹区内残留的奥氏体钢容易转变成马氏体钢。这是一种增大体积的转变过程，因而转变会降低轴承的制造精度，影响轴承的寿命。为了使轴承的制造精度稳定，应事先进行低温处理，促使残余的奥氏体在制造过程中大部分都转变成马氏体。液氢轴承经过用液氮的冷处理后，可以把残余的奥氏体降到3%以下。这样就不会影响使用了。

6.5.5.2 防止真空冷焊问题

氢氧火箭发动机大都用作第二级火箭的动力装置，往往要求它能二次工作或者多次点火，在两次点火之间是处在微重力条件下滑行的。如果液氢轴承在滑行段内长期处在高真空环境下，这时低散热率的真空效应会使轴承工作条件恶化。当外加压力 $p \leqslant 1.4 \times 10^{-6}$ Pa时，轴承可能产生局部真空扩散焊（也称真空冷焊）[36]。为了防止这种情况出现，轴承应采用石墨、氟塑料、二硫化钼以及其他化合物为基体的固体润滑剂和重金属（金、银、铅、镍等）镀层来保证轴承工作的可靠性。轴承的内外环的滚道上可镀银 2～5 μm[36]。

每种固体润滑剂的工作能力都有其最佳的区域。石墨润滑剂在压力极限值以内，可保证较低的摩擦系数（f=0.1～0.5）。但当这种润滑剂喷涂在滚道上的环境压力低于它的极限值时，润滑剂本身就会蒸发，使摩擦系数上升到0.5，大大恶化了轴承的润滑。对于在宇宙空间工作的涡轮泵，为了保证轴承的最佳工作条件，通常是把轴承的各个工作容腔密封起来和外界真空隔开，以免受周围环境的影响[36]。

当然，真空冷焊问题不仅在轴承内发生，在其他部件内，如齿轮传动、各种阀门等，凡是相同金属直接接触并处在应力条件下都有可能发生。

6.6　氢氧涡轮泵上的动密封

6.6.1　氢氧涡轮泵动密封的特点

氢氧涡轮泵工作时，为了把氢和氧隔离，在旋转轴上必须采用绝对可靠的密封。因此本节主要研究旋转轴上的各种密封问题。涡轮泵上采用的各种动密封，按其工作原理的不同，大致可以分为两大类，即接触式动密封和非接触式动密封。虽然涡轮泵上经常应用的是组合式动密封，不过从工作原理上看，无非是将接触式和非接触式两种动密封进行合理组合的密封，仅仅是结构设计问题。

设计旋转轴上的动密封，需考虑的因素很多，如密封前后的压差、压力是否稳定、轴的振动、密封元件的膨胀和收缩、密封面上的比压、圆周速度、摩擦系数、密封面上的光洁程度和平行度等因素。这些因素的改变，都可以影响动密封工作的正常与否。

接触式动密封要求给密封面上加一个预压力。设计时应选择正确的预压力，在动密封工作时工作介质还要给密封增加一个压力，从而形成动密封的工作比压。工作比压太大，这种动密封的寿命就很短。比较广泛应用的接触式动密封有唇式密封、圆圈式密封（包括 O 形圈密封）和端面动密封等。接触式密封的密封性很好，但它的最大缺点是寿命有限，需要经常更换，这种类型的密封摩擦力较大，消耗的轴功率也比较多，氢氧涡轮泵上基本上不采用圆圈式密封，也很少采用唇式密封，主要采用端面动密封。对于非低温推进剂的涡轮泵，文献［36］建议，当轴的圆周速度 u=15 m/s，工作温度不大于 200℃时，可以采用橡胶圈动密封，但必须把线接触压力值限制在 9.5～13 g/mm 范围内。圆周速度增大后，接触面上的负载应进一步降低。当密封前后的压差为 1 MPa 时，一般采用唇式密封。涡轮泵上采用唇式密封时，其材料通常选用氟塑料。氟塑料唇式动密封的圆周速度可增大到 20 m/s，个别情况可达到 25 m/s。

大推力氢氧火箭发动机上的涡轮泵，由于功率很大，不仅转速高，而且轴密封面的直径也很大，圆周速度都很高，所以大功率高压氧涡轮泵上都采用非接触式动密封。非接触式动密封都有一定的间隙，在工作中间隙内充满了一层非常薄的介质，由这层介质来建立密封效应。最典型的非接触式动密封有迷宫式密封和缝隙式密封等。美国航天飞机主发动机上的氢涡轮泵，在涡轮和第三级液氢泵之间采用的是非接触式动密封。发动机起动前，在弹簧力的作用下非接触式密封面实际上是闭合的。发动机起动过程中，当液氢和涡轮燃气之间的压差增大到超过弹簧力时，密封凸缘与其配合环脱开，成为非接触式动密封。

在一根轴上把氢和氧隔离的技术是比较复杂的，不可能采用单纯某一种密封就能安全可靠，特别是氢的密封有以下特点：

1）氢不仅分子量小，是最容易泄漏的气体，而且它的黏性系数也非常小，利用缝隙内的密封效应是不行的。因此，氢的自润滑性能很差，接触式端面密封的唇部很容易被磨平。

2）氢涡轮泵的转速都很高，轴的传动功率很大，因而轴径也较粗，这就造成轴的端面密封唇部的圆周速度非常高。通常把密封压力和圆周速度的乘积 pv 值，作为端面密封设计的特征值，那么与常规推进剂的密封相比，氢涡轮泵上的端面动密封的 pv 值都是非常大的。

3）氢涡轮泵都是在常温下装配，但工作前泵就必须预冷到深冷的程度，而涡轮端又不预冷。这样造成轴的温度梯度大而引起轴向不均匀的变形，在端面密封设计时必须保证预冷过程的这些密封特点。

4）氢氧涡轮泵上不仅应采用动静密封组合式结构的端面密封，为了提高工作可靠性，还必须设计氦隔离系统，以保证一旦密封失灵仍能保证氢和氧不能接触。因此，氢氧涡轮泵的轴密封是一个密封结构和氦供应系统相结合的复杂密封装置。从最早的氢氧火箭发动机——美国普惠公司研制的 RL－10A－3－3 开始，这种氦隔离系统的端面动密封装置就普遍应用，而且都很成功。

6.6.2　端面动密封的工况分析

任何密封件的设计，都不是绝对不漏的，而是把泄漏率控制在允许范围之内。端面动密封也是按这个原则进行设计的。

端面动密封结构示意如图 6－25 所示。它由膜盒弹性元件 1 和石墨静环 2 组成静环组件固定在壳体上。随轴旋转的动环 3 是用优质特种钢制成的，摩擦面上都采用喷涂硬质材料（如碳化钨等）或者镀铬，以提高表面硬度。动环的表面都进行抛光，要求表面的光洁度和平行度都很高。膜盒弹性元件为了缩小轴向长度而具有足够的压缩量调节尺寸，都采用很薄的钢板进行模压成波浪形的环片，用电子束焊接其内外圆周端头而组成弹性元件。其压缩量根据环片多少来保证。弹性元件的一端和固定法兰相连，另一端和石墨的壳座相连。密封设计的最终目的是保证允许的泄漏率 Q。下面我们来分析一下，密封的哪些参数与 Q 有关，以及控制泄漏率 Q 的方法。

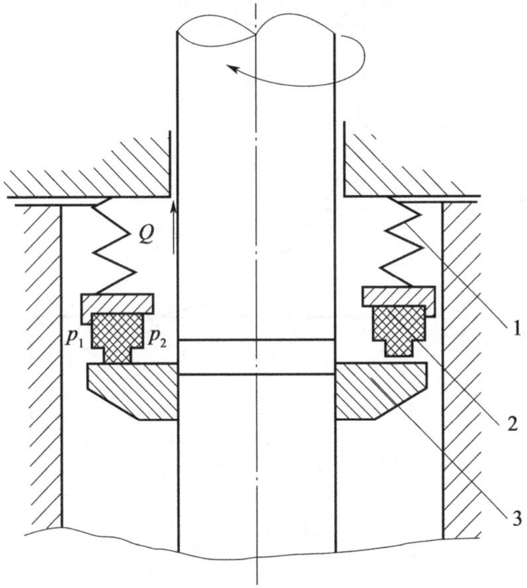

图 6－25　端面动密封结构示意

1—膜盒弹性元件；2—石墨静环；3—动环

在摩擦副端面上取出的一小块加以放大，如图 6-26 所示。泄漏方向为由 p_1 流向 p_2，泄漏进口截面积 $A_1 = \pi d_1 y$，泄漏出口截面积 $A_2 = \pi d_2 y$。y 是缝隙的高度，u 为泄漏介质由 A_1 流向 A_2 方向的流速，则介质通过缝隙时流体对壁的摩擦力为

$$T = \mu S \frac{\mathrm{d}u}{\mathrm{d}y} \tag{6-160}$$

式中　S——摩擦表面积（m^2），$S = \frac{\pi}{4}(d_1^2 - d_2^2)$；

　　μ——介质的动力黏度（Pa·s）。

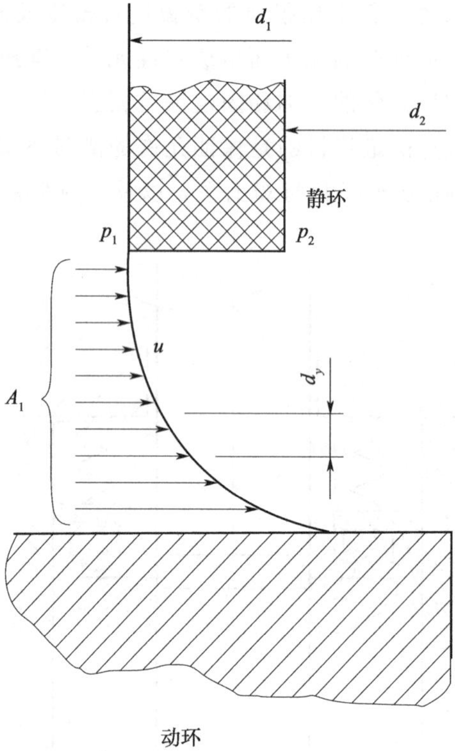

图 6-26　摩擦副端面流态示意

根据流体力学的力平衡理论有

$$p_1A_1 = T + p_2A_2 = \mu S\frac{\mathrm{d}u}{\mathrm{d}y} + p_2A_2 \tag{6-161}$$

由此得到 $\mathrm{d}u = \dfrac{p_1A_1 - p_2A_2}{\mu\dfrac{\pi}{2}\delta(d_1+d_2)}\mathrm{d}y$，其中 $\delta = \dfrac{(d_1-d_2)}{2}$ 为石墨唇的宽度（参见图 6-26）；积分后整理得

$$Q = u_1A_1 = \frac{2\pi d_1(p_1d_1 - p_2d_2)}{\mu\delta(d_1+d_2)}\cdot y^3 \tag{6-162}$$

式（6-162）完全是纯理论推导出的，实际流动是有损失的，如入口的局部收缩损失、流程损失和出口扩张损失等，故需要将通过缝隙的流量系数 ξ 引入式（6-162），则有

$$Q = \xi\frac{2\pi d_1(p_1d_1 - p_2d_2)}{\mu\delta(d_1+d_2)}\cdot y^3 \tag{6-163}$$

流量系数 ξ 与缝隙流的雷诺数有关，应用此式（6-163）时，ξ 可在 0.2～0.35 范围内选择。

由式（6-163）可以看出，泄漏率 Q 与密封前后的压差成正比，与泄漏介质的黏度成反比。氢和氦的黏度很小，因而泄漏率也大。泄漏率 Q 与缝隙的高度 y 的三次方成正比，这是最敏感的参数。因此，控制泄漏率大小的关键是控制 y 的大小。

涡轮泵起动前，端面密封的摩擦副都是闭合的，可认为这时动环的不平度和静环之间形成的缝隙高度为 y。可以利用式（6-163）来做一个实例分析。

假定密封唇部的 $d_1 = 45$ mm，$d_2 = 41$ mm，则 $\delta = 2$ mm，装配时检查密封的泄漏率要求不大于每秒 3 个气泡（约 $6\times10^{-7}\ \mathrm{m^3/s}$），检查采用空气收集法，空气常温的黏度为 1.81×10^{-5} Pa · s；取 $\xi = 0.25$，检查时入口压力 $p_1 = 0.3$ MPa，$p_2 = 0.1$ MPa，若动环经过抛光后，不平度为 2 μm，是否能满足规定的要求？

将以上数据代入式（6-163）得

$$Q = 0.25 \times \frac{2\pi \times 0.045(0.3 \times 0.045 - 0.1 \times 0.041) \times 10^6}{1.81 \times 10^{-5} \times 0.002(0.045 + 0.041)}(2 \times 10^{-6})^3$$
$$\approx 1.7 \times 10^{-6}(m^3/s)$$

计算结果表明，泄漏已超过了要求。不平度的数值尚太大，应该减小不平度，进一步抛光和研磨，使不平度控制在 1.5 μm 以下，才能满足泄漏率的要求。

6.6.3 非接触式动密封

在涡轮泵上普遍采用各种形式的非接触式动密封。因为只有非接触式动密封才能做到工作寿命长，特别是在高速高压大功率涡轮泵上，必须采用非接触式动密封。

6.6.3.1 迷宫式动密封

迷宫式动密封是最常见的非接触式动密封。这种密封的主要特点是在轴和壳体上开了与液流泄漏方向相反的螺旋槽，当轴旋转时带动缝隙中泄漏的液体向反向流动，因而迷宫式密封的效果是比较好的。与简单的缝隙式密封相比，在径向间隙相同的情况下迷宫式动密封可以减小泄漏率 40%～50%；而且迷宫式密封齿的形状对密封效率的影响不是单值的。当密封齿和槽的形状使液流处于高度湍流的范围时，迷宫式密封间隙内的流阻比缝隙式密封流阻约增大 30% [43]。

6.6.3.2 压力平衡型端面动密封

在氢涡轮泵的高速轴上非常希望采用如下工作原理的密封：在涡轮泵起动前的预冷过程端面密封是闭合的接触式密封，保证氢氧两组元在整个预冷过程中可靠地隔离；起动后转速达到某一个规定值时，端面密封随泵后压力增加而开始有控制地泄漏，使氢和氧分别泄漏到规定的排放系统中去；泄漏的量是按设计规定值进行控制的。图 6－27 所示即按上述原理工作的动密封[48]。起动前在弹簧力的作用下，静环和动环之间是没有间隙的；随着轴的转速加大，密封前的压力 p_1 也逐步增大。密封缝隙的泄漏量增大时，其中的压力成如图 6－27 中所示的三角形分布。当 $p_1A_1 + K(\delta + \Delta\delta) =$

$\frac{1}{2}(p_1-p_0)A_2$（K 为弹簧的刚度，δ 为弹簧的安装压缩量，$\Delta\delta$ 为间隙的开度）的平衡条件达到时，密封面打开，其开度在 $\Delta\delta$ 的范围内变化。平衡条件可按涡轮泵转速来规定，一般可取在涡轮泵额定转速的 1/6 或 1/7 左右。如果涡轮泵额定转速为 36 000 r/min，则动密封在 5 000～6 000 r/min 即打开了。这种密封的最大好处是工作寿命长。

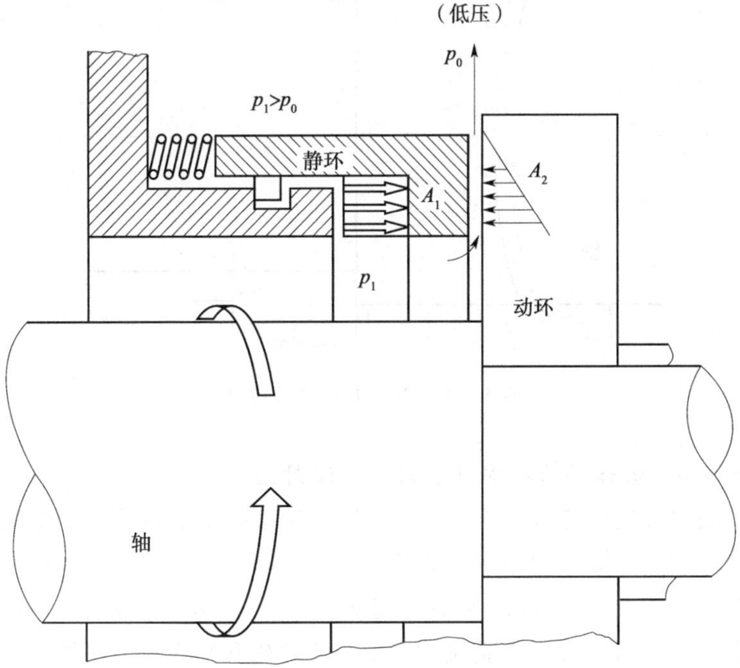

图 6－27　压力平衡接触式密封

图 6－28 所示的动密封是另一种压力平衡型的方案，文献［48］称为压力补偿型动密封。它在静环和动环的接触面上开了环状凹槽，并钻有小孔。密封前的压力为 p_1，而凹槽内的压力 p' 受到小孔直径的控制，p' 是缝隙开度和小孔直径的函数。但是，作用在环状凹槽内的压力 p' 的分布是均匀的，这是改善的地方，其他的特点同图 6－27所示的方案。

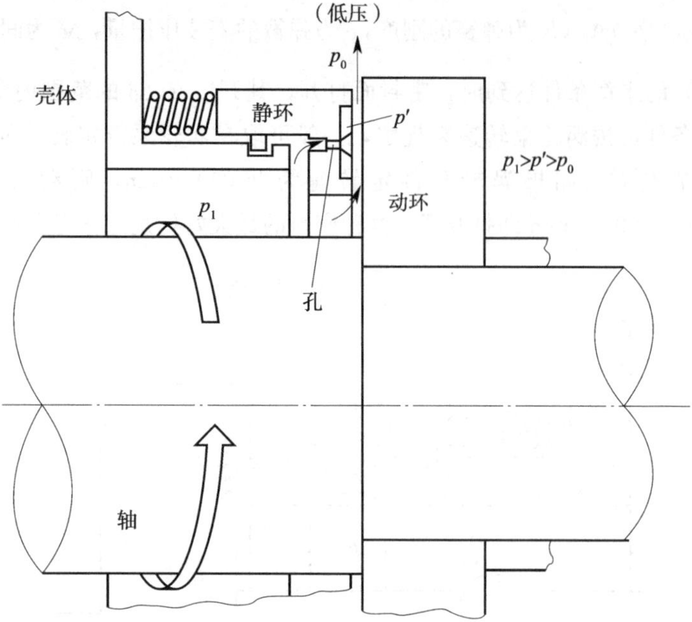

图 6-28　压力补偿型动密封

6.6.3.3　流体动力径向动密封——液封轮

在泵叶轮的背后高压腔内安装液封轮来减小泄漏是经常应用的技术。液封轮的一侧是平面的盘，安装时向高压腔；另一侧有径向叶片，如图 6-29 所示。叶片的高度 h 在 4～5 mm 范围内选取，叶片数目一般都在 8～12 范围内选取。液封轮和其壳体之间的径向间隙不大于 3 mm，轴向间隙大致为 3～5 mm，这些尺寸对密封性能影响不大。液封轮旋转时，液体在离心力的作用下和上游液体的压力 p_1 保持一个平衡的液面。D_g 即气液分界处的直径。液封轮工作时能达到的密封压差 Δp 可用式（6-164）求出[41]，即

$$\Delta p = p_1 - p_g = \frac{\rho_L \omega^2 \varphi^2}{4}(D_1^2 - D_g^2) \tag{6-164}$$

式中　p_g ——泄漏腔压力（下游）；

ρ_L ——液体密度；

ω——液封轮角速度；

D_1——液封轮直径；

φ——液封轮扬程系数，与具体结构和工况有关，φ 约为 0.83～0.9。

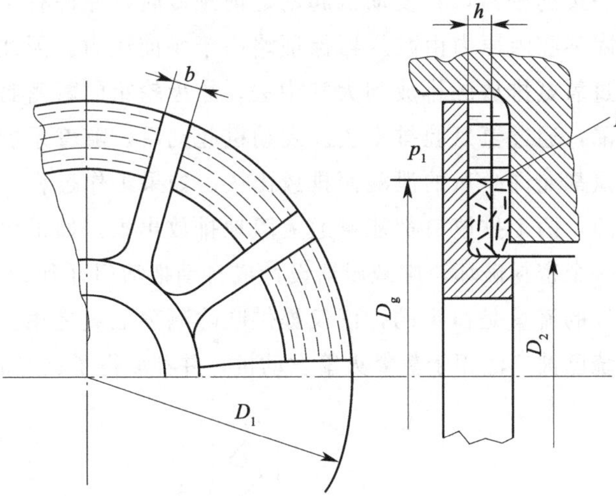

图 6-29　液封轮工况示意

图 6-29 所示的方案为开式液封轮。当 $\frac{D_g}{D_1} \geqslant 0.8$ 时，下游的气体开始渗入到上游液体中去，这时需要按式（6-164）重新调整尺寸，即增大 D_1。当液体平衡面 $D_1 - D_g = D_1 - D_2$（D_2 为液封轮轮毂外径，见图 6-29）时，液封轮具有最大的压差 Δp，液体可能开始泄漏了。在液封轮外缘增加一条环状包带，则可使 $\frac{D_g}{D_1}$ 的比值放大到 0.9，因此把环状包带称为液封轮的护圈。

6.6.4　组合式动密封

氢氧涡轮泵上实际使用的动密封有很多是组合式的动密封。所谓密封，实际上是可控制的泄漏装置。只有允许泄漏，才能使密封装置工作可靠和延长工作寿命。绝对不漏的接触式密封，常常是短命的，可靠性也不会高。在美国的 RL－10A－3－3 发动机上，其氧泵轴上为了使氢氧绝对不接触，采用了四道动密封和氦气隔离腔吹除系统。这是典型的组合式密封系统，其工作原理如图 6－30 所示。靠近氧泵一边的密封，在发动机起动之前预冷时，允许有少量的氧泄漏。氦隔离腔内压力由减压器保证略高于泵前压力。因此泄漏的氧只能通过氧氦排放腔排放到大气中去。靠齿轮箱的氢密封也允许少量的泄漏，通过氢氦腔排出去。发动机起动后，随着泵后压力增高，氧和氢都允许少量的泄漏而排放出去。如果工作过程中任一个密封出故障，两个排放口都能畅通无阻地排放出去。如果仅仅氦隔离腔的某一个密封破坏，则减压器设计成自动把活门开到最大位置，但排放氦气的流量是恒定的，仅仅提供吹除隔离氢氧之用。这种组合密封系统已被广泛用于氢氧火箭发动机，并都取得了良好的效果。

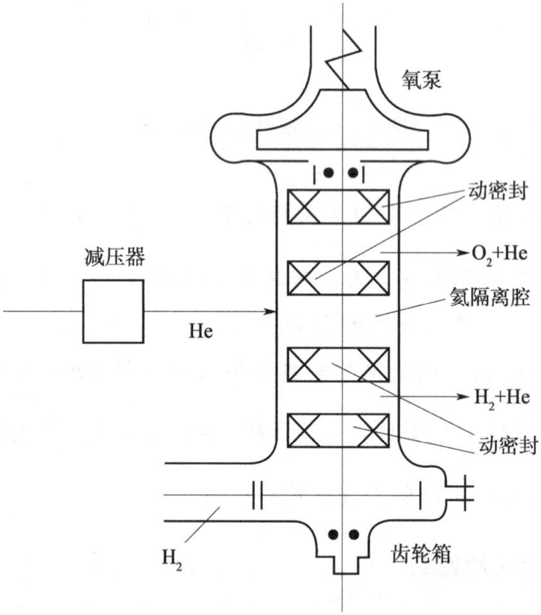

图 6－30　组合式端面动密封系统

6.7　超低温高速齿轮传动

6.7.1　超低温高速齿轮传动的应用

在小推力氢氧火箭发动机上，常常采用减速齿轮传动来实现氢泵和氧泵要求不同转速的涡轮泵总体方案。这种总体方案的优点是氢氧两泵的转速关系是恒定的，因而发动机的组元混合比的精度容易得到保证，而且当大幅度调节发动机推力时，它的混合比也能得到保证。首先在氢氧涡轮泵上采用了超低温高速齿轮传动技术的是美国的 RL-10A-3-3 火箭发动机，以后是法国的 HM-7 氢氧火箭发动机和我国的 YF-73 氢氧火箭发动机。虽然超低温高速齿轮传动的原理是相同的，但具体的技术方案不完全相同。

美国 RL-10A-3-3 氢氧火箭发动机采用的齿轮传动方案如图 6-31 所示。

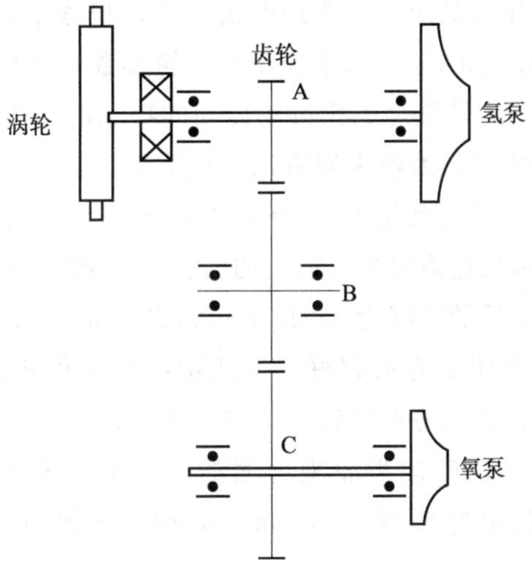

图 6-31　RL-10A-3-3 氢氧涡轮泵的齿轮传动方案

氢泵和涡轮安装在高速轴 A 上，A 轴的转速为 30 000 r/min。通过惰轮 B 轴齿轮传到 C 轴，把氧泵的转速降到 12 000 r/min；齿轮传动比为 2.5；齿轮传动功率随着推力调节变化，为 65.15～68.75 kW[37]；节圆线速度约为 78 m/s；3 个齿轮的基本尺寸如表6－3[49]所示。

表 6－3　RL－10A－3－3 的齿轮基本参数

轴	节圆直径/mm	齿数	齿宽/mm	压力角/（°）	表面压应力/MPa
A	51	28	30.5	22.5	388.8
B	125	69	27.9	22.5	388.8
C	127.5	70	17.8	22.5	369.5

从表 6－3 中的数据看，RL－10A－3－3 的齿轮表面压应力大约为宇宙神火箭主发动机上应用的齿轮表面压应力（1 813.6MPa）的 1/5。两者的润滑方案不同。宇宙神火箭主发动机上的齿轮是用推进剂液体润滑剂，而 RL－10A－3－3 的齿轮是用 MoS_2 固体润滑膜，由此可见当时对低温润滑剂应用时的担心。根据节圆直径和齿数，可以推算出 RL－10A－3－3 上应用的齿轮模数 $m=1.82$ mm，是宽齿小模数齿轮。这是符合高速齿轮传动的特点的。该齿轮上采用的固体润滑膜是用 25％的粉末润滑剂（按质量计：10 份 MoS_2 和 1 份石墨粉）加上 75％的粘结剂 AMS3132 配制的。粘结剂是一种油漆胶水，配制时可根据需要加入适量的稀释剂 AMS3170。固体润滑剂涂在齿面上烘干后的厚度为 0.012 7～0.050 8 mm。RL－10A－3－3 的齿轮传动方案使用寿命很好，虽然按技术条件规定工作寿命为 420 s，而实际使用的寿命达到 20 000 s[49]。齿轮的冷却剂是用挤压式供应的低温气氢喷向齿轮啮合面的，挤压系统的压差为 0.276 MPa。气氢的流量为 2.52×10^{-5} m^3/s，齿轮箱内的气氢压力很低，仅有 0.024 MPa。

法国在 ARIANE 火箭第三级上采用的是 HM－7 氢氧火箭发动机，其真空推力比 RL－10A－3－3 略小，为 60 kN；其氢氧涡轮泵也是采用齿轮传动方案，其氢泵转速为 60 000 r/min，氧泵转速为 12 880 r/min，齿轮箱传动比为 4.688[50]。HM－7 发动机的齿轮润滑方案原来采用的是气氢和磷酸三丁酯喷雾润滑，由燃烧室冷却套出口处引一股约 130 K 气氢，流量约为 0.5 g/s（7.15×10^{-6} m^3/s），再经过涡轮排气加温后喷入贮有磷酸三丁酯的容器，形成雾化状气氢磷酸三丁酯混合气体喷向齿轮，实现润滑和冷却。这个复杂的润滑剂供应系统的工作可靠性不高，在 ARIANE 火箭第五次飞行时，由于齿轮润滑系统出了故障，造成飞行试验失败，以后又改成 MoS_2 固体润滑膜方案。

HM－7 发动机氢氧涡轮泵的齿轮传动方案如图 6－32 所示。第一对齿轮采用小模数 $m=1$ mm，由 29 个齿和 86 个齿组成，齿宽为 20 mm，传动比为 2.965，其节圆直径分别为 29 mm 和 86 mm。第二对齿轮的模数为 $m=1.5$ mm，齿数为 43 个和 68 个，齿宽为 17 mm，节圆直径分别为 64.5 mm 和 102 mm。整个齿轮箱的传动比 $i=\frac{86}{29}\times\frac{102}{64.5}\approx4.69$。

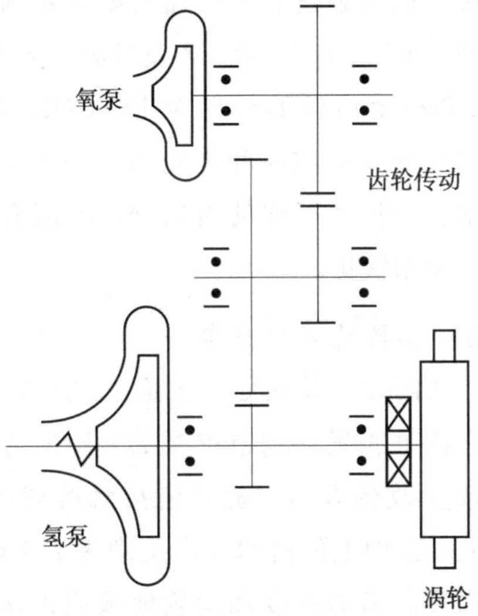

图 6－32　HM－7 发动机氢氧涡轮泵的齿轮传动方案

HM－7发动机从1983年以后改成MoS_2固体润滑膜和喷氢气冷却以来，所有发射都没有因齿轮传动问题而出过故障，说明改变润滑方案是正确的。

HM－7发动机的涡轮泵转速虽然很高，但齿轮的直径不大，所以节圆直径处的线速度只有29.2 m/s，传动功率仅为47.2 kW。

根据以上情况可以明确，在超低温高速齿轮传动技术上，应该把固体润滑剂作为今后应用发展的方向。

6.7.2 超低温高速齿轮的工作特点

6.7.2.1 高速齿轮的材料问题

高速齿轮的轴常常按“柔轴”设计，它的工作转速常常选在轴的临界转速之上。HM－7发动机上高速齿轮的工作转速选在第一临界转速和第二临界转速之间[50]，因此齿轮工作时承受的振动负荷是很大的。另外，不论何种齿轮，齿的传动理论上都认为是线接触，实际工作都按赫兹应力来计算强度。这就要求齿轮的材料，不仅要选用能承受交变应力的高强度材料，而且要选用高硬度的材料以满足赫兹应力的要求。RL－10A－3－3发动机上齿轮的材料为AISI 9310，HM－7发动机上齿轮的材料为16NCD13合金钢。应注意，所用固体润滑膜的线膨胀系数应和齿轮钢相差不太大，否则在低温下工作时容易脱落。低温下工作的齿轮钢，不能有低温脆性或者低温应力作用下产生金相硬化。

6.7.2.2 应采用小模数的宽齿形齿轮

齿轮工作时，从两齿开始接触，齿面上就同时存在滚动和滑动做相对运动。只有接触线运动到节点时的一瞬间才出现纯滚动；而且过了节点，滑动要改变方向。随着齿接触线离节点的距离增大，滑动的速度也增大，齿面上的滑动要产生摩擦而生热。要减少滑动，则必须缩短齿的高度。齿的高度和齿轮模数成正比，所以高速低温齿轮，为了减小润滑的难度，必须采用模数小的齿轮；但又要考虑到齿的强度，则必须增加齿的宽度。RL－10A－3－3 发动机上用的齿轮模数为 1.82 mm，齿的工作宽度为 27.9 mm，单位齿宽上承受的负荷为 3.08×10^4 N/m。HM－7 发动机上高速轴的齿轮模数仅为 1 mm，齿的工作宽度为 20 mm，单位齿宽上承受的负荷为 2.58×10^4 N/m。这些负荷都不算大，但它们都在超低温条件下由于固体润滑膜，只能这样设计齿的负荷。

6.7.2.3　要重视固体润滑膜的粘结剂选择

固体润滑膜在常温下的粘结力是很好的，但在工作前必须用液氢将泵预冷，这时齿轮经受着剧烈的降温，而发动机起动加速又非常快，一般在 1～2 s 的短时间内就要达到额定转速（30 000～60 000 r/min）。齿面的发热也是很快的。固体润滑膜必须承受如此剧烈变化的温度交变负荷，因此在选择粘结剂时不仅要重视它具有一定的低温韧性和润滑性，而且要重视它的膨胀系数变化范围更小，并且应基本上接近齿轮钢的膨胀系数。例如我国的聚酰亚胺是一种很好的固体润滑膜粘结剂，它的主要缺点是线膨胀系数变化范围太大（$10^{-5}\sim5\times10^{-5}$/K）。一般合金钢的线膨胀系数为 $1.2\times10^{-5}\sim1.7\times10^{-5}$/K。采用这样的粘结剂，则固体润滑膜的寿命就比较短，不是理想的粘结剂。

6.7.2.4　固体润滑膜的寿命问题

采用固体润滑膜的方案，就必然要考虑它的寿命问题。因为它不能如液体润滑剂那样循环使用。如果选择的固体润滑膜的摩擦系数小，耐磨性好，粘结力又强，则寿命就长。这些因素都应从选择材料时就已确定了。但是，在材料工艺等方案已定之后，应该从齿轮工作的参数来分析哪些因素能影响齿轮固体润滑膜的寿命，从而达到延长润滑膜寿命的目的。

一对齿开始接触时，主动轮的齿顶顺着齿轮的公共咬合线滑动，这时的滑动速度最大；随着接触线向齿轮的共同节点方向移动，滑动速度逐步下降，当接触线达到节点处，滑动速度降到零，在这一瞬间两齿做纯滚动运动；经过节点之后，滑动速度又开始增长，不过方向是相反的，到这对齿开始分离时，反向滑动速度达到最大值。这就是一对齿接触后的全部工作过程。滑动速度大的部位是摩擦生热最剧烈的部位。H. Blok 教授在文献［41］中明确指出：齿面滑动摩擦而产生的瞬时温度超过一定值时，固体润滑膜就要遭到破坏。他把这个温度值称为齿轮润滑膜工作的临界温度 T_{cr}，并认为临界温度是由两种温度组成：

1）齿表面的定常温度 T_b；

2）由于摩擦生热而产生的随时间变化的温度 T_f，即 $T_{cr}=T_b+T_f$。

对于正齿轮，T_f 的表达式为

$$T_f = 1.11\left(\frac{\mu}{\sqrt{\lambda\rho c_p}}\right)\frac{W}{\sqrt{Z}}\left|\frac{\sqrt{u_1}-\sqrt{u_2}}{5\sqrt{v}}\right| \tag{6-165}$$

式中 μ——齿面的摩擦系数；

λ——齿面材料的热传导系数；

ρ——齿面材料的密度；

c_p——齿面材料的比热；

Z——赫兹接触线的宽度；

W——齿的单位接触长度上的垂直负荷；

v——节圆上咬合点的切线速度，若节点 P 的节圆半径为 r，角速度为 ω，则 $v=r\omega$；

u_1，u_2——两齿接触后，垂直于公共咬合线上方向相反的切线速度。

令两齿运动的咬合点位于 Q，则 $\overline{PQ}$ 为咬合点到节点 P 的瞬时距离，ω_1 和 ω_2 分别为齿轮 1 和 2 的角速度，则有 $u_1=\overline{PQ}\omega_1$，$u_2=\overline{PQ}\omega_2$。在齿轮咬合运动过程中，$u_1$ 和 u_2 不仅方向相反，而且都随着 $\overline{PQ}$ 的减小而减小。当 $\overline{PQ}=0$ 时，即 Q 点移动到节点 P 时，$u_1=0$，$u_2=0$，齿面上的滑动速度 $v_s=\overline{PQ}\omega_1+\overline{PQ}\omega_2=u_1+u_2$。

在节点处 $v_s = 0$ 。式（6－165）中的 $\left|\frac{\sqrt{u_1}-\sqrt{u_2}}{5\sqrt{v}}\right|$ 为取其绝对值进行计算。

根据式（6－165）可以看出，若要降低 T_f 的值来延长齿轮润滑膜的寿命，可以采取以下3项措施：

1）选择导热系数 λ 较大的粘结剂，使摩擦产生的热很快导走；选择摩擦系数 μ 较小的润滑膜材料，使 $\frac{\mu}{\sqrt{\lambda\rho c_p}}$ 的值尽量减小。

2）增加齿宽和降低单位齿面接触线上的垂直负荷 W 值。齿承受的负荷 R 是咬合线的方向，$W = R\cos\alpha$ ，α 为齿的压力角，增大压力角就可以减小 W 的值。通常的齿轮设计，齿的压力角都取在15°～20°范围内，RL－10A－3－3发动机上用的齿面压力角为22.5°[49]，HM－7发动机上传动齿轮的压力角为25°，仅此措施就降低 W 值6.6%。增加齿宽就是增大赫兹接触线的长度 Z 值，对减小 $\frac{W}{\sqrt{Z}}$ 的数值也是很有效的。

3）减小滑动速度与节圆速度的比值 $\left|\frac{\sqrt{u_1}-\sqrt{u_2}}{5\sqrt{v}}\right|$ ，是降低瞬时温升 T_f 非常有效的措施。这里令主动轮的节圆直径为 D_1，齿顶高为 a；根据H. Blok的研究[66]，$\left|\frac{\sqrt{u_1}-\sqrt{u_2}}{5\sqrt{v}}\right|$ 的变化与 $\frac{D_1}{a}$ 成反比，而且在 $\frac{D_1}{a} = 15 \sim 40$ 范围内，$\left|\frac{\sqrt{u_1}-\sqrt{u_2}}{5\sqrt{v}}\right|$ 的下降梯度非常大。若齿轮的外径以 D_{H1} 表示，则齿顶高 $a = \frac{D_{H1}-D_1}{2}$ ，令齿轮模数为 m，齿的数目为 J。对于正齿轮，$D_{H1} = m(J+2)$ ，$D_1 = mJ$ ，则 $a = \frac{m(J+2)-mJ}{2} = m$ 。由此可见，$\frac{D_1}{a}$ 即可以用 $\frac{D_1}{m}$ 来表示。如果采

用大模数齿轮，$\frac{D_1}{m}$ 的值就会下降，即 $\left|\frac{\sqrt{u_1}-\sqrt{u_2}}{5\sqrt{v}}\right|$ 的值，也就因之而升高。根据文献［51］中提供的关系，当 $\frac{D_1}{a}=15$ 时，$\left|\frac{\sqrt{u_1}-\sqrt{u_2}}{5\sqrt{v}}\right|$ 约为0.3，当采用小模数齿轮时，若令 $\frac{D_1}{a}=30$，则 $\left|\frac{\sqrt{u_1}-\sqrt{u_2}}{5\sqrt{v}}\right|$ 已降为0.17。由此可见，同样直径的齿轮，大模数齿轮工作时的 T_f 值将比小模数齿轮工作时的 T_f 值高1.76倍。由此可以得出一个明确的结论：对于超低温高速齿轮采用固体润滑膜方案时，必须把齿的模数尽量取小一些。

第 7 章　氢氧低温活门和自动器

氢氧火箭发动机上，由于工作需要使用很多低温活门和常温下工作的电动气活门，还有称为自动器的稳压器和氦气减压器。这些活门和自动器装在发动机上后，要经常进行功能测试，以证明它们的动作正常，工作可靠。但是，过多的测试又会造成负面影响，使活门受到损坏，甚至影响活门的寿命。

这里研究讨论的低温活门主要有 8 种，即液氢泵前活门和液氧泵前活门、液氢主活门和液氧主活门、液氢副控活门和液氧副控活门、液氢预冷泄出活门和液氧预冷泄出活门。

氢氧火箭发动机上使用的自动器主要是指控制各种低温活门动作的专用氦气减压器、保证副系统汽蚀文氏管入口压力稳定的稳压器，以及专用于氦气吹除压力和流量控制的氦气减压器。

这些自动器都必须根据具体技术要求专门设计和研制。

氢氧火箭发动机上除上述低温活门和自动器外，还有各种电动气活门和单向活门等，品种很多，不可能全面研究。本章只能选择一些关键技术来研究。

7.1　氢氧低温活门和自动器的一般介绍

在氢氧火箭发动机上两个泵前活门都采用球形活门。这是因为球形活门的流阻损失最小，有利于降低贮箱压力。特别是液氢贮箱，体积很大，能降低 0.01 MPa 的压力，对降低贮箱结构质量有明显的影响。球形活门虽然体积大一些，但对降低贮箱的结构质量有利，因此它们在低温火箭上得到普遍应用。

液氢、液氧两个主活门是推力室点火过程控制氢氧进入喷嘴时差的重要部件，也是关机程序控制的主要活门。要求该活门工作可靠，动作的重复性好，因为它对点火可靠性和关机性能，特别是对发动机后效冲量影响很大。

主活门的结构可能有两种形式，推力较小的氢氧火箭发动机上常采用菌状活门，大推力氢氧火箭发动机上常采用球形活门。

副系统控制活门都安装在燃气发生器头部附近，它们是控制燃气发生器点火起动时差和关闭涡轮的活门。由于副系统起动前要求充分预冷，所以常常把副系统控制活门和副系统预冷泄出活门设计成一个三通活门。一路管预冷，另一路管燃气发生器点火起动和关机工作。但是，法国研制的 HM－7 氢氧火箭发动机副系统控制活门和预冷活门分别采用两个菌状活门。这样的设计不是先进的方案。

主系统都有专用的预冷泄出活门，它们都安装在主活门附近，尽量减少主管路内的预冷过程的预冷“死区”。

上述 8 种低温活门是专用氦气减压器控制的，氢氧火箭发动机上还必须有专门用作吹除的氦气减压器。它们的出口压力和放气流量是由吹除要求确定的。

为了保证氧汽蚀文氏管入口压力稳定，还必须设计专用的液氧稳压器。

总之，在氢氧火箭发动机上应用的各种活门和自动器品种繁多，结构复杂。它们的关键技术是密封技术，密封失灵，整个活门就破坏，所以设计活门，必须重视密封比压设计。比压是活门工作性能和工作寿命的关键参数。比压设计值取小了，容易泄漏，取大了影响寿命。但不论国外和国内，在活门设计领域比压设计技术都很落后，基本上没有设计理论可以遵循，常常是凭经验和大量的试验来取得密封比压的合理数值。

作者利用弹性力学理论开始研究活门密封比压设计，初步评估的效果尚好。有待逐步完善和推广应用。

7.2 低温活门密封件设计的弹性力学基础

火箭发动机上活门的主要功能是对推进剂或工作气体实行密封控制。因此，活门密封件设计，特别是它的可靠性和工作寿命就成为重要关键技术。密封控制是靠密封件的工作比压来保证的，任何密封件都不可能做到绝对密封。设计密封件的主要任务，只是把它的泄漏率控制在允许范围之内。泄漏率的大小是靠调整密封比压和装配过程的测试技术来确定的，因此工程上需要建立合理的泄漏率科学标准。美国 MIL－S8484 密封规范手册中做了绝对密封的规定，即当密封件前后的工作压差等于 0.1 MPa，折合在 1 cm 密封长度上的泄漏率等于或小于 $1.247\times10^{-14}\ m^3/s$ 时，即绝对密封，或者认为这时的泄漏率等于 0。这是一种泄漏率等于 0 的假设。在具体活门的装配中，密封件的泄漏率为 0 的要求在测试中是很难做到的，但有了密封泄漏率等于 0 的假设，就可以在此基础上建立一套科学的比较标准，建立一套密封评价体系。

低温活门密封件大都采用非金属材料。这些材料的硬度大都随温度变化而变化，特别是在液氢温度下，几乎所有非金属材料都呈现“玻璃化”的脆硬状态，因此常温下测试的密封比压和低温下工作的密封比压是有很大的差别的。这是研制氢氧火箭发动机时遇到的重大关键技术之一。

所有低温活门装配过程中和发动机起动前都要经过很多重复的测试。如果活门装配中它的密封比压调得太高，则过多的动作次数就会严重影响到密封件泄漏率和寿命，因此需要严格控制活门的动作次数，以保证活门和低温介质接触之前，仍具有足够的寿命和密封可靠性。密封比压设计是活门密封件设计的核心技术。下面我们研究一种新的密封比压设计理论，改进目前工程上应用的传统密封比压设计方法。

7.2.1　菌形活门密封比压设计的弹性力学基础

7.2.1.1　传统的密封比压设计方法

传统的活门密封比压都采用所谓几何投影法。如图 7－1 所示，活门头 1 在弹簧 4 和工作压力的作用下，给密封件 2 一个作用力 W。计算密封唇作用在密封件上的密封比压 p 时采用以下表达式

$$p=\frac{W}{\pi D\cdot 2r_1} \tag{7-1}$$

式中　r_1—— 密封唇的半径；

D —— 密封件的平均直径；

W —— 作用力。

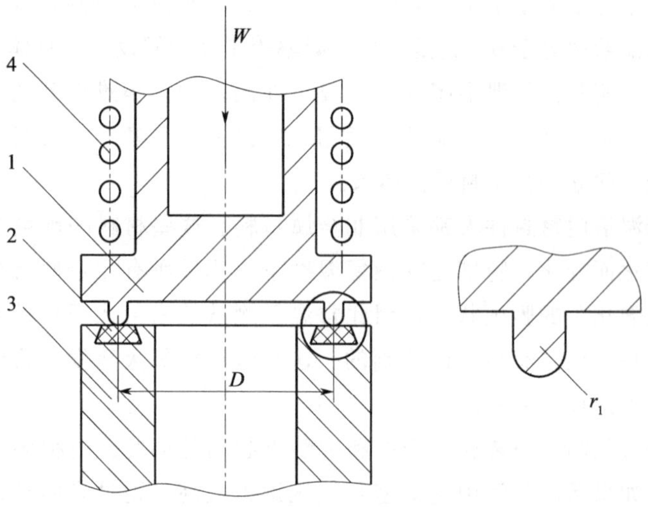

图 7－1　菌形活门密封件剖面

1—活门头；2—密封件；3—活门座；4—弹簧

传统方法求得的密封比压存在很大问题。首先是所求得的密封比压和密封件材料的机械性能无关，不论密封件是金属件还是非金属件，传统计算方法计算的密封比压数值都相同，这是完全不符合实际情况的。在作用力 W 的作用下，密封件是要发生弹性变形的，

如果密封件是金属件，则其变形是很小的，它的密封比压的数值就很高。如果密封件是较软的非金属件，则变形量就很大，密封比压的数值就会大大下降。其次是求得的密封比压和密封件的工作温度无关。低温活门常常采用非金属密封材料，如聚四氟乙烯、F－46等。这些材料在常温时都比较软，随着工作温度降低就会逐渐变硬、变脆。因此，低温活门的密封比压在常温下较低，而低温下工作时就会升高。这些特性在式（7－1）中都不能表示出来。在工程应用中为了弥补几何投影法的缺点，先在活门试验件的密封件表面涂一层颜料，直接用密封唇压出一个环状压痕，并用作用力 W 除以压痕面积而粗略地获取密封比压信息。这不是设计密封比压，而是在已制成的活门上测出密封比压。如果密封比压不合适，只得改变密封结构或改变密封材料。这种办法会造成研制成本升高，研制周期也太长。

活门密封件的寿命和密封比压的数值有关，如果密封比压选择得太高，超出了材料的弹性极限，即密封比压大于密封材料的弹性极限应力 $\sigma_{0.2}$，则活门密封件在装配过程的测试中就可能遭到损坏。因此在设计活门密封件时，如何选择作用力 W 和密封唇的半径 r_1 就成为活门设计的关键，而式（7－1）是无法求得 W 和 r_1 的合理数值的。以上提出来讨论的问题都说明传统的密封比压设计方法是不合理的，是不符合活门密封件实际工作情况的，必须对传统的密封比压设计方法进行改进。

7.2.1.2　以弹性力学为基础的密封比压设计方法

活门的密封比压设计应该立足在弹性力学的基础上，并对密封面进行应力分析。图 7－2 是假设密封件表面承受密封唇的作用力后，产生一个弹性变形区，通常称它为赫兹区。在赫兹区内的应力分布是不均匀的。图 7－2 的下部示意地描述了应力分布规律，在中心线上有一个最大应力 σ_{max}。在密封比压设计时必须保证 $\sigma_{max} < \sigma_b$，否则会造成密封比压超过其弹性极限进入材料的塑性变形区，从而使密封件工作面遭到破坏。

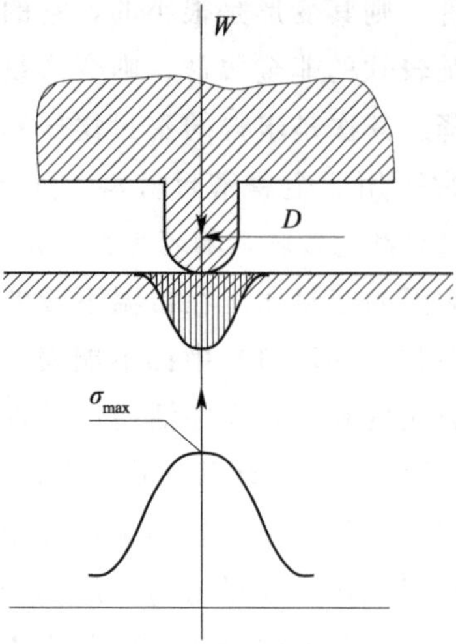

图 7-2 赫兹应力分布

由于作用力 W 的作用，在活门密封件的表面上形成一个环状弹性变形区，设环状变形区的平均直径为 D，变形区的宽度为 $2a$，则环状弹性变形区的投影面积为 A，可以表示为

$$A = \pi D \cdot 2a \tag{7-2}$$

这里的 $2a$ 值和式（7-1）中 $2r_1$ 有本质的区别。它不仅和密封件材料的弹性模量 E 和泊松系数 υ 有关，而且和密封件的工作温度有关。因此 $2a$ 是一个与材料机械性能、工作温度都有关的不确定数值，并且比式（7-1）中 $2r_1$ 的数值要小很多。

根据弹性力学理论，密封件表面形成的环状弹性变形投影区的宽度 $2a$ 可以用达式（7-3）求得[52]，即

$$2a = \frac{0.32}{\sqrt{F\rho\left(\frac{1-\upsilon_1^2}{E_1}+\frac{1-\upsilon_2^2}{E_2}\right)}} \tag{7-3}$$

式中 F——密封件在单位周长上受到的作用力（线载荷），

$F = \frac{W}{\pi D}$；

υ_1——活门头密封唇材料的泊松系数；

υ_2——活门座密封件材料的泊松系数；

E_1——活门头密封唇材料的弹性模量；

E_2——活门座密封件材料的弹性模量；

ρ——密封唇和密封件接触面的共轭曲率半径。

两个曲面的共轭曲率半径 ρ 通常用式（7－4）来确定，即

$$\frac{1}{\rho}=\frac{1}{\rho_1}\pm\frac{1}{\rho_2} \tag{7-4}$$

式中　ρ_1——密封唇的曲率半径；

ρ_2——密封座的曲率半径（若密封座为平面或凸面，规定为正，凹面则为负）；由于图 7－1 是菌形活门，所示的密封座呈平面，即曲率半径等于无穷大，故 $\rho_2=\infty$，$\rho=\rho_1=r_1$。

于是式（7－3）可以写为

$$a=\frac{0.16}{\sqrt{F\rho\left(\frac{1-\upsilon_1^2}{E_1}+\frac{1-\upsilon_2^2}{E_2}\right)}} \tag{7-5}$$

正如前面所说，在赫兹区内受压的应力分布是不均匀的。在确定合适的密封比压值时，只能用其平均值，假定赫兹区应力分布近似于正态分布，则赫兹区内的平均应力和中心线上的最大应力有以下关系[53]

$$\bar{\sigma}=\frac{2}{3}\sigma_{\max} \tag{7-6}$$

密封唇可以根据需要加工成各种形状，因此赫兹应力的正态分布仅是特定的情况，密封唇有时需要磨平，这时 $\bar{\sigma}=\sigma_{\max}$，而球形活门的密封唇呈弧形的球面，不会出现最大赫兹应力。因此，在平均应力和最大应力之间可以用一个形状系数 $\xi=0.67\sim1$ 来修正，这样比较灵活一些。

平均应力 $\bar{\sigma}$ 也可用式（7－7）求得，即

$$\bar{\sigma}=\frac{W}{2a\pi D} \tag{7-7}$$

将式（7－5）代入式（7－7），并化简后的密封比压 $P_{\#}=\bar{\sigma}$，于是有

$$P_{\#}=\bar{\sigma}=0.3125\sqrt{\frac{FE_1E_2}{\rho[(1-\upsilon_1^2)E_2+(1-\upsilon_2^2)E_1]}} \quad (7-8)$$

式中 ρ—— 密封唇的曲率半径，$\rho=\rho_1=r_1$；

F—— 密封件在单位周长上承受的作用力，$F=\frac{W}{\pi D}$。

式（7－8）中的系数 0.312 5 为 1/3.2 的倒数，与单位的因次无关。

用环状弹性变形区内的平均应力表示密封比压是比较合理的。由式（7－8）可以清楚地看到，密封比压 $P_{\#}$ 不仅与 F 和 ρ 有关，而且与密封件材料的工作温度、机械性能 E_1、E_2、υ_1、υ_2 等参数都有关系。通过比较式（7－8）和式（7－1），可以得出以下几点结论：

1）式（7－8）可以作为各种菌形活门密封比压的通用计算公式。

2）当活门的密封件材料选定后，密封比压不仅与 W、ρ 等参数有关，而且与活门的工作温度有关。密封比压将随材料的机械性能变化而发生大幅度改变。

3）式（7－8）能充分描述低温活门密封件的工作特点。

7.2.1.3 算例比较和讨论

设活门密封唇的平均直径 $D=14$ mm，密封唇的半径 $r_1=0.6$ mm，作用力 $W=160$ N。如果采用式(7-1)计算，则有 $p=\frac{160}{14\pi\times2\times0.6}\approx 3.03$ MPa。p 就成为一个不变的固定数值。这完全不符合实际情况。虽然活门的结构参数可以固定不变，但活门的密封材料是根据工作要求不同而需要改变的。现分别讨论如下：

【方案Ⅰ】假设活门头（含密封唇）为铝合金，它的 $E_1=0.72\times10^5$ MPa，$\upsilon_1=0.295$，密封座采用非金属的酚醛树脂塑料（并非低温密封材料，仅仅是在算例中用于比较）；$E_2=0.4\times10^4$ MPa，$\upsilon_2=0.36$。代入式（7－8）后计算得出，方案Ⅰ的密封比压为 $P_{\#1}=50.7$ MPa。

【方案Ⅱ】设活门头的材料改为 45 号高碳钢，$E_1=2.15\times10^5$ MPa，$\upsilon_1=0.29$；而密封座材料改为铜，则 $E_2=1.2\times10^5$ MPa，$\upsilon_2=0.224$。将这些数据分别代入式（7－8），计算得出密封比压为 $P_{\#2}=220.5$ MPa。

由此可以看出，方案Ⅱ的密封件材料为金属，硬度高，在 160 N 作用力之下弹性变形很小，密封比压的数值很高，比方案Ⅰ提高 4.35 倍。这个结论是符合实际情况的。但用式（7－1）计算的密封比压，两个方案的密封比压都是 3.03 MPa。由此可以看出，用式（7－1）计算得到的密封比压完全不符合实际情况。

7.2.2　球形活门密封比压设计理论

在氢氧火箭发动机和它的试验设备上，大量采用球形阀门。这些阀门的重复使用次数很多。阀门的密封比压是阀门使用寿命的关键问题，必须对它进行研究。

球形阀门的密封比压设计在弹性力学原理上和前面讨论的菌形活门是相同的。但是由于形状和作用力的方向上有差别，因此在式（7－8）中 F 和 ρ 两个参数需要根据图 7－3 所示进行一些改变。由图 7－3 上可以看到，作用在密封件上的压紧力已不是 W，而是球阀的法向作用力 N。这里的 $N=W\cos\theta$，因而有

$$F=\frac{N}{\pi D}=\frac{W\cos\theta}{\pi D} \tag{7-9}$$

式中　θ——作用力 W 和法向力 N 之间的夹角；

　　D——是球阀密封件在球相切处的直径。

由于球阀密封件和球相切处的型面可以做成锥形，也可做成凹球面。这里的共轭曲率半径 ρ 就要根据具体状况不同用式（7－4）来确定。

式（7－4）中的 ρ_1 是用球的半径，如果密封件制成凹球面，则 ρ_2 应该取比 ρ_1 大的值（考虑到密封比压表达式中不应该在根号中有负值）。于是建议由式（7－10）求得共轭曲率半径，即

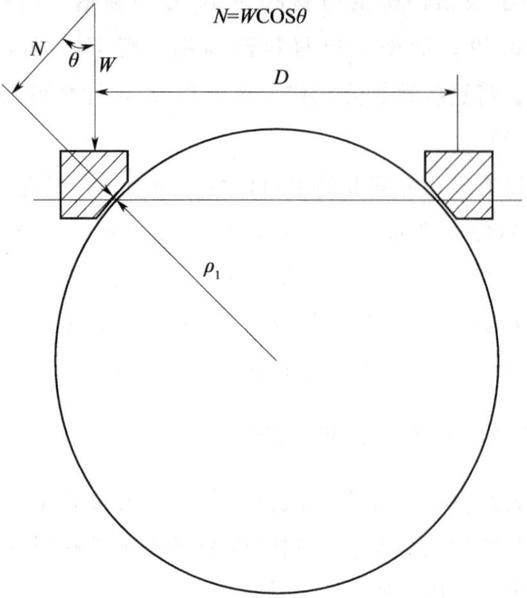

图 7-3 球形活门密封件示意

$$\frac{1}{\rho}=\frac{1}{\rho_2}-\frac{1}{\rho_1}\ ,\rho=\frac{\rho_2\rho_1}{\rho_2-\rho_1} \tag{7-10}$$

将式（7-9）和式（7-10）代入式（7-8），经化简得

$$P_{\#}=\bar{\sigma}=0.312\ 5\sqrt{\frac{W\cos\theta E_1E_2(\rho_2-\rho_1)}{\pi D\rho_1\rho_2[(1-\upsilon_1^2)E_2+(1-\upsilon_2^2)E_1]}} \tag{7-11}$$

式（7-11）是密封件制成凹球面时，球阀密封件的比压计算公式。

如果球阀的密封件制成锥体，则在密封件和球阀相切处的 $\rho_2=\infty$，球阀的密封比压计算式中 $\rho=\rho_1$，式（7-8）可写成下列形式

$$P_{\#}=\bar{\sigma}=0.3125\sqrt{\frac{W\cos\theta E_1E_2}{\pi D\rho_1[(1-\upsilon_1^2)E_2+(1-\upsilon_2^2)E_1]}} \tag{7-12}$$

式（7－11）和式（7－12）可以作为球阀密封比压的通用计算公式。

7.2.3　活门工作寿命的理论基础

活门的工作载荷非常复杂。在液路工作的活门，在活门动作时，经常会遇到远超过设计载荷的水击压力冲击。在气路工作的单向活门，经常会在打开活门时，活门密封件和气路振荡耦合，伴随着剧烈的压力振荡。在设计活门时如何给定合适的设计载荷是比较困难的。但我们只能把活门的工作载荷分成设计工作载荷（静态载荷）和非设计工作载荷（不合理使用的动态载荷）两种情况来研究。在此，只研究静态载荷，暂不考虑动态载荷。

活门密封件在静态载荷工作时，它的工作寿命主要取决于密封件材料的机械性能和密封件的密封比压数值。若密封件材料已经确定，则密封件的寿命完全取决于作用力 W 和要求活门的重复工作次数。如果要求活门的重复工作次数为 M，则密封件要求的重复工作次数应该若干倍于 M 的数值。因为活门每次安装到管路系统时，必须进行各种测试和系统参数调试。这些测试和调试工作都给活门寿命带来一定的影响。考虑活门使用寿命时需要根据活门的不同用途，适当地留有各自需要的足够余量。

作用力 W 是弹簧力和工作介质作用力之和，即

$$W = Kh + \Delta pA \tag{7-13}$$

式中　K——弹簧的刚度；

h——弹簧的压缩量；

Δp——活门的工作压差；

A——活门头的不平衡面积。

式（7－13）中 Δp 是设计任务书规定的参数，必须得到保证。因此在设计活门研究作用力 W 的大小时，只能在选择弹簧作用力 Kh 和调整不平衡面积 A 的两个方面进行一些改变。W 的值是密封件的工作载荷，是密封比压计算中的关键参数。

若菌形活门密封件表面的接触应力如图 7-2 那样分布不均匀，则密封唇和密封件表面之中间有一个最大接触应力，用 σ_{max} 表示。在设计密封比压时，如果 σ_{max} 的数值达到或高于密封件材料的屈服极限 $\sigma_{0.2}$，则密封件的工作寿命就比较短。因此，需要研究密封比压与 σ_{max}、$\sigma_{0.2}$ 等的关系。实际上，赫兹应力分布与密封头形状的关系很大，有时密封唇端头可以磨平一些，这时就不会出现 σ_{max}，球形活门也没有最大接触应力出现了。像图 7-2 那样分布不均匀只是一种状态，所以密封比压和 σ_{max} 之间应该用一个形状系数 ξ 来修正，$\xi = 0.67 \sim 1$。

要考虑密封比压和材料的屈服极限 $\sigma_{0.2}$ 之间的关系。$\sigma_{0.2}$ 是通过试验测定的，因此 $\sigma_{0.2}$ 本身就有误差。我们不能允许密封比压等于 $\sigma_{0.2}$，为此暂时可令密封比压等于 $0.9\sigma_{0.2}$，则密封比压 $P_{\#}$ 的设计值最大不得超过 $0.9\sigma_{0.2}$。在菌形活门上，还要考虑形状系数的修正问题。

7.2.4　影响活门密封件寿命的因素分析

在氢氧火箭发动机上应用的低温活门，其密封件都采用非金属材料。这些材料的机械性能随着温度变化而变化。在常温时它们的机械性能较低，而到实际的工作温度时它们的机械性能会成倍增加(详见表 7-1)。

低温活门是在常温下进行装配的。需要经过密封性能的测试检查合格后，再任意抽出几台进行低温介质试验，达到验收要求，就可交付使用。在发动机装配过程中和发动机试车前，还要在常温下进行各种检查和测试。在此就产生一个问题：如果活门的密封比压设计得较高，而在常温下密封件的屈服强度又比较低，在非设计工况条件下进行大量的检查和测试，是否会影响低温密封件的寿命？是否要确定一些使用技术条件和明确的操作规定？这是当前迫切需要解决的问题。

表 7-1　非金属密封件材料的机械性能

序号	材料名称		弹性模量 E/MPa	泊松系数 υ	拉伸强度极限 σ_b/MPa
1	F-46	（常温）	175.6	0.38	28
		（−196℃）	576.5		89.6
2	F-3	（常温）	380	0.34	66
		（−196℃）	865		305
3	聚酰亚胺	（常温）	2 672.5	0.32	125
		（20℃）	>3 360		147
4	F-4	（常温）		0.4	25
		（−196℃）			76

为了研究上述问题，利用式（7-8）对图 7-1 所示的低温活门进行了数值分析。设铝合金活门密封唇半径 $r=0.06$ cm，$E_1=7.2\times10^4$ MPa，$\upsilon_1=0.295$，密封件材料为 F-46，$E_2=176$ MPa，$\upsilon_2=0.38$，活门头受到的作用力为 500 N，密封唇的平均直径 $D=1.4$ cm。将以上数据代入式（7-8），得出在常温下工作时的密封比压 $P_{\#1}=19.5$ MPa。在液氧的低温条件时，F-46 的弹性模量增大了，$E_2=577$ MPa。将此数据再代入式（7-8）计算，得出该密封件在液氧介质中工作时的密封比压为 $P_{\#2}=35.2$ MPa。低温条件下密封比压比常温时提高 1.81 倍。因此，密封件在低温下工作是安全的。现在可以讨论在常温下进行各种检查和测试对密封件寿命的影响问题了。

7.2.4.1　密封比压控制

F-46 塑料在常温下的拉伸强度极限 $\sigma_b=28$ MPa，材料的屈服强度极限和拉伸强度极限之比值约为 0.65，因此可以推出 F-46 的屈服强度极限 $\sigma_{0.2}=17.8$ MPa。在常温下对低温活门进行的各种检查和测试中，它的密封比压已超过材料本身的屈服强度极限的 1.1

倍，就是说活门密封件在常温下进行的各种检查和测试，都是在材料的塑性范围内工作。经过测试后的密封件上一定会留下不可恢复的压痕。这就会严重影响密封件的泄漏率，甚至它的工作寿命。

活门密封件在常温下进行的各种检查和测试，应该在什么条件下就比较安全了呢？我们建议把密封比压控制在材料屈服强度极限的 80％以下。具体的办法就是将活门前后的工作压差降到额定值的 50％以下。例如额定工作压差为 5 MPa，进行常温的各种检查和测试时，将工作压差至少降到 2.5 MPa 后再进行各种检查和测试。这样既能考验密封件的气密性水平，又不影响密封件的寿命。

7.2.4.2　关于活门密封件的允许重复使用次数问题

活门的寿命主要取决于密封件的寿命，而密封件的寿命就是它的重复使用次数。前面已经讲过，如果要求活门的重复工作次数为 M，则密封件的重复工作次数应为 M 值的若干倍。密封件重复工作时最主要的问题是材料表面产生疲劳，当达到材料的疲劳极限 σ_{-1} 时，密封件就会被彻底破坏，因此绝对不能让密封件在疲劳极限条件下工作。密封件只能在 $\sigma_{0.2}$ 条件下工作。金属材料的疲劳极限试验结果表明，铝合金材料的疲劳极限 σ_{-1} 和拉伸强度极限之间的比值约为 0.33，高强度合金钢的比值略有增加，为 0.45～0.55。对于非金属还没有试验数据，估计应该低于铝合金的比值 0.33。大量的金属材料疲劳极限数据和重复工作次数的关系如图 7 - 4 所示。

图 7 - 4 中纵坐标为重复工作时材料承受的疲劳应力，横坐标为重复作用的次数。曲线随着重复工作次数的增加，能承受的疲劳应力不断下降。当交变载荷的应力降到 σ_{-1} 之下时，重复工作次数才能很多。由此可知，密封比压设计得愈高，允许密封件重复工作的次数就愈少。因此，应该研究密封件寿命和图 7 - 4 中 σ_{-1} 与重复工作次数的关系问题。

若要密封件工作次数增多，则必须将密封比压设计得低一些，但又不能将密封比压设计成等于 $\sigma_{0.2}$ 。是否可以将密封比压取在约等于 0.9 $\sigma_{0.2}$ 的值，这个问题有待实践和专题研究来解决。

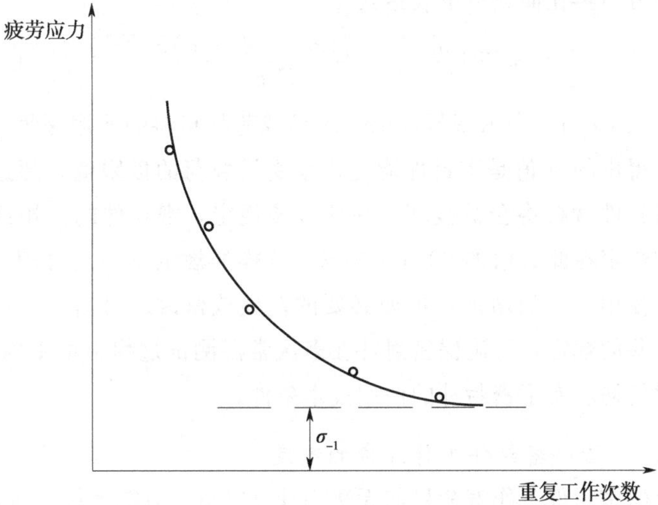

图 7－4　材料的疲劳极限和重复工作次数的关系

σ_{-1}—疲劳极限

根据式（7－8）可知，F 值的大小是对密封比压和密封件寿命影响很大的因素，而且 F 是调节密封比压的关键因素。

7.2.5　低温活门密封件工作寿命的评估

7.2.5.1　确定密封件许用线载荷的方法

建立低温活门密封件的寿命试验设备是非常困难的。它不仅技术复杂，试验费用也很难承受。因此，可以考虑在常温试验设备上进行寿命试验，取得工作载荷 F 和重复试验次数 M 的曲线关系，再来推论低温活门密封件的寿命（重复使用次数），这在工程上是经常使用的方法。但是，必须建立能表达线载荷 F 和密封件材料机械性能，以及和工作温度有关的理论公式。为此可以在式（7－8）和式（7－11）的基础上，进行必要的变换来获得菌形活门和球形活门的 F 和密封件材料机械性能之间的理论关系式。

假如密封比压只允许达到 $0.9\sigma_{0.2}$，则将此值代入式（7－8），

两边平方后再化简成以下表达式

$$F = 8.294\,\frac{\rho[(1-\upsilon_1^2)E_2+(1-\upsilon_2^2)E_1]\sigma_{0.2}^2}{E_1E_2} \tag{7-14}$$

式（7-14）表示密封件承受的线载荷与材料的屈服强度 $\sigma_{0.2}$ 的关系，得出的 F 值是密封件能允许承受线载荷的极限值，超过这个数值密封件材料将会被破坏。在此应该规定，密封件的使用线载荷只能初步定在此数值的 30%～40%。这样的规定不一定合理，今后可随着使用经验的增加，再做必要的调整或修改。目前，先做这样保守一些的规定，可确保密封件在多次常温测试过程中不受到损害。这样我们初步有了密封件的使用技术条件。

7.2.5.2　活门密封件工作寿命的测定

活门密封件工作寿命目前无法用计算求得，只能举例说明如下。

设密封唇的材料为铝合金，则有 $E_1 = 7.2\times10^4$ MPa，$\upsilon_1 = 0.295$，密封座材料为 F-46，E_2=176 MPa，$\upsilon_2 = 0.38$，由表 7-1 查到，F-46 的 σ_b 为 28 MPa。假定屈服极限 $\sigma_{0.2}$ =0.8 σ_b（参考文献[53] 的略图估计），则 F-46 的 $\sigma_{0.2}$ =22.4 MPa。设密封唇的曲率半径 ρ=0.1 cm，将以上参数代入式（7-14），得出该密封件允许线载荷极限值 F=217 N/cm。而常温测试时的允许工作线载荷只能取其 30%，即 F=65 N/cm。设活门的通径 D=1.4 cm，则密封件周长为 4.4 cm。于是求得活门常温试验时允许总的线载荷为 286 N。应该指出这个总线载荷必须在装配活门时得到保证。

现在来研究如何保证总线载荷问题。活门密封件承受的工作线载荷由式（7-15）确定，即

$$F = \frac{Kh + \Delta pA}{\pi D} \tag{7-15}$$

因为活门密封件的材料已定为 F-46，所以式（7-15）中的 F 值只能取为 65 N/cm。因而，活门工作的作用力 $W = Kh + \Delta pA$，由此得出

$$Kh + \Delta pA \approx 286 \tag{7-16}$$

式（7-16）是F-46密封件活门在装配时应该遵循的约束条件。K是弹簧的刚度，h是弹簧压缩量，A是活门头的不平衡面积。由此可见，常温试验时活门前后的工作压差Δp也就被限制了。这样的常温测试是不可能损坏活门密封件的。从表7-1中可知，在低温下工作时F-46密封件材料机械性能高达89.6 MPa，比常温下提高3.2倍，这样大幅度地提高了F-46材料的机械性能，密封件工作的安全余量就更大了。如果希望活门在低温下工作100次，则可以让该活门在常温下至少工作100次，甚至超过100次。这样的方法虽然不够理想，但目前算是比较简单而易行的方法。

7.3 低温活门上的波纹管设计

在液氢、液氧的低温介质中使用的活门上，广泛地应用了各种各样的波纹管，它们既是活门控制动作的零件，又是活门设计中主要的密封元件。它们使用的范围从简单的单向活门到结构复杂的泵前球形活门，发动机系统中控制起动、关机的主活门，到推力调节器和流量调节器。因此，在活门设计中波纹管是非常重要的元件。

活门中应用的波纹管有单层波纹管和多层波纹管两类，这是根据对波纹管的刚度和强度要求不同而选取的。通常单层波纹管多用于承载能力要求较低的部件上，而承载能力大的部件上都采用多层波纹管。所谓多层波纹管，在氢氧火箭发动机上常见的也只是两层、三层而已，超过四层的很少见到。

活门波纹管工作中受到各种力的作用，影响波纹管失稳或破坏的因素很多。由于受力情况很复杂，不可能进行精确的定量分析。选择波纹管时，通常主要是根据活门工作的特点，对波纹管的轴向刚度要求和波纹管的失稳强度大小进行计算。至于弯曲应力和循环剪切应力等在活门波纹管中虽然也存在，但并非主要因素，一般就不进行分析和计算。因此在工程设计中，只计算波纹管的轴向刚度和它的失稳临界压力两个参数。

波纹管的上述两个参数的计算方法很多，而大量实践证明，各种计算结果都不能完全令人满意，最后仍然要通过试验来检验。为了便于比较各种计算方法得出的结果，下面介绍几种计算方法供设计者参考。

7.3.1　波纹管的轴向刚度计算

7.3.1.1　第一种轴向刚度的计算方法

波纹管外径在 100～200 mm、波纹管内半径 $R_i\left(R_i=\dfrac{d_i}{2}\right)$ 和波峰半径 r 之比值 $m=\dfrac{r}{R_i}$ 小于 0.05 时，轴向刚度 K_a（N/mm）通常可以用式（7－17）进行计算（波纹管如图 7－5 所示），即矮波的波纹管刚度的计算公式为

$$K_a=\frac{E(1+0.013T^2)\delta^{2.5}Z}{0.4d_o^2\left(1-\dfrac{d_i}{d_o}\right)^3 n} \tag{7-17}$$

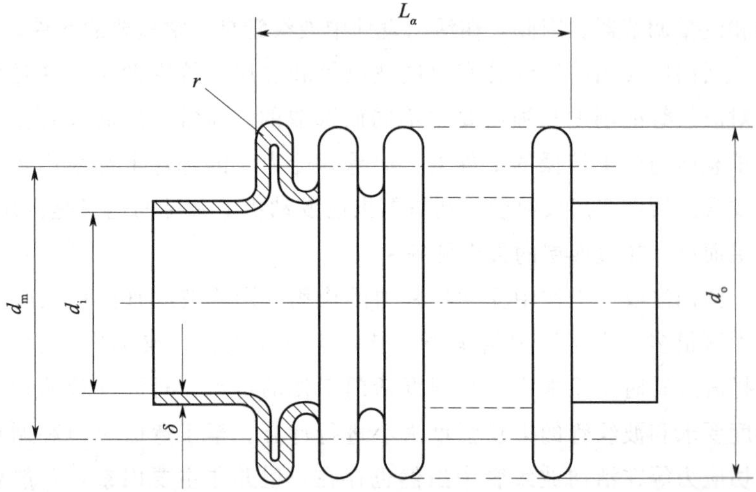

图 7－5　波纹管示意

式中　E——材料的弹性模量（MPa）；

T——波距（mm）；

δ——单层波纹管的壁厚（mm）；

Z——层数；

d_o——波纹管外径（mm）；

d_i——波纹管内径（mm）；

n——波纹数。

式（7-17）中没有引入参数 $m=\frac{r}{R_i}$，但引入了比值 $\frac{d_i}{d_o}$。

7.3.1.2　第二种轴向刚度的计算方法

轴向刚度的计算公式为

$$K_a=\frac{\pi E(R_o+R_i)}{24n}\left(\frac{\delta}{h}\right)^3 ZC \tag{7-18}$$

式中　C——形状修正系数，

$$C=\frac{1}{0.046\left(\frac{r}{h}\right)^3-0.144\left(\frac{r}{h}\right)^2+0.287\left(\frac{r}{h}\right)+0.082};$$

h——波纹管的波平均高度，$h=R_o-R_i$（mm）；

r——波峰的半径（mm）；

R_o——波纹管的外半径（mm）；

R_i——波纹管的内半径（mm）。

7.3.1.3　第三种轴向刚度的计算方法

这是在文献［54］中介绍的一种方法，该方法的特点是考虑的因素比较多，但和第二种方法有很多重要因素是一致的，其刚度的计算公式为

$$K_a=\frac{1.49C_tC_sZEd_i}{n}\left(\frac{\delta}{h}\right)^3 \tag{7-19}$$

式中　C_t——波纹管壁变薄修正系数；

C_s——层与层之间相互作用系数，单层波纹管 $C_s=1$，两层波纹管 $C_s=0.9$，三层或更多层的波纹管 $C_s=0.85$。

应用式（7-19）时应注意，若 E 和 d_i 的单位用 MPa 和 mm 时，则 K_a 的单位为 N/mm；若 E 和 d_i 的单位用 lb/in^2 和 in 时，则 K_a 的单位为 lb/in。

比较式（7-18）和式（7-19）后就可以看出，假如令式（7-19）的 $d_i \approx R_o + R_i$，则式（7-19）和式（7-18）是基本相似的。

火箭发动机中应用的波纹管大都是液压成形的，液压使其按模具形状产生径向膨胀，可以造成管壁变薄，通常可能引起 10%～40%的变薄量。随着变薄量的增大，C_t 值逐步下降，其下降规律按图 7-6 中的曲线变化，变薄量（%）是按图 7-7 中的公式确定的。

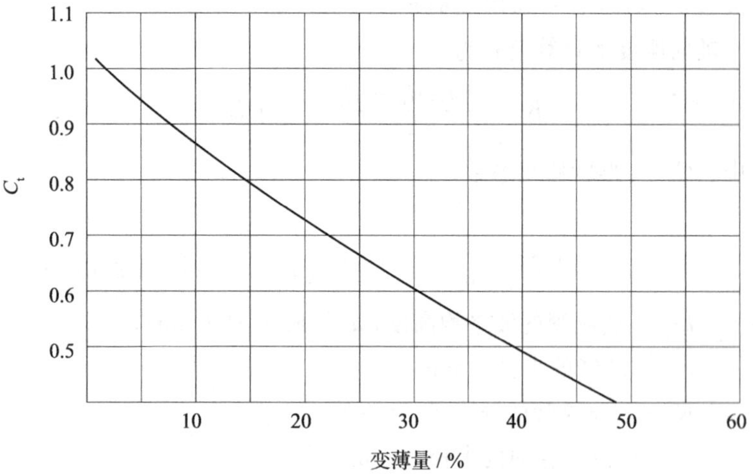

图 7-6　壁变薄修正系数和变薄量的关系

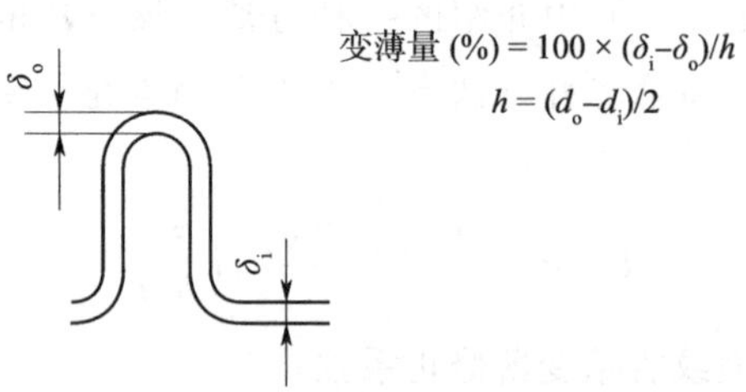

图 7-7　变薄量的计算公式和结构

δ_o—在波峰处实测的壁厚；δ_i—在波谷处实测的壁厚；h—波纹的平均高度

为了比较这 3 个公式的计算结果，利用下列波纹管的数据作一个算例。

三层波纹管的内径为 203.2 mm，外径为 224.03 mm，波纹管的自由长度为 170.84 mm，共有 22 个波。波纹管是因康镍 718 制成，单层壁厚 0.56 mm，求出该波纹管的轴向刚度。

因康镍的弹性模量 $E=2.08\times10^5$ MPa，制造中的管材变薄量为 20%，用以上 3 种方法求得的轴向刚度分别列于表 7 - 2 中。

表 7 - 2　轴向刚度计算值比较表

公式	轴向刚度 K_a/（N/mm）
式（7 - 17）	733.4
式（7 - 18）	714.8
式（7 - 19）	812.6

3 种方法的计算结果都相差不算太大。表 7 - 3 中列出了有关材料的 E 和泊松系数。

表 7 - 3　各种材料的弹性模量和泊松系数

材料名称	弹性模量 E/MPa	泊松系数 υ
低碳钢高合金钢	$2.0\times10^5\sim2.1\times10^5$	0.28
因康镍 718	2.08×10^5	0.28
高碳钢	2.2×10^5	0.29
锡青铜	0.9×10^5	—
无锡青铜	1.1×10^5	—
黄铜	$0.9\times10^5\sim1.4\times10^5$	0.32～0.42
镍	2.0×10^5	0.33

7.3.2 波纹管临界失稳压力的计算

波纹管的承载能力是通过临界失稳压力的计算和试验来确定的，波纹管的临界失稳压力和它的轴向刚度大小有关。下面介绍的临界失稳压力计算方法是根据文献［54］提供的。

7.3.2.1 波纹管承受内压时的临界失稳压力

波纹管承受内压时的临界失稳压力 p_{cri} 的计算公式为

$$p_{cri}=\frac{0.5K_a}{L_a\dfrac{d_o}{d_i}} \tag{7-20}$$

式中 L_a——波纹管轴向自由长度（mm）。

如果把表 7－2 中 3 种轴向刚度 K_a值代入式（7－20），则可得到表 7－4 中的 3 个临界失稳压力值。

表 7－4　波纹管受内压时的临界压力计算值

采用不同的 K_a	临界失稳压力 p_{cri} / MPa
①按式（7－17）K_a带入式（7－20）	19.5
②按式（7－18）K_a带入式（7－20）	19.1
③按式（7－19）K_a带入式（7－20）	21.7

由此可见，算例中的三层波纹管的临界失稳压力为 19.1～21.7 MPa。

7.3.2.2 波纹管承受外压时的临界失稳压力

波纹管承受外压时的临界失稳压力 p_{cro} 的计算公式为

$$p_{cro}=\frac{0.4E\delta Z}{(1-\upsilon^2)p_{ob}}\left(\frac{h}{d_m}\right)^3 \tag{7-21}$$

式中 p_{ob}——波纹管外压（MPa）；

υ——材料的泊松系数；

$h=\dfrac{d_o-d_i}{2}$ (mm)；

d_{m} ——波纹管均方根直径（mm），$d_{\mathrm{m}}=\sqrt{\dfrac{d_{\mathrm{o}}^{2}+d_{\mathrm{i}}^{2}}{2}}$。

将前面算例的参数代入式（7-21）后（$\upsilon=0.28$），可将式（7-21）写成下列形式，即

$$p_{\mathrm{cro}}=\frac{1\ 750.5}{p_{\mathrm{ob}}} \tag{7-22}$$

由式（7-22）可以看出，上述尺寸的三层波纹管，随着外压 p_{ob} 的增大，p_{cro} 逐步下降，当 p_{ob} 趋近 4.2 MPa 时，p_{cro} 也降到 4.2 MPa。由此可见，波纹管承受外压时，失稳压力值是很小的，约等于波纹管承受内压时临界失稳压力的 1/5。因此，在设计活门时应该尽量让波纹管在承受内压下工作才为合理。

7.4　氦气减压器

7.4.1　氦气减压器的用途

氢氧火箭发动机需要用很多活门来完成发动机起动前的吹除、气封、预冷，以及起动程序。这许多活门中有的直接和液氢、液氧接触，有的虽不直接接触低温介质，但也处于低温环境下工作。和液氢直接接触的活门，活门控制腔内的气体只能是氦气，否则，其他气体都会冻结成固体。操作活门的气体工作压力是根据泵后压力大小来设计确定的。氦气来自高压的气瓶供气系统，随着发动机工作过程中氦气的不断消耗，气瓶内的压力逐步下降，但活门控制腔内的压力必须是恒定的，这就需要在气瓶供气系统中设置减压器，保证充气工作的活门控制腔内始终处于某一恒定的压力。

氢氧火箭发动机上需要的减压器出口压力并非是一个固定值，主系统和副系统内用于起动关车的活门控制腔内，要求有一个较高压力的气源。用作吹除系统内减压器，只是要求保证孔板前压力恒定，从而获得一种恒定流量的气源，对于这种减压器出口压力，要

求的精度并不高，可以根据现场吹除要求随时调节来确定出口压力。但是，有的部位减压器的用途特殊，如涡轮泵的轴密封之间，为了防止轴密封失效时氢和氧相遇引发爆燃，设置一种氦气隔离装置。轴密封正常工作时，氦气隔离腔内保持恒定的低压环境，通常定在0.3～0.4 MPa范围内，如果轴密封泄漏时，甚至大漏时，要求这种减压器成为固定流量的吹除气源，以保证涡轮泵可以带故障正常工作，这是提高氢氧火箭发动机可靠性的重要措施之一。

用于控制推力精度的减压器，如氧副系统内设置压力稳定器时，其控制腔需要的是高精度压力源，这就需要采用高精度的减压器。因此，氦气减压器在氢氧火箭发动机上是非常重要的组合件，用途广泛。

7.4.2 减压器的工作特性

设计减压器时，减压器的出口压力是要求达到的设计值，而入口压力可以从气瓶初始的最高压力降到某一个允许的压力，这个允许压力必须大于出口压力某一个安全值。从气瓶初始的最高压力降到允许的最低入口压力的过程中，减压器出口压力始终保持在出口压力规定的偏差范围之内，减压器的这种性能称为减压器的工作特性。减压器入口压力高的时候，出口压力保持在额定压力的下限值；反之，减压器出口压力保持在上限值。

图 7-8 所示是一种典型的减压器。下面根据其结构来分析减压器的工作特性。

对于作用在减压器的可动部件上的所有力，可以写出在额定工况下的作用力平衡方程为

$$N_1 + N_2 + N_M + P_1 + P_2 = 0 \tag{7-23}$$

式中 N_1——额定工况下主弹簧向上的作用力；

N_2——上活门副弹簧向下的作用力；

N_M——膜片向下的作用力；

P_1——减压器入口压力 p_1 作用在不平衡面积上向下的作用力；

P_2——减压器出口压力 p_2 作用在膜片上的向下作用力。

在装配减压器时，将主弹簧处于最大压缩量时，即把减压器活门关闭，可以得到主弹簧的最大向上作用力 $F_1 = K_1 l_{max}$（K_1 为主弹簧的刚度（N/mm），l_{max} 为最大压缩量（mm）），则有

$$N_1 = F_1 - K_1 h \tag{7-24}$$

式中　h——减压器活门开度（mm）。

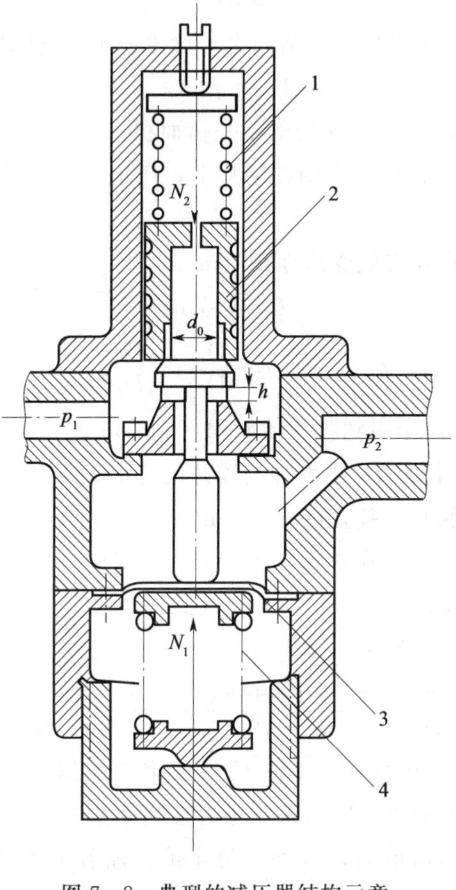

图 7-8　典型的减压器结构示意

1—副弹簧；2—阻尼塞；3—膜片；4—主弹簧；

p_1—减压器入口压力；p_2—减压器出口压力；h—活门的开度

$$N_2 = F_2 + K_2 h \tag{7-25}$$

式中 K_2——副弹簧刚度（N/mm）；

F_2——副弹簧在活门关闭时的作用力，在装配时测定。

减压器膜片上由于出口压力 p_2 的作用，在额定工况时受向下作用的力为

$$N_M = K_M h \tag{7-26}$$

式中 K_M——膜片刚度（N/mm）。

减压器入口压力作用在活门上，产生一个向下的作用力为

$$P_1 = p_1 A_0 \tag{7-27}$$

式中 A_0——活门受 p_1 作用的不平衡面积。

减压器出口压力 p_2 作用在膜片上，产生一个向下的作用力为

$$P_2 = p_2(A_e - A_0) \tag{7-28}$$

式中 A_e——膜片有效受压面积（mm^2）。

$$A_e = b_M A_M \tag{7-29}$$

$$b_M = \frac{1}{3}\left[1 + \frac{D_1}{D_2} + \left(\frac{D_1}{D_2}\right)^2\right] \tag{7-30}$$

式中 A_M——p_2 作用到膜片的面积（mm^2）；

b_M——计算膜片刚度并与膜片的变形大小有关的修正系数；

D_1——膜片下托盘的直径（mm）；

D_2——膜片工作直径（mm），$D_2 > D_1$。

将式（7-24）～（7-28）代入式（7-23）后，经整理得到减压器的工作特性方程为

$$p_2 = \frac{F_1 - F_2}{A_e - A_0} - \frac{K_1 + K_2 + K_M}{A_e - A_0} \cdot h - \frac{A_0}{A_e - A_0} \cdot p_1 \tag{7-31}$$

式（7-31）中的第一、二两项值都在减压器装配调整时已确定，只有第三项随着减压器入口压力变化而影响 p_2 的变化。当 p_1 处于初始状态的高压值时，p_2 处于最小值；随着工作时间的增加，p_1 逐步下降，则 p_2 也就逐步增大；当 p_1 降到最小值时，p_2 处于上限值。

式（7-31）中的活门开度 h 是减压器耗气量的函数，在分析减

压器工作特性时是变量。只有把 h 和耗气流量的关系式代入后，式（7－31）才可以应用。设计减压器时，必须根据要求的最大耗气量来确定活门的通流面积 A_0。在减压器下游的各种被控的活门不动作时，虽然没有大量耗气，但也需保持一个微量的耗气以使出口压力稳定在某一预调的压力值。在入口压力初始的高压条件下，h 值就变得很小。

通过减压器活门的气流，可以是超声速气流，也可以是亚声速气流，需要根据下列判别式来确定：

$\frac{p_2}{p_1} \leqslant \left(\frac{2}{k+1}\right)^{\frac{k}{k-1}}$ 时，为超声速流动；

$\frac{p_2}{p_1} > \left(\frac{2}{k+1}\right)^{\frac{k}{k-1}}$ 时，为亚声速流动。

对于氦气：$k \approx 1.67$，$\left(\frac{2}{k+1}\right)^{\frac{k}{k-1}} = 0.487$；

对于空气：$k \approx 1.4$，$\left(\frac{2}{k+1}\right)^{\frac{k}{k-1}} = 0.528$。

首先讨论超声速工况，质量流量的表达式为

$$G = \mu p_1 A_0 \sqrt{\frac{k}{RT_1}} \left(\frac{2}{k+1}\right)^{\frac{k+1}{2(k-1)}} \tag{7-32}$$

式中　μ——流量系数；

G——气流质量流量（kg/s）；

T_1——减压器入口温度（K）。

令

$$Y = \sqrt{\frac{k}{R}} \left(\frac{2}{k+1}\right)^{\frac{k+1}{2(k-1)}} \tag{7-33}$$

氦气的气体常数 R＝2 078.2 J/（kg·K），空气的气体常数 R＝287.06 J/（kg·K）。因而有

$$G = \mu p_1 A_0 \frac{Y}{\sqrt{T_1}} \tag{7-34}$$

对于亚声速气流，$Y = \sqrt{\frac{2k}{(k-1)R}\left[\left(\frac{p_2}{p_1}\right)^{\frac{2}{k}} - \left(\frac{p_2}{p_1}\right)^{\frac{k+1}{k}}\right]}$，减压器

活门的气体节流面积 $A_0=\pi d_0 h$，h 和 d_0 如图 7－8 所示，则有

$$G=\mu p_1 \pi d_0 h \frac{Y}{\sqrt{T_1}} \tag{7-35}$$

由此得出活门开度和气流质量流量的关系为

$$h=\frac{G\sqrt{T_1}}{\mu p_1 \pi d_0 Y} \tag{7-36}$$

活门开度 h 与 G 和 $\sqrt{T_1}$ 的乘积成正比，与 p_1 成反比。对于亚声速流动，Y 与 $\frac{p_2}{p_1}$ 有关，因此，h 也与 Y 的变化有关。

由于减压器下游的被控活门需要的气量不同，而各活门腔的大小各异，质量流量在使用上不方便，可把式（7－36）改写成和容积流量有关的表达式更方便一些。

减压器下游的容积流量 Q_2 和 G 的关系为

$$G=Q_2\rho_2=\frac{Q_2 p_2}{RT_2} \tag{7-37}$$

式中 ρ_2——气流密度（kg/m^3）；

T_2——气流下游温度（减压器出口温度）。

$$\frac{T_2}{T_1}=\left(\frac{p_2}{p_1}\right)^{\frac{k-1}{k}} \text{或} \ T_2=T_1\left(\frac{p_2}{p_1}\right)^{\frac{k-1}{k}} \tag{7-38}$$

将式（7－37）和式（7－38）代入式（7－36）并经整理后得到

$$h=\frac{Q_2}{\mu\pi d_0 RY}\cdot\frac{1}{\sqrt{T_1}}\left(\frac{p_2}{p_1}\right)^{\frac{1}{k}} \tag{7-39}$$

式（7－39）为减压器活门开度和气体的热力参数、容积流量以及它的结构参数有关的表达式。将式（7－39）代入式（7－31）后得

$$p_2=\frac{F_1-F_2}{A_e-A_0}-\frac{K_1+K_2+K_M}{A_e-A_0}\cdot\frac{Q_2}{\mu\pi d_0 RY}\cdot\frac{1}{\sqrt{T_1}}\left(\frac{p_2}{p_1}\right)^{\frac{1}{k}}-\frac{A_0}{A_e-A_0}\cdot p_1 \tag{7-40}$$

式（7－40）为减压器工作时的实际工作特性方程。由式（7－40）可以看到，当减压器下游的各种被控活门动作而大量耗气时，

Q_2的流量大幅度增加，p_2即降低压力。瞬时流量 Q_2非常大时，p_2瞬时下降的幅值也很大，因此式（7－40）能表示出减压器的动特性工作。

7.4.3　氦气减压器使用中应注意的问题

7.4.3.1　减压器装配可采用空气进行生产工序测试

氦气是稀有气体，价格昂贵。在装配减压器时，通常要测试它的工作特性，若用氦气测试，成本太高，因此不得不采用空气来进行生产工序的测试。这里必须注意氦气和空气流量的换算问题。测定减压器出口压力 p_2和 p_1变化的关系时，通常都在减压器出口装一个标准孔板，而后一起装在如图 7－9 所示的试验台上进行减压器特性测试。测试时都采用压缩空气或氮气（试车台现场用氮气），只有在发动机试车时才改用氦气。根据图 7－9 所示的系统，可以在孔板前后建立伯努利方程，并推导出容积流量方程为

$$Q_2 = \mu A \sqrt{2 \frac{k}{(k-1)} \cdot R(T_2 - T_3)} \qquad (7-41)$$

式中　Q_2——通过孔板的容积流量（m^3/s 或 L/s）；

A——孔板节流面积（m^2）；

R——气体常数（J/（kg · K））；

T_2——孔板前温度（K）；

T_3——孔板后温度（K）；

k——绝热指数；

μ——孔板流量系数。

如果空气测试系统和发动机上用氦气工作时流量系数相差不大（$\mu_{He} \approx \mu_{空气}$），而且 $T_2 \approx T_3$，则用式（7－41）计算空气流量和计算氦气流量的差别可用式（7－42）来比较，即

$$\frac{Q_{2He}}{Q_{2空气}} = \frac{\sqrt{\dfrac{k_{He}}{k_{He}-1} R_{He}}}{\sqrt{\dfrac{k_{空气}}{k_{空气}-1} R_{空气}}} \qquad (7-42)$$

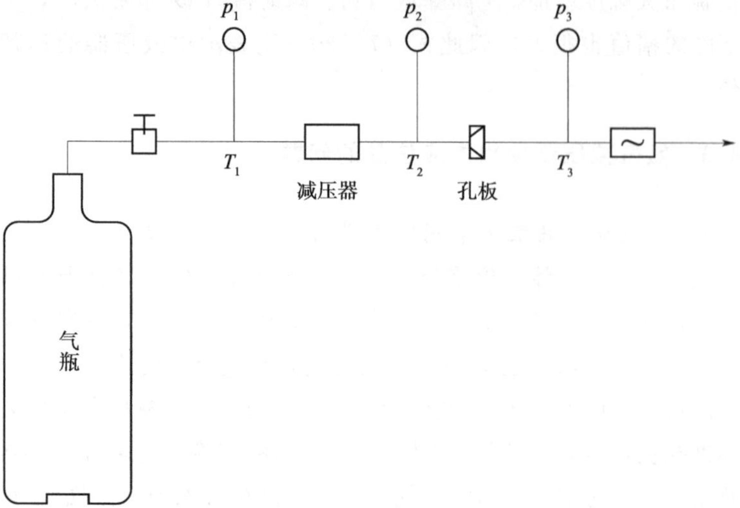

图 7-9 减压器试验系统

式中 $k_{He}=1.67$；

$k_{空气}=1.4$；

$R_{He}=2078.2$ J/（kg·K）；

$R_{空气}=287.06$ J/（kg·K）。

将以上数据代入式（7-42）后，则可以得到空气试验测得的流量换算到发动机试车时需要的氦气流量的关系式为

$$Q_{2He}=2.271Q_{2空气} \tag{7-43}$$

式（7-43）可以在装配减压器的生产车间和发动机试验现场广泛地应用，应用的效果是比较好的。在火箭发射现场也是用式（7-43）进行简单的换算。应用式（7-43）进行换算，可以在生产中和发动机测试中节省大量的氦气。

7.4.3.2 检查减压器的气路振荡特性必须用氦气

减压器很容易在气路工作中激发起振荡，特别是有的减压器工作稳定性不太好，必须用氦气来进行筛选试验。由式（7-43）可知，相同的工作条件，氦气流量比空气中测得的流量约大 2.3 倍。

如果减压器的工作稳定性余度不太大，而发动机系统中有时又可能有激发振荡的干扰因素存在，则仅仅用空气做系统特性测试是不可靠的，必须用氦气进行测试检查。

7.4.3.3　使用氦气减压器的气路系统不应与大的干扰源连接

使用氦气减压器的气路系统应避免与大的干扰源连在一起，特别是连接膜片式气动转换活门。在氢氧火箭发动机上，为了减少电动气活门的数量，常常用气动转换活门来代之。如果该气动活门是波纹管式的，频率特性和减压器膜片完全不同，则不会构成干扰源；如果气动活门是膜片式的，而气动活门膜片的自振频率和减压器比较接近，则可以组成耦合振荡回路，会形成不稳定工作系统，这是要绝对避免的。这种系统不仅不应该存在于氦气系统内，也不应该存在于空气减压器系统内。

7.5　低温流量控制器——汽蚀文氏管

氢氧火箭发动机是根据运载任务的不同需求来装配的。装配时根据推力大小和混合比不同，来调整主系统两种流量和涡轮泵转速要求的副系统两种流量。因此，装配发动机之前必须首先确定主系统流量大小分配和副系统流量大小，以满足涡轮泵转速的要求。通过计算得出各个管路应安装的各种不同的流量控制器，以实现精确的流量控制。液体火箭发动机上通常采用 3 种流量控制器，即流量调节阀、孔板和汽蚀文氏管。这 3 种流量控制器都用于早期的液体火箭发动机上，但实际使用中发现，流量调节阀虽然可以无级调节流量，但经常容易出现各种各样的故障，以致影响了发动机工作的可靠性；而采用孔板和汽蚀文氏管分级调节流量，也能够满足发动机参数调节的要求。因此，就不再使用流量调节阀了。在此我们只讨论孔板和汽蚀文氏管两种流量控制器，主要研究汽蚀文氏管的设计问题，因为孔板设计比较简单，汽蚀文氏管的设计比较复杂，涉及热力学上比较复杂的问题，需要专门研究。

7.5.1 不可压缩流体汽蚀文氏管的设计理论

通常认为液氧和水差不多，属于不可压缩流体。它的密度和水比较接近，黏性系数和水也相差不太远，在汽蚀文氏管喉部发生汽蚀时都会产生收缩流动面积的现象。因此采用汽蚀文氏管做液流试验时，总是把水当成液氧的模拟介质来使用，其流动过程示意如图7－10所示。

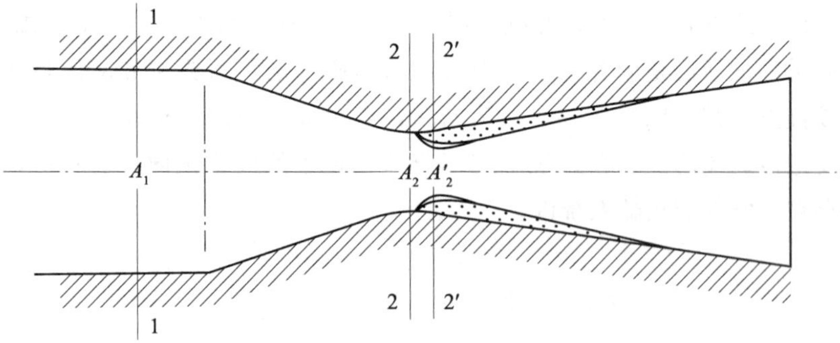

图 7－10　汽蚀文氏管工作示意

$A_2 = A_{cr}$

图 7－10 中的 A_1是汽蚀文氏管入口的来流截面积，A_2是汽蚀文氏管的喉部截面积。当发生汽蚀时，A_2的下游由于表面张力的作用，就会产生气液分离，在此截面的汽相压力就是该液体的饱和蒸气压，从而形成收缩液体截面而变成 A'_2，而且 A'_2 是随着汽蚀深度的增加而变小。A'_2 是真正控制汽蚀文氏管流量的截面积。随着液体工作温度的升高，该液体的表面张力下降，就会使 A'_2变大，通过汽蚀文氏管的容积流量可能会略有增大。由此可见，表面张力对汽蚀文氏管的特性影响很大，水的表面张力比液氧约大 5 倍，水并非液氧最好的模拟介质；只是水使用方便，工程上仍然用水做模拟介质。如果当地的压力和温度都达到该液体的临界值，则该液体的表面张力已降到 0，这时汽蚀文氏管已不能产生汽蚀，汽蚀文氏管就自动变成节流装置或声速喷嘴。因此，A'_2 的变化取决于流体热力状态，它是受

热力状态控制的活的截面积。研究不可压缩流体的汽蚀文氏管的设计理论时，要严格限定工作压力应低于该流体的临界压力和临界温度，这样才能假定喉部上游的流体是连续的，从而建立连续流体的伯努利方程。

7.5.2　伯努利方程的建立

假设流体从截面 1 - 1 到截面 2 - 2 是连续流动，截面 2 - 2 之后已成汽蚀区的两相流动，从图 7 - 10 取截面 1 - 1 到截面 2 - 2，应用连续方程的概念，建立起伯努利方程为

$$\frac{p_1}{\rho}+\frac{\alpha_1 v_1^2}{2g}=\frac{p_2}{\rho}+\frac{\alpha_2 v_2^2}{2g}+\xi_{1-2}\frac{v_2^2}{2g} \tag{7-44}$$

式中　p_1——汽蚀文氏管入口压力；

p_2——汽蚀文氏管喉部压力，由于喉部已发生汽蚀，所以常令 p_2 等于流体的饱和蒸气压力 p_s，即 $p_2=p_s$；

v_1，v_2——对应于 1 - 1 和 2 - 2 两截面下的流速；

ξ_{1-2}——截面 1 - 1 到截面 2 - 2 的流阻损失系数，从流体力学手册查得；

α_1，α_2——截面 1 - 1 和截面 2 - 2 的流体速度型面修正系数；

A_1——汽蚀文氏管入口截面积；

ρ——流体在汽蚀文氏管入口的密度；

g——重力加速度。

式（7 - 44）经过变换，最后可得到汽蚀文氏管的质量流量计算方程为

$$G=\mu A_2\sqrt{2g\rho(p_1-p_2)} \tag{7-45}$$

式中　A_2——汽蚀文氏管喉部截面积；

G——汽蚀文氏管质量流量；

μ——汽蚀文氏管流量系数，$\mu=\dfrac{A_1\varepsilon_2}{\sqrt{(\alpha_2+\xi_{1-2})A_1^2-\alpha_1\varepsilon_2^2A_2^2}}$。

令 $\varepsilon_1=\dfrac{A_2}{A_1}$，称为汽蚀文氏管的收缩比，则 $A_1=\dfrac{A_2}{\varepsilon_1}$，代入汽蚀

文氏管流量系数公式并整理后得

$$\mu = \frac{\varepsilon_2}{\sqrt{(\alpha_2 + \xi_{1-2}) - \alpha_1 \varepsilon_1^2 \varepsilon_2^2}} \tag{7-46}$$

7.5.3 几点说明

1）通常都令汽蚀文氏管喉部截面的流体速度型面修正系数 $\alpha_2 = 1.03$。

2）$\varepsilon_2 = \frac{A'_2}{A_2}$，假如用透明有机玻璃制成的汽蚀文氏管做水的汽蚀试验，在汽蚀文氏管喉部截面处，可以清晰地看到喉部截面下游液体收缩截面 A'_2 。这是因水和所有其他液体一样存在表面张力而造成的；但随着入口工作压力的提高，A'_2 会发生逐步变小的现象。这种现象称为汽蚀深度增加，在水力学上有的学者把 A'_2 称为活的喉部面积，它是真正控制流量的截面积。那么，ε_2可称为活的喉部收缩系数。ε_2和汽蚀深度有关，是汽蚀文氏管水力损失大小的标志。通常把汽蚀深度系数的表达式写为 $\varphi = \frac{p_1 - p_3}{p_1}$（$p_3$为汽蚀文氏管出口压力），则有 $\varepsilon_2 = f(\varphi)$ 。该函数可以通过汽蚀文氏管的水力试验求得。大量试验结果表明，随着 φ 数值的增大，ε_2就逐步下降。最后，将汽蚀文氏管的质量流量方程的展开式写为

$$G = \frac{\varepsilon_2}{\sqrt{(\alpha_2 + \xi_{1-2}) - \alpha_1 \varepsilon_1^2 \varepsilon_2^2}} \cdot A_2 \sqrt{2g\rho(p_1 - p_s)} \tag{7-47}$$

式（7－47）就是设计不可压缩流体（包括液氧）汽蚀文氏管的流量方程。这里的流体密度 ρ 取汽蚀文氏管入口压力下的数值。

3）液氧的临界压力为 5 MPa，临界温度为 154 K。随着大推力氢氧火箭发动机的发展，燃烧室压力也大幅度提高，液氧泵后压力可能远超过液氧的临界压力，泵后的温度也会有所升高。这时，仍然可认为是不可压缩流体；但当汽蚀文氏管工作压力不仅远超过液氧的临界压力，而液氧的温度也接近其临界温度时，用式（7－47）求得的质量流量 G 可能会产生较大的误差。对液氧来说，这种情况在火箭发动机

的一般工作中可能不会出现，有特殊情况出现时再讨论。

7.5.4　液氢汽蚀文氏管的设计

液氢既不能说它是不可压缩流体，也不能认为它像气体那样是完全可压缩流体。工业应用的液氢，实际上是基本处于饱和线上的液体，在液氢表面会出现不断蒸发的现象，只有在略增压之后，才能看到比较平稳的气和液分界面。在挤压式试车时，首先对试车台系统进行低压预冷。这时经常观察到液氢管路系统的温度会长时间稳定在 20.6 K，但试车开始前突然增压到 4.5 MPa 后，液氢管路系统内温度会立即升到 23 K。这是液氢（可能含有少量气氢）受压缩产生的升温反应。当然，这并不符合热力学规律，但是可说明液氢确实具有一定程度的可压缩性，在设计液氢汽蚀文氏管时必须考虑这种现象的影响。

在建立液氢流动中的伯努利方程时就不能如式（7 - 44）那样，把等式两边的密度写成完全相同，而应该把截面 1 - 1 和截面 2 - 2 两处的密度分别写成 ρ_1 和 ρ_s，即在截面 2 - 2 处应该用饱和线上的压力和密度。于是令 $m=\frac{\rho_s}{\rho_1}$，m 称为液氢密度修正系数。液氢的临界压力为 1.28 MPa，临界温度为 33.2 K。在小推力氢氧火箭发动机上，燃烧室压力都比较低，都采用单级离心泵，泵后的温升一般在 26～29 K。虽没有接近其临界温度，但对汽蚀文氏管的特性已有明显影响，因此必须考虑温度修正问题。于是在式（7 - 47）中除引入流体的密度修正外，还需要对不同的入口温度产生的影响进行温度修正。

通常都测量汽蚀文氏管的入口温度 T_1，当 T_1 等于 23 K 或小于 23 K 时是不需要进行温度修正的；当 T_1 超过 30 K 时由于液氢的表面张力随温度变化得非常剧烈，汽蚀现象已不稳定，式（7 - 47）就无法再使用。因此，液氢汽蚀文氏管特性计算公式只适合在 30 K 温度以下使用，而需要温度修正的范围仅在 23 ～ 30 K 之间。温度修正系数 χ 随相对温度 θ 变化的函数关系式为

$$\chi = 1 + 0.461\theta - 0.457\theta^2 + 0.761\,9\theta^3 \tag{7-48}$$

式中 θ——无因次温度，$\theta = \dfrac{T_1 - 23}{T_{cr} - 23}$；

T_{cr}——液氢的临界温度；

T_1——液氢汽蚀文氏管入口温度。

在小推力较低室压的氢氧火箭发动机上，液氢汽蚀文氏管的特性计算公式为

$$G = \frac{\chi\varepsilon_2}{\sqrt{(\alpha_2 + \xi_{1-2}) - \alpha_1\varepsilon_1^2\varepsilon_2^2}} \cdot mA_{cr}\sqrt{2\rho_1\frac{p_1 - p_s}{m}} \tag{7-49}$$

式中 A_{cr}——液氢汽蚀文氏管喉部截面积。

7.5.5 高室压大推力氢氧火箭发动机的流量控制问题

随着氢氧火箭发动机推力的加大，燃烧室压力提高，在推进剂供应系统中必须采用多级液氢泵技术，这就带来了一系列的技术问题。多级液氢泵的泵后温度要比单级液氢泵高得多。例如美国航天飞机主发动机 SSME 上采用三级离心泵，泵后管路中测出的液氢温度已高达 51.4 K，实际上已是高超临界气氢。苏联研制的大推力氢氧火箭发动机 RD-0120，三级液氢泵的效率可能略低一些，泵后的温度竟高达 57.6 K。在这样高的泵后温度下，肯定不能用汽蚀文氏管技术来控制流量了。

在研制工作中可能会遇到以下一种情况，研制的氢氧火箭发动机上采用了两级液氢泵，初期的液氢泵效率较低，泵后的温度达 41 K，后经过改进的泵效率提高了，泵后的温度恰降到 34 K。这就非常接近液氢的临界温度 33 K 了。前面已经讨论到临界温度附近液氢的热力学性能变化剧烈，设计流量控制元件比较困难。在这个温区的表面张力随温度变化非常剧烈，无法实现稳定的汽蚀工况，一般不能采用汽蚀文氏管作流量控制元件，只能应用声速喷嘴原理实现流量控制。现在来研究如何应用声速喷嘴设计原理进行流量控制器的设计问题。在此令 a 代表流体的声速，则有

$$a = \sqrt{kRT} \tag{7-50}$$

式中　k —— 氢绝热指数；

R —— 氢气体常数；

T —— 氢温度。

现在可以利用声速写出氢的质量流量公式为

$$G = A_{cr}\rho a \tag{7-51}$$

式中　A_{cr}——声速喷嘴喉部截面积；

ρ——声速喷嘴入口氢密度。

在应用式（7－50）计算声速时，必须正确代入绝热指数 k，因为在临界温度附近氢的等压比热 c_p 随温度变化非常剧烈，而等容比热 c_v 随温度变化的程度并不大。由于 $k=\frac{c_p}{c_v}$，就造成 k 变为随温度变化非常剧烈的参数。如果不正确处理 k 的问题，就不能求得 k 的正确数值，就会影响流量控制的精度。从式（7－50）和式（7－51）可以看到，影响质量流量比较大的主要参数是 k 和 ρ 。研制工作中遇到的两级液氢泵后的温度变化范围为34～41 K，三级液氢泵后的温度变化范围为50～57 K。现在将 k 和 ρ 值随温度和压力变化而变化的情况举例介绍如下。

1）声速喷嘴入口压力为9.84 MPa时，k 值和氢密度随温度变化的规律列于表7－5以供参考[57]。

表7－5　氢的绝热指数和密度随温度变化的规律

温度/K	绝热指数	氢密度/（kg/m³）
34.4	1.832	68.182
35.6	1.873	67.124
41.7	2.111	60.920
52.8	2.369	48.913
55.6	2.379	46.075
53.8	2.360	43.403

当氢的工作压力远超过其临界压力后，氢密度随温度升高而下降的变化规律比较缓慢。而绝热指数随温度的变化规律有些特殊，在 34 K 之后，先是随温度的升高而增大，到 55.6 K 时，达到 2.379 的最高值，以后就随温度的升高而逐步下降。当温度升到 155.6 K 时，k 值降到 1.400 3。继续升高温度，k 值的变化非常小。在 155.6 K时氢气的密度只有 14 kg/m^3 。因此，二级液氢泵的泵后温区是绝热指数随温度变化比较剧烈的工作区。要严格按声速喷嘴入口温度对应的绝热指数代入式（7－50）或式（7－51）进行计算，其结果才符合实际。

2）对于高室压大推力氢氧火箭发动机上流量控制器的设计，可根据前述理论将式（7－50）和式（7－51）合并，再乘以声速喷嘴的流阻损失系数 ζ 后，就可写出以声速喷嘴设计理论为基础的流量控制器特性计算方程为

$$G = \zeta A_{cr} \rho \sqrt{kRT} \tag{7-52}$$

式中　ζ——声速喷嘴的流阻损失系数，可通过氢的模拟介质试验取得具体喷嘴的流阻损失系数（这里指的氢模拟介质就是低温气氮）。

在 110～130 K 低温区气氮的黏性系数和液氢非常接近，只要调整相应的工作压力，就能使低温气氮的密度接近液氢，于是可以要求液氢和模拟介质之间的雷诺数相等，即

$$Re = \frac{wd}{v} \tag{7-53}$$

式中　w——流速（m/s）；

d——声速喷嘴的最小孔径（m）；

v——运动黏性系数，$v = \frac{\eta}{\rho}$（η 为黏性系数（$(N \cdot s)/m^2$），ρ 为密度（kg/m^3））。

这样，在模拟介质试验中获得的流阻损失系数应该和液氢比较接近。在大推力高室压的氢氧火箭发动机上不能再用水作模拟介质进行汽蚀文氏管的特性试验，更不应该把水中测得的流量系数试验

数据用于发动机的调整计算中。

3）在声速喷嘴计算公式（7 - 52）中已不存在活面积 A'_2 的影响，故通过氢模拟介质试验获得声速喷嘴的流阻损失系数 ζ 应该略大于用水试验获得的汽蚀文氏管流阻损失系数 μ 。如果发动机上副系统采用的是汽蚀文氏管的水试数据，而泵后的温度已达 34 K，则汽蚀文氏管就会自动转成声速喷嘴的工况。因为这时流体已没有表面张力，不可能再出现汽蚀区和 A'_2 的液流面积收缩现象。因此，声速喷嘴工作的质量流量必然大于汽蚀文氏管的质量流量。这就是按汽蚀文氏管设计的流量控制器的实际工况是声速工况，发动机试车推力偏大的原因。改进的办法是将该汽蚀文氏管用模拟介质进行声速喷嘴要求的特性试验，测定声速喷嘴的流阻损失系数 ζ，按式（7 - 52）重新进行发动机调整计算，这样发动机推力才能调得准。

总之，当氢泵后温度超过液氢的临界温度后，液氢已失去表面张力，不会产生汽蚀现象，流量控制元件不能应用汽蚀文氏管原理来设计，只能应用声速喷嘴理论设计。

第 8 章　氢的安全使用技术

氢是一种高能燃料，如果使用不当是有危险的。早期人们对氢的了解不够多，产生过一些严重的爆炸事故，爆炸原因也说不清楚，有时把事故描述得过于夸张，造成了对氢的恐惧感，这也是没有必要的。现在人们已经熟知氢的特性，它已成为火箭工业上的一种重要的高能燃料，正如文献［58］介绍“在许多方面，氢比汽油安全，漏出的氢气直接进入空气中，比残留缓慢蒸发的液体要好”。关键问题是人们应该正确认识氢的特性，并把爆炸事故的原因分析清楚。采用一些安全措施，氢燃料的安全使用是不成问题的。

1937 年 5 月 6 日的兴登堡（Hindenburg）飞艇的大火灾把氢的名声搞坏了。兴登堡飞艇原是按氦气作升降工质而设计的，该飞艇已成功地完成了从欧洲到美国的 10 次往返飞行。由于德国人当时不可能从美国得到大量的氦，所以不得不改用氢作工质。改用氢的首次飞行，计划在美国新泽西州的莱克赫斯特（Lakehurst）海军机场着陆，当飞艇到达该机场的前 1 h，机场地区下了一场大的雷雨，大气中还存在静电位较高的气层[59]，由于飞艇降落时必须放出一部分氢气，而排氢时最容易产生静电发火效应，因而发生了大火灾，造成 35 人死亡，当然还有 65 人是活着的。氢气是绝对不能作飞艇工质的，因氢气流动本身就会产生很高的静电位而发火，即使莱克赫斯特机场不发生雷雨，这次飞行也是一种违反安全使用条例的活动。下面重点介绍氢的危险性问题。

8.1　高压氢气瓶的泄漏危险

高压氢气瓶的法兰密封泄漏是非常危险的，因为氢是一种非导电物质，在高压氢气泄漏时一定在漏隙处产生很高的流速，高速氢气流动，由于气流内自身的摩擦或气流和管壁的摩擦，可以使氢气流带电，而随着气流速度的加大，氢气流的静电位也升高，从而形成高电位氢气流，使带电氢气在空气中着火燃烧。几乎所有高压氢气瓶密封泄漏时都会伴随着火灾，大都是高电位氢气流着火引起的。前面所述的兴登堡飞艇降落放氢而引起的着火，当时归咎于莱克赫斯特机场下了大雷雨，其实，即使不下雷雨也可能着火。

氢气瓶和排氢管道应有良好的接地设施，可以避免静电积累。如果高速流动的泄漏氢气通过导管变成低速排到大气中，危险性就大大减小了。

氢与其他气体相比，不仅分子量最小，而且黏度也是最小的(其黏性系数见表 8－1)，气体的泄漏速率与其黏度成反比，氢的黏度最小，因此它具有最大的泄漏速率。但氢还具有另外一种特性，即它极易扩散。氢的扩散系数比空气大 3.8 倍[60]，若将 2.25 m^3 液氢倾泻在地面，仅需经过 1 min 之后，就能扩散成为不爆炸的安全混合物。因此，微量的氢气泄漏，可以在空气中很快稀释成安全的混合气体。这是氢燃料的又一优点。燃料泄漏后不能马上消散是最危险的。表8－2列出了各种工业燃料在常温下的扩散系数。以表8－2中的扩散系数进行比较，氢的扩散系数比汽油大 7.5 倍。由此可以证明文献［58］中说氢比汽油安全是有根据的。

表 8－1　各种气体的黏性系数[59]

工业气体	黏性系数/((N·s)/m^2)	温度/℃
氧	2.027×10^{-4}	25
氦	1.939×10^{-4}	25.22
空气	1.808×10^{-4}	26.67
氮	1.750×10^{-4}	26.67
二氧化氮	1.473×10^{-4}	26.67
甲烷	1.094×10^{-4}	26.67
氢	0.875×10^{-4}	25

表 8-2[59]　各种工业燃料的扩散系数

燃料	氨	船用柴油	乙醇	汽油	联氨	氢	甲烷	JP-5	甲醇
扩散系数（室温下）/（cm^2/s）	0.282	<0.1	0.128	<0.1	0.146	0.752	0.231	<0.1	0.151

氢气瓶安放的地方只要保持敞开性和良好的通风，安全是有保障的。

氢的另一个危险性是它和空气混合后的燃烧极限的范围很宽，按体积比计为4%～75%；氢和空气的混合物，其爆轰极限也很宽，为18%～59%（按体积比计）。因此，不能因为氢的扩散能力很大而对氢的爆炸危险性放松警惕。

8.2　氢的着火、爆燃和爆轰

氢并非自燃燃料，它的燃点温度也比较高（574 ℃），但绝不要因此就认为氢是不容易着火和燃烧的。实际上氢不论在空气中还是在氧气中，都是很容易点燃的。这是因为氢的最小着火能量很低，根据文献［60］的报道，在空气中氢的最小着火能量仅为0.019 mJ，在氧气中的最小着火能量更小，仅为0.007 mJ。如果用静电计测量化纤上衣摩擦而产生的放电能量，则该能量比氢和空气混合物的最小着火能量还大好几倍，这足以说明氢的易燃性。

氢在空气中的着火能量，随着含氢量的体积百分比变化而变化。从图8-1中的曲线可以看出，氢在空气中的最小着火能量在含氢量28%左右；而随着含氢量的下降，着火能量升高得很快；当含氢量减小到10%以下，则着火能量升高一个数量级。随着含氢量增大，则点火能量也呈相似的上升规律，当含氢量增大到58%时，着火能量也升高一个数量级。最危险的范围是空气中氢含量为25%～32%。

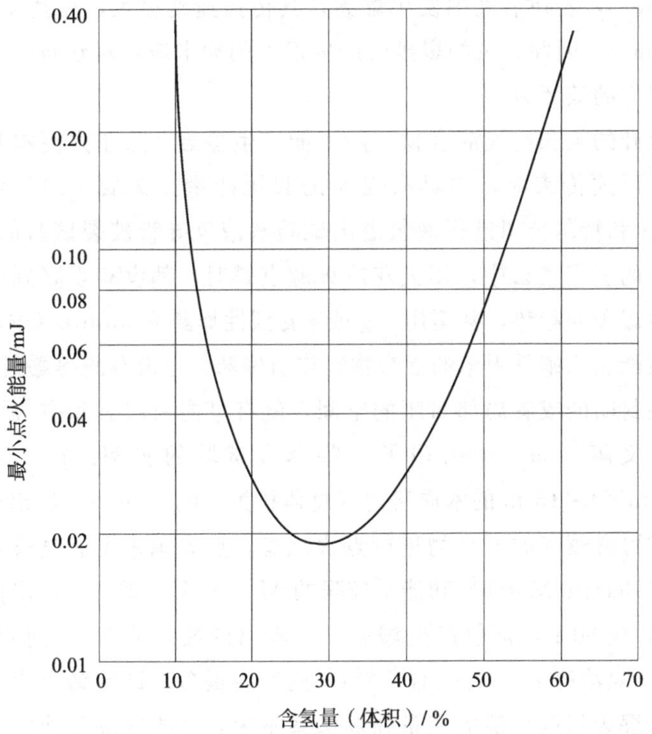

图 8－1　空气一氢混合物的最小着火能量[61]

氢同空气混合后，其燃烧极限很宽，在常压常温下为 4%～75%的含氢体积比，这种宽范围的燃烧极限，只有乙炔和氨才超过它。

氢和氧气混合，其燃烧极限更宽，为 4.5%～94%，其着火温度也略有下降，为 560℃。由于氢氧着火能量非常低，所以氢氧混气是很容易点燃的。

根据燃烧速度的不同，可以把氢氧燃烧分成爆燃和爆轰两种形式。爆燃是一种自生的连锁反应，反应过程是借助于分子运动特性，把能量从燃烧部分传递到氢的未燃烧层。爆燃的速度比较慢，燃烧的传播速度为亚声速，只有每秒几十米。而爆轰的传播速度是超声速，在空气中发生爆轰，则向四周的传播速度可高达 1 400～

2 300 m/s，若在氧气中发生爆轰，其传播速度更大，可达 1 400～3 550 m/s。因此，氢的爆轰会产生很大的冲击波，对建筑物和人都具有很大的破坏力。

敞开的氢和空气混合物一般不能产生爆轰，除非火源本身以冲击波的形式传来时，并具有很大的起爆能量。文献［59］介绍了A·D·利特尔公司进行液氢溢出试验和液氢导管破裂试验的情况。在敞开的氢蒸气云中，用火花或火源点燃时，都没有观察到爆轰或者发生爆轰的趋势，甚至用 2 g 或 4 g 烈性炸药 Pentolite（季戊四醇四硝酸酯和三硝基甲苯的混合物）作引爆药，也没有测得爆轰波。

在封闭的或者局部封闭的空间，就有可能引起氢和空气混合物爆轰。文献［59］中引用了一些爆轰试验的实例：在 6.4 m×4.054 m×4.115 m 的木质房内（总体积为 106.77 m^3），溢出液氢后并形成可燃蒸气的混合物进行点火试验，点火源采用能量较弱的电火柴（electric Match）和能量较强的 M－36 军用雷管，溢出液氢量从 10 L 到 30 L，都仅产生爆燃；当溢出的液氢从 30 L 到 40 L 后（相当于氢浓度 23.6%～31.5%），则产生爆轰。试验结果表明产生爆燃或爆轰与点火源的能量强弱关系不大，主要取决于液氢溢出的量（浓度），但爆轰的强烈程度似乎和混合得均匀程度有关。溢出 40 L液氢经过 30 s 之后均匀扩散（氢浓度达到 31.5%），即使采用电火柴引爆，也会产生很强烈的爆轰。爆破压力不仅冲破了房子的土木结构，打碎了专门设计排放内压的一堵纤维板壁，还毁坏了房内的所有设备。爆破声波传到距爆炸点 24.14 km 远的地方。

液体推进剂的爆炸在许多方面不同于 TNT（三硝基甲苯）的爆炸，TNT 是按化学计量要求把燃料和氧化剂均匀混合而成，爆炸时能量释放效率很高；而液氢溢出在空气中，在引爆前绝不可能按适当比例理想地混合，因此就存在爆炸效率差别大小的问题。从理论上分析，空气和氢混合物的爆炸能量比普通炸药要小一些，但按化学计量的液体推进剂爆炸能量要比普通炸药大得多。这也是有区别的，因此正确地估算氢的爆炸能量存在许多困难。

纯氢和氧进行燃烧，它的燃烧产物主要是水蒸气（H_2O）和很少量的羟基（OH^-）。羟基是燃烧反应中的一种短命的中间产物，羟基辐射光带在近紫外光区内，水蒸气的辐射光带在红外光区内，H_2O 是最终的燃烧产物，因此氢燃烧时的火焰应是无色透明的。氢和空气燃烧的火焰，其光辐射也应是 OH^- 和 H_2O 分子产生的，但实际上在氢火焰中有少量的可见光，主要是其中有一些微量杂质，使氢火焰带上颜色。鉴于以上的原因，要判明氢火焰的确切位置是比较困难的，这是氢燃烧时的另一种特性。不过，可以通过氢火焰的光谱分布的测定来确定辐射能量的强弱。在氢-空气火焰中，羟基 OH^- 的辐射以带状光谱形式出现在近紫外光区内，主要谱带的高峰波长分布在 0.22～0.4 μm 区内。水蒸气的辐射几乎全在红外区内，它的光谱带分布很宽，从 0.65 μm 到 6.3 μm 的宽范围内。根据以上的光谱特性，选用相应的传感器来检测氢火焰的辐射能量，是可以确定火源的具体位置的。

8.3　氢的安全排放技术

把氢排放到大气中去，应特别小心，因为排放氢最容易出现火灾或爆炸。目前人们还没有充分掌握氢的安全排放技术，尚有很多问题有待进一步研究。下面介绍的资料，主要是根据国外资料报道，也结合我们自己的实践，总结出一些规律。

8.3.1　氢气流中的静电积累

氢是一种非导电物质，不论是液氢还是气氢，在导管内流动时，由于存在各种摩擦而使氢产生带电现象。当静电位升高到一定数值后就会产生放电。通常把这种现象称为静电积累。静电位的升高并非简单地仅和氢流动的速度有关，通过对氢排放管道内气流参数和静电位关系的试验研究表明，静电位实际上是气流热力状态的函数。例如，常温的氢气瓶内的压力为 10 MPa 时进行泄放试验，测得的气流内的静电位约为 1 000 V，但电流很小仅为 280～300 μA；而将液氢贮箱内的低温（80 K）增压氢气排放时，气流内的静电位竟高达 20 000 V。在发动机试车后，需经常对贮箱内剩余的氢气进行排放处理，在这种条件下氢的排放压力较低，气流温度也略高一些，测得的静电位仍有 12 000 V。为了降低排放气流内的静电位，曾在排放管出口安装了消电装置。消电装置用不锈钢材料（无磁化性）制成，虽然可以把氢气流的静电位降低到 5 700 V，但所有的消电装置都设计成针尖状结构，容易产生尖端放电，5 700 V 的静电位也很不安全，有时因放电而烧毁了消电装置。试验时采用的静电位测量方法也比较粗糙，在直径大的排氢管出口没有装消电装置时，气流内的静电位高达 8 500 V，并没有产生放电着火现象。以上试验研究还是很初步的，今后还有待进一步核对这些数据。对这些初步的数据进行分析后可以判定，排氢管内气流中的静电位应和该气流的马赫数有关，而且比较明显，气流的马赫数愈高，静电位 V 的数值也愈高。因此，排氢系统中气流的静电积累的电位 V 可以表示为

$$V = f(Ma) \tag{8-1}$$

式中 Ma——马赫数；

V——静电位（V）。

由于目前试验研究工作尚未深入进行，很多数据也未测量准确，要把式（8-1）写成可计算的关系式尚不可能。相信通过不断总结经验和试验研究，是可以将式（8-1）写成能计算的方程式的。

8.3.2 氢排放系统中的着火事故分析

美国是最早研制氢氧火箭发动机的国家，早期在氢的排放时发生过很多着火事故，在文献［62］中报道了 NASA 所属的氢氧火箭发动机和有关液氢使用系统发生过的 96 次排氢着火事故，不仅介绍了着火的现象，也进行了着火原因的分析。我们对这 96 次排氢着火事故进行了分类统计，并结合我们的经验做了一些分析，基本上可以归纳如下：由于氢排放到大气中去，从而引起着火的事故占整个

事故总数的 62%，其中很可能是由于静电积累引起着火的事故约为 17.2%，还有 36.2%的事故虽然不能说清楚着火原因，但从介绍的现象来分析，似乎也明显和静电积累有关。例如第 69 次事故中虽说着火原因不明，但在起火原因分析中却肯定地说“与蛇管进气口的高速氢气流有关”[62]；在第 77 次着火事故中介绍“连接液氢贮罐的通风竖管顶部着火”，也说着火原因不明，但在分析着火原因时又肯定地说“很可能是附近的电爆造成着火”[62]。从美国 NASA 的液氢系统中各种排氢着火事故，并联系自己的实践经验进行分析后认为：所有排氢系统中引起着火而又无其他点火能源存在的话，都可能和高速氢气流本身的静电位积累太高有关。因此要防止排氢系统的着火事故，必须确定排放系统中的静电位多高才是允许的，从而确定一种安全排放气氢的操作规范和操作程序。

我们研究了各种关于安全静电位的建议，有人建议排放氢时，气流的安全静电位应为 3 100 V；也有人建议，气流中静电位高达 5 000 V也不会着火。我们认为这些参数都很难落实在操作规范中去，而且测量静电位的误差也可能很大。解决氢气的安全排放问题，必须以分析气流的马赫数为依据，用控制气流的马赫数来制定排放系统管路的设计准则，也就是说，根据自己的实测气流参数，确定一个安全排放氢气的临界马赫数，开始时也可能比较粗糙一些，但可以落实到排放管路的设计方案中，可以逐步总结经验，逐步完善设计方法。根据我们在多种排氢系统中测得的不同排氢时的气流参数分析，安全排放氢气的临界马赫数在 0.24 ～0.28 范围内。为了将排放系统设计得更安全一些，我们建议将排氢系统的氢气流马赫数控制在 0.2 以下为宜。

氢氧火箭发动机地面试车台上液氢贮箱的排放系统、火箭动力系统的低温氢气的排放系统、火箭发射场的加注预冷排氢系统都是按马赫数为 0.2 进行控制的，多年来的实践证明，按这个原则设计的排氢系统都是安全的，从未发生过排放系统内着火、爆炸等事故。

8.3.3 氢的安全排放管路设计

经过前面的分析和确定的控制排氢系统中的气流马赫数，就可以进行氢排放系统的管路设计。该氢排放系统内气流的质量流量为G，则根据连续方程可以写出关系式

$$G = A\omega\rho \tag{8-2}$$

式中 ρ——气流密度（kg/m^3）；

ω——气流流速（m/s）；

A——管路截面积（m^2）。

根据安全排放系统应控制氢气流的马赫数为0.2的原则，则有

$$Ma = \frac{\omega}{a} = 0.2 \tag{8-3}$$

或

$$\omega = 0.2a = 0.2\sqrt{kRT} \tag{8-4}$$

式中 a——气流内的声速（m/s）；

k——绝热指数；

R——氢的气体常数（J/（kg·K））；

T——排放氢气的温度（K）。

由于气流密度可以用状态方程表示，则$\rho = \frac{p}{RT}$，这里p为计算截面内气流的压力，单位为Pa 。

假如把管路截面积$A = \frac{\pi}{4}D^2$的关系代入到式（8－2）中，并经过整理，则排放系统中可以控制氢气流的质量流量表达式为

$$G = 0.157D^2\frac{p\sqrt{k}}{\sqrt{RT}} \tag{8-5}$$

式中 D——排放管路直径（m）。

考虑到设计时管路中压力p不好确定，也可以用控制排放氢的容积流量Q来表达，于是有

$$Q = 0.157D^2\sqrt{kRT} \tag{8-6}$$

文献 [61] 建议，在处理大量氢的排放时应把质量流量控制在 0.228 6 kg/s 以下，超过这个值时，应在排出口设置火炬燃烧系统。这个建议和 A·D·利特尔公司的研究结果是一致的。

根据式 (8-5) 可以对质量流量为 0.228 6 kg/s 的情况进行核算，假如排放的管路直径为 80 mm，排放气流的压力为 0.2 MPa，则常温氢气的气流马赫数就为 0.2。因此该建议仅仅适用于排放管路直径小于 100 mm 的具体情况，而式 (8-5) 可以适用于任何条件下任何直径的安全排放氢的系统设计。

8.3.4　低温氢排放的几个特殊问题

低温氢的排放，还有一些特殊问题值得专门进行讨论。

8.3.4.1　垂直竖立管排放低温氢的危险

氢排管都应采用垂直排放的方式。但对于低温管，特别是饱和氢气或者两相流的氢排放，垂直管的高度是一个重要问题。在文献 [62] 介绍的 96 次氢事故中，有 13 次起火爆炸都是发生在垂直排放管系统内的，约占 14%；但在占 62%的起火爆炸事故中，垂直管爆炸事故所占比例却只有 21.7%。

文献 [61] 建议，低温氢通过垂直排放管后至少应把氢的温度升高到液化空气的温度 (80 K) 才安全，为了在垂直排放管内使氢的温升超过空气液化的条件，则必须按照换热器要求来设计垂直排放管的尺寸（和空气进行热交换的面积），其外壁有液化空气给管内的低温氢加热，管子高度应根据出口温度来选定。

我们认为，仅仅注意升高排放氢的温度还不够，还要注意试验系统的实际工作情况。发动机试车台的贮箱排放剩余液氢和发动机试车前的预冷时，往往都是通过同样的管路排放，因此实际上在一天之内要有多次重复排放低温氢的问题。在第一次排放低温氢时，垂直管壁一直处于低于液化空气的温度下，在停止排放时，内外管壁温都从很低的温度（约 30 K）开始恢复，这时排放管开始向空气吸热，形成低温抽吸作用。更严重的情况是垂直管的底部残留一部分液氢，管内壁温度从 30 K 升到 54 K 的过程中，首先冷凝到内壁上的是固氧（或固空），在 54 K 升到 90 K 的过程中，管内壁上形成的是液氧。由此可见，垂直的低温排氢管的恢复温度过程，成了空气中的氧沿管壁面进行分离冷凝的过程，在管壁上冷凝的液氧，顺垂直管降落到排放管的底部，而后又随着管子底部温度不断恢复，液氧、固氧又重新变成气氧，沉积在垂直管的底部。当第二次排放低温氢时，沉积在垂直管底部的氧就可能和氢混合而形成可燃混合物，发生爆炸。文献［62］的第 27 次氢事故的原因分析，也明确地阐述："当液化空气沿管道降落时，在竖管底部会积聚富氧空气。"在实际操作中，垂直排放管底部的富氧积存而引起爆炸的事例是经常会遇到的。解决这个问题的办法是在垂直排放管的最底部用惰性气体吹除清洗，最廉价的惰性气体是氮气，吹除清洗的时间可选在第二次排氢前 2～3 min。

8.3.4.2　氢排放管内积存污染物的危险

很多试验设备的氢排放管不仅是垂直安装，而且排出口都是敞开的。为了防止雨水进入，常常在出口安装 H 形排放口。这种结构常常成为鸟类的栖息地，小昆虫也可能进入管内而死亡在内，还有灰尘等污染物也可能进入管内。特别危险的是鸟类羽毛和小昆虫的翅膀，当排放氢气时，这些污染物和带静电的氢气一起排放时，起火燃烧或爆炸的概率几乎可达 100%。为了防止这种危险出现，必须在排氢之前进行充分的吹除清洗，吹除口应安装在合理的位置上，将上述污染多余物吹除清洗干净；还应考虑使排放出口不做成敞口的，而是设有活叶单向阀门，当管内排气时自动打开，停止排放时又靠活叶的自重关闭。

8.3.4.3　液氢排放区的固空或固氧的危险

在做液氢泵的特性试验时，大量的液氢是很难回收再用的，经常要排入到大气中。大量的高压液氢直接向大气中排放是绝对不允许的，因为大量液氢喷向大气时，在喷射流体周围的空气会形成温度梯度很大的对流换热区，如图 8－2 所示。

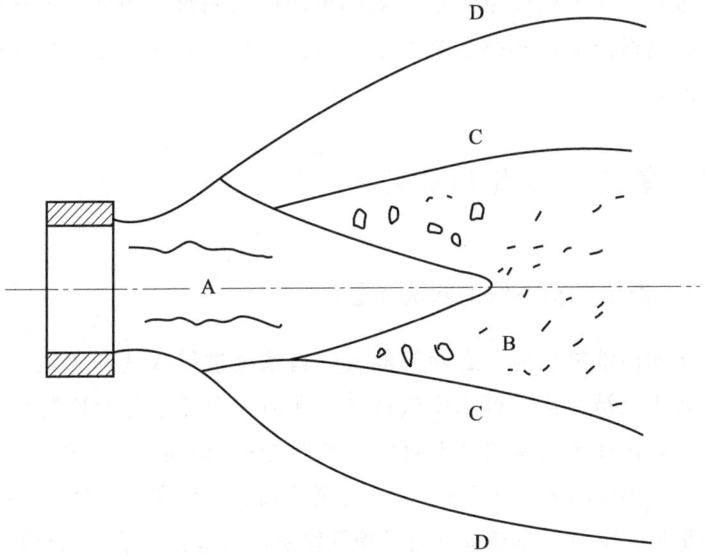

图 8-2　液氢射流周围的温区示意

A 区为液氢流动区，该区内的温度为液氢温度，约为 21 K；B 区为液氢蒸气和空气被固化的颗粒混合流区，是最危险的区域，因为该流动区中有不稳定且又易爆炸的混合物，特别是其中的固氧颗粒和流动的带电氢气之间发生摩擦，最容易产生猛烈的爆轰，在 B 区内的温度都低于 54 K（液氧三相点以下的温区）；C 区为温度过渡区，即由 54 K 升高到 90 K 的过渡温区，这个区有雾状的液氧和气氢或空气的混合流，虽然属于可燃的混合物，但必须有明火才能点燃，一般是不容易起火的；D 区是空气中被露化的水汽和温度高于 90 K 的氢气混合流，即我们肉眼能看见的白雾状的气流，在该区内氢气已能向四周扩散而稀释。根据上述分析，凡是大量溢出液氢或进入液氢冷流试验时，有大量液氢喷向大气中，都是危险的环境，人员应尽快离开。

还应特别指出，高压液氢射流向地面喷射也是危险的。地面受到液氢射流的深冷后，可以保持相当长的时间处于深冷状态，而在这个过程中又可能使空气中的氧析出而产生固氧，如果在这种状态下再次喷射液氢，则很容易产生爆轰。总之，液氢的冷流试验也是危险的。

8.4 氢的安全处理和防护

8.4.1 液氢贮箱系统的吹洗和置换

在加注液氢之前，必须对液氢贮箱系统进行吹洗和置换，这是为了防止氢被污染。因为空气或氧，在液氢温度下都会冷凝成固氧或固空，这些不安定的有害微粒，在液氢中浮游是非常危险的。

西方国家的氢氧火箭上，液氢贮箱系统的吹洗和置换分两步进行：第一步是先用 40℃的热氮气将贮箱管路系统（包括火箭发动机）吹除约 1 h，主要目的是排除水汽；第二步改用氦气吹洗，将贮箱反复地进行充放氦气的循环试验，一般有 22 次之多（ARIANE 火箭三子级的液氢贮箱系统就采用这种办法），充气压力为1.9 atm，最后取样检查，使含水汽和氮气量分别达到：$H_2O<1.5\times10^{-5}$，$N_2<10^{-3}$。这种处理过程可能长达 4 h。我国根据自己的实践，吹洗和置换的方法基本相似，但检查的指标略有区别，含水汽量可放宽到$\leqslant3\times10^{-5}$（或露点为$\leqslant-57$℃），含氮量提高到 10^{-4}，还要求 O_2（+Ar）的含量$\leqslant2\times10^{-5}$。以上的方法属于增压排放置换吹洗法，适合用于氢氧火箭的液氢贮箱系统。对于氢氧火箭发动机试验台的液氢贮箱系统，由于贮箱的壁较厚，能承受负压，可以采用抽空置换法进行清洗和置换，效果更好。先用氮气将液氢贮箱系统充压置换 1～2 次，然后用机械真空泵对系统进行抽空，抽空达到约 13.332 Pa，即可用氢气对系统进行置换，具体方法是增压到 0.2 MPa，保压 5～6 min，再把氢气放掉，如此循环重复几次，经取样检查达到上述标准即可加注液氢。

对于长期存放液氢的贮箱和铁路公路液氢槽车，使用一定时间之后，可能有固氧、固空等微粒积存在底部，为了安全，使用一年之后应进行吹洗和置换一次。其程序为：首先将剩余的液氢排放干净，而后用常温氢气对贮箱系统进行吹除，当贮箱内温度超过 77 K 后，可改用常温氮气吹除几小时，如再加注液氢前，又得按前述方法进行吹洗和置换。

8.4.2　防护措施

由于液氢易泄漏、易汽化和扩散等特点，因此在转注、加注等现场，对操作人员的衣着应注意采取以下防护措施：

1）戴防寒、防冻伤的纯棉手套。

2）穿不会产生静电的工作服，禁止穿着化纤、尼龙、毛皮等制作的衣服进入工作现场。

3）穿电阻率在 $10^8\Omega\cdot m$ 以下的专用导电鞋或防静电鞋。

4）在离氢环境较近的建筑物或实验室内，应设有送风机。送风机的效果比抽风机好，因为送风机可以增大气流的紊流度以改善通风环境。房顶应可移动，不允许采用凹面、锅底形的天花板，因为这样的天花板容易积存微量泄漏的氢气。

5）一般的氢着火可采用干粉、1211 灭火器或者吹氮气灭火。若用 CO_2 灭火方法，要注意氢能在高温下将 CO_2 还原成 CO 而中毒，一旦发生着火，应立即切断氢源。

6）在系统设计上，应考虑既有遥控切断氢源开关，也有手动应急切断开关。

7）被液氢冻伤的皮肤，只能用凉水浸泡慢慢恢复，千万不能用热水浸泡。

8）氢一空气爆轰时，冲击波对人体有严重的伤害。据文献［59］介绍，人受伤害的程度与人所在位置不同有关，位置不同经受的超压程度也不同，伤害既可由爆炸产生的冲击波造成，也可由人体摔在其他物体上造成。该文引用的研究结果如表 8－3 所示。

表 8-3 爆炸压力对人的生理影响

最大超压		对人的影响
lbf/in²	MPa	
1	0.006 9	把人打倒
5	0.034 5	耳鼓膜损伤
15	0.103 5	肺损伤
35	0.241 5	开始有死亡
50	0.345	50%死亡
65	0.448 5	99%死亡

9）衣服面料的不同，静电积累的电位差也不同。现将文献[61]提供的各种面料的静电位数据列于表 8-4 中，便于应用时参考。

表 8-4 各种面料产生的静电位

织物名称	静电位/V
棉花	50
粘胶丝织物	100
羊毛织物	350
醋酸纤维	550
茧丝织物	850
奥纶	900
Dacron	1 025
尼龙	1 050

第 9 章　液氢输送系统的绝热问题

9.1　液氢低温绝热的一般介绍

通常讨论的氢氧火箭发动机的液氢供应系统的低温绝热问题，一般包括以下两种情况。

9.1.1　氢氧火箭上的液氢供应系统的低温绝热问题

氢氧火箭上的液氢供应系统包括液氢贮箱、导管、液氢泵以及液氢阀门、流量控制元件等。由于要求千方百计地减小火箭的质量，所以在考虑以上部件的低温绝热方案时，基本上是以满足液氢日蒸发率的指标为前提，采用最轻的绝热结构方案。在氢氧火箭发动机上主要是采用以泡沫塑料为主体的低温绝热方案。除要求泡沫塑料具有足够的机械强度外，最重要的是要求材料的导热系数小、密度小、泡沫的孔与孔之间是密封不透气的。这里有一个突出的问题是如何把绝热材料与液氢贮箱、导管等的金属壁面牢固地粘结起来，并在多次温度交替变化情况下不会脱离金属壁面。由于绝热用的泡沫塑料的线膨胀系数与金属材料相比相差比较大的，在常温下粘结好的绝热贮箱或绝热导管，在预冷过程中都容易产生裂纹或"脱壳"，破坏了绝热性能。为了解决这个问题，必须选择一种材料作为过渡层，在线膨胀系数相差比较大的贮箱和绝热层之间起缓冲作用。过渡层只能是以低温粘结胶为基础的一种复合材料，因此对于氢氧火箭发动机的液氢供应系统绝热问题，既要严格控制材料成分，也要严格控制粘结工艺因素，才能保证可靠的低温绝热性能。

泡沫塑料绝热层的厚度也必须科学地控制，太厚的泡沫塑料，不仅多浪费材料和增加不必要质量，而且容易在液氢和液氧加注、预冷过程中产生裂纹，破坏低温绝热性能。

在泡沫塑料绝热层的外表面，必须涂一层密封胶，以防止在低温下泡沫塑料渗入潮气或者吸收水分，降低绝热效果。

9.1.2 地面试车台液氢供应系统的低温绝热问题

这里所谓的绝热，常常以追求减少液氢损耗为目的，为了达到绝热的目的，可以不考虑结构质量问题，而采用双层结构的真空绝热方案，或者采用多层缠绕真空超绝热方案等。

对于地面试车台或液氢贮罐上的液氢供应系统的低温绝热方案，有广泛的选择余地，可以根据技术要求的不同而采用不同的低温绝热方案。短期使用的液氢试车台系统，包括液氢贮箱、导管、流量测量装置和加注排放阀门等，可以采用发泡绝热方案。因为在液氢流动状态时，只要能满足动态热平衡的绝热要求就可以了。

对于液氢的贮存系统，则必须采用多层缠绕真空超绝热方案。目前，我国的多层缠绕真空超绝热的水平已取得了很大的进步。在60～80 m^3的大型液氢铁路运输车辆上，液氢的日蒸发率一般能控制在0.25%～0.3%范围内。经过精心设计和制造的大型液氢贮罐，日蒸发率控制在0.15%以下（按体积计）的要求，也是可以达到的。这已经基本达到了国外多层缠绕真空超绝热技术的水平。

地面试验系统上的液氢导管夹层内，充填0.1 MPa的高纯度CO_2的绝热方案，很受使用部门的欢迎。因为在夹套内充填了高纯的CO_2，当预冷时全部CO_2气体冷凝成固态而使夹套内形成高真空，达到真空绝热的目的。平时导管恢复常温，夹套内又恢复0.1 MPa的CO_2气体，不需要长期保持高真空状态，在经常移动的液氢设备上，使用非常方便，而且这种导管在制造上也不太困难。这种新技术已在我国低温技术的试验单位获得广泛的应用。

9.2　真空绝热

两个不同直径的圆筒，同轴组装并焊上两个端面，形成密封夹套而抽真空，当真空度保持 0.133 Pa 时，则气体的对流换热和气体分子和壁的碰撞产生的传热就大幅度下降。采用这种方法进行绝热，称为真空绝热。

最常见的真空绝热是玻璃制的杜瓦瓶。真空绝热的外壁温度 T_2 基本上是室温，内壁温度 T_1 基本上接近瓶内介质的温度。在 T_2 和 T_1 之间形成的热阻，其大小主要取决于两个因素（这里不讨论辐射传热）：

1）气体分子之间的碰撞；

2）气体分子与壁面之间的热能交换。

在上述两个因素中起主导作用的是分子平均自由行程和两壁面间距离的比值，两壁面间距离应该大于分子平均自由行程，各种气体的分子平均自由行程随着温度变化而变化。气体分子的平均自由行程 L 可以用式（9－1）来表示，即

$$L = 0.114\,\frac{\eta}{p}\sqrt{\frac{T}{M}} \tag{9-1}$$

式中　η——气体黏度（Pa·s）；

p——真空室内压力（Pa）；

T——气体绝对温度（K）；

M——气体分子量。

文献［63］中列出了常用气体在不同温度下的 L 值，如表 9－1 所示。

表 9-1 不同温度下气体分子的平均自由行程

温度/K	平均自由行程 L /cm		
	空气	氢	氦
4	—	—	0.11
20	—	0.3	0.67
76	0.87	1.8	3.2
300	5.1	9.5	15

在真空度超过 0.133 Pa 时，可以认为气体分子之间的碰撞现象已经消失，气体分子在高壁温的一侧获得的热能，基本上可无损地传到低壁温一侧，因此气体分子与壁面之间的热交换在很大程度上由适应系数 α 来决定。若按同轴式的圆筒形成的真空腔考虑，则真空绝热的热流 q 可以用式（9-2）来表示，即

$$q = 0.243\alpha_0 \frac{k+1}{k-1} \cdot \frac{T_2 - T_1}{\sqrt{MT}} \cdot p \tag{9-2}$$

式中 k ——比热比；

T_1 ——内壁温度（K）；

T_2 ——外壁温度（K）；

p ——真空腔气体压力（Pa）；

T——真空腔气体温度（K）；

α_0 ——两壁面间的平均适应系数。

两壁面间的平均适应系数的计算公式为

$$\alpha_0 = \frac{\alpha_1 \alpha_2}{\alpha_2 + \dfrac{A_1}{A_2}(1-\alpha_2)\alpha_1} \tag{9-3}$$

式中 A_1 ——内壁表面积；

A_2 ——外壁表面积；

α_1 ——内壁适应系数；

α_2 ——外壁适应系数。

要测定材料的适应系数 α 是比较困难的，目前测量 α 的实例也不多。α 与材料的种类不同、表面状态如何都有关系。对于光滑而清洁的表面，可以认为 $\alpha \approx 0$；而对于被污染了的金属表面，则可以认为 $\alpha \approx 1$。

式（9－3）不仅适用于同轴圆筒，也适用于同心球和平行面的情况。克努森（Knudsen）以式（9－4）来定义适应系数 α，即

$$\alpha = \frac{T_i - T_l}{T_i - T_w} \tag{9-4}$$

式中　T_i ——由热面向冷面入射到壁面的分子温度（K）；

T_l ——由冷面反射的分子温度（K）；

T_w ——冷壁温度（K）。

由此可见，当分子和壁碰撞后，不损失能量，则 $T_i = T_l$，$\alpha = 0$；如果达到平衡状态，$T_l = T_w$时，则 $\alpha = 1$。

现将文献［63］提供的适应系数近似值列于表 9－2 中供参考。

表 9－2　适应系数 α 与温度的关系

温度/ K	适应系数 α		
	空气	氢	氦
300	0.1	0.3	0.3
76	1.0	0.5	0.4
20	—	1.0	0.5

真空绝热的热流计算是很复杂的，只能进行粗略的估算，通常在清洁的金属表面上，认为 α 的最大值为 0.5。提高壁面光洁程度是降低 α 的重要措施，因此都希望把真空夹套内表面抛光，或者镀一层金属来提高其表面的光洁程度。

真空绝热的优点是制造工艺简单，特别如玻璃杜瓦瓶一类的低温容器，镀一层光亮的金属，很容易大量生产。但是，它的缺点也

很突出，要使真空夹套内长期保持高真空是很困难的，特别是运输车辆上的导管需要经常拆和装，真空导管的寿命就会受到影响。前面已经提及，近年来工业上已流行用 CO_2 填充到绝热的夹套中。例如液氢的输送导管，当加注液氢之前需要预冷导管输送系统，由于 CO_2 的温度降到 194.5 K 时就固化，使夹套内形成很高的真空度，起到了真空绝热的作用。这种绝热的方法，在液氢加注系统上很受欢迎。当恢复常温后，夹套内外都为 0.1 MPa，没有压差，因此也不存在 CO_2 泄漏问题。

这里必须指出，CO_2 的纯度必须很高，最好是用固体 CO_2 蒸发成高纯气体，置换到夹套中去。置换时，必须把夹套内抽成很高的真空，以防止混有不冷凝固化的气体在内。否则，当 CO_2 固化后，仍有不冷凝的气体存在，就会破坏夹套的真空度。

在氢氧火箭发动机组合件试验系统上，挤压式试车台的导管常常采用真空绝热方案，而且是采用“动态”真空绝热方案。所谓“动态”真空绝热，即这些液氢导管的夹套内，平时的真空度并不很高，只是在试车前与备用的真空泵系统相连，使夹套内保持了很高的真空度以达到良好绝热的要求。通常，为了使液氢流量计前后导管夹套内达到 1.33×10^{-4} Pa 的高真空度，需要采用机械真空泵和扩散泵组成真空机组来使用。而且应注意，机械泵的抽空能力应与扩散泵相匹配。如果不匹配，则很难抽到 1.33×10^{-4} Pa 的高真空度。例如，利用二级式的机械真空泵，其抽气容积流量为 100～500 L/min，可达到的真空度为 1.33×10^{-4} Pa。为这样一种真空机组选配扩散泵时，扩散泵的抽气率选配为 1 200 L/min 比较合适。

在地面液氢供应系统上采用“动态”真空绝热的方法比较普遍，有必要讨论一下使用“动态”真空绝热的经济性问题。

假如我们讨论的“动态”真空绝热系统如图 9－1 所示，则首先要选择一种合理的抽真空管路阻力。如果管路阻力选择得不合适，即使采用了强有力的抽真空泵机组，也无法于短时间内达到“动态”真空的要求。

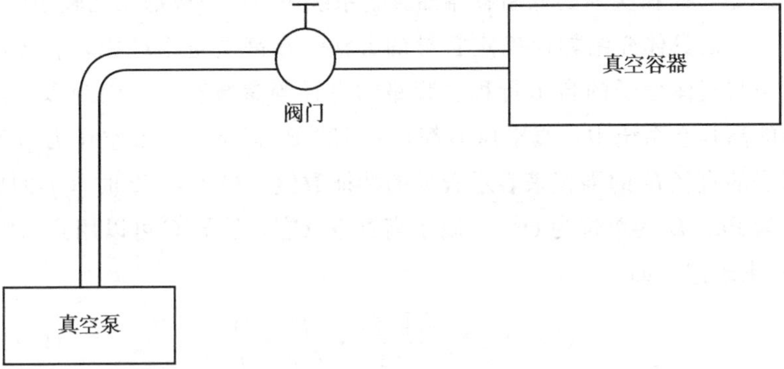

图 9－1　“动态”真空绝热系统示意

图 9－1 所示系统的排气速度，取决于真空泵机组的排气速度和管路的导通能力 C（管路的导通能力简称“管导”）。管导 C 的定义为

$$C = \frac{pq}{\Delta p} \tag{9-5}$$

式中　p——压力；

q——单位时间内通过的气量；

Δp——压差。

在系统中，各种不同的管路和阀门串联在一起，它们可能有不同的管导，则整个管路的管导可以用式（9－6）求得，即

$$\frac{1}{C} = \sum_{i=1}^{n} \frac{1}{C_i} \tag{9-6}$$

为了提高抽真空的能力，可以将多台真空泵机组并联在一起使用，则并联管路的管导可以用式（9－7）求得，即

$$C = \sum_{i=1}^{n} C_i \tag{9-7}$$

在实际的抽真空系统中，其抽气速度为 Q，泵的抽气速度为 Q_b，管路的管导为 C，它们之间的关系可以用式（9－8）来表示，即

$$\frac{1}{Q} = \frac{1}{Q_b} + \frac{1}{C} \tag{9-8}$$

由式（9－8）可以看到，在抽真空系统选配时，必须注意使

$C > Q$，而在实际的低温容器抽真空系统中，C一般都是比较小的。

下面具体介绍如何确定管导的方法。在高真空系统中，管导的大小与气体分子的自由行程、管路的直径等参数有关。因为真空绝热的高真空系统中，真空压力都在 0.133 Pa 以下，用真空压力 p 和管子的直径 D 的乘积来表示管导的特征数值，当 $pD < 2$ 时（p 的单位为 Pa，D 的单位为 cm），属于高真空状态，管导 C 可以用式（9-9）来求定，即

$$C = 12.1\sqrt{\frac{29.27}{M} \cdot \frac{T}{293} \cdot \frac{D^3}{L}} \tag{9-9}$$

式中 C——管导（L/s）；

L——管长（cm）；

D——管子直径（cm）；

M——分子量；

T——温度（K）。

【例】管长为 150 cm 时，直径为 2 cm，温度 $T = 293$ K，泵的抽气速度（抽空能力）为 10 L/s。抽排空气时的管导是多少？

$$C = 12.1\sqrt{\frac{29.27}{29.27} \times \frac{293}{293} \times \frac{2^3}{150}} \approx 0.645\ (\text{L/s})$$

这台泵和系统组合成真空抽吸系统的实际抽空能力 Q 为

$$\frac{1}{Q} = \frac{1}{10} + \frac{1}{0.645} = \frac{10.645}{6.45}$$

$$Q \approx 0.6\ (\text{L/s})$$

这个实例表明，所选的泵和系统是不匹配的，或者增大管子的直径，或者是选用抽空能力更小的泵。

当真空压力提高到 133 Pa 时，气体流动属于黏滞性流动，这时的 $pD > 500$，管导的计算公式与前面介绍的完全不同了，可用式（9-10）来计算，即

$$C = 2.48 \times 10^{-6}\ \frac{pD^4}{\eta L} \tag{9-10}$$

式中 p—— 真空压力（Pa）；

η——黏性系数（$(N \cdot s)/m^2$）。

在 $2 < pD < 66.5$ 的范围内（$p \approx 1.33$ Pa），可以近似地用式（9－11）来计算管导，即

$$C \approx 2.48 \times 10^{-6} \frac{D^3 p}{\eta L} + \frac{10 D^3}{L} \tag{9-11}$$

注意，对于管导的计算都是比较粗略的，仅作为选用设计参数前的估算参考。

在真空绝热系统中，真空度的好坏显然与传热有很大关系，真空度越高，传入的热量就越少。因此在高真空的情况下，引起传热的原因就仅剩下辐射一种了。为了减小壁面的辐射率，应采用抛光过的金属表面和电镀过的金属表面，因为这对减小热辐射是比较理想的。

9.3　多层缠绕的真空超绝热

绝热性能的好坏，通常用表观导热系数来表示。对于真空绝热，绝热性能随着真空度的增大而进一步改善。当真空度达到 0.001 3 Pa 时，其表观导热系数可达 5.97×10^{-3} W/（m·K）。真空绝热的性能与减少气体的对流换热有关。对于夹套内外壁之间的辐射热流仍然保持不变。多层缠绕的真空超绝热，就是在没有残留气体的夹层空间，用若干层单面或双面镀有高反射率的金属薄膜（常用的金属有铝或金）的塑料膜和间隔物缠绕在内容器的外壁表面，形成强有力的反射热屏蔽幕，把内外壁之间辐射热流屏蔽掉。多层缠绕的真空超绝热的表观导热系数可降低两个数量级，例如文献［64］介绍，用 12 μm 镀铝塑料薄膜和 0.2～0.5 μm 纤维玻璃纸为间隔物，每厘米厚度缠绕 31 层，在外壁温度为 300 K、内壁温度为 77 K 的条件下，其表观导热系数降低到 3.36×10^{-5} W/（m·K）。因此，多层缠绕的绝热方法称为“超绝热”。这是目前低温绝热方面应用最广的技术。文献［64］认为，多层绝热的采用是对低温容器绝热技术设计和制造的一场革命，这样的评价是恰当的。

多层绝热的工作原理是 1951 年由彼德森（P. Peterson）首先用试验建立的[65]。其原理非常明确而又简单，下面用一般的辐射传热屏蔽理论介绍。

设有两块平行的无限大平板，其壁上的辐射温度分别为 T_1 和 T_2。在这两块平板之间安装一块反射屏，设这块反射屏非常薄，它的热阻非常小，可以忽略不计。因而反射屏的正反两面的温度都为 $T_Э$。在建立了稳态热辐射的条件下，具有温度为 T_1 的平板 1 向反射屏 Э 辐射的热量 $Q_{1-Э}$ 可用式（9－12）来表示，即

$$Q_{1-Э}=C_{Э-1}\left[\left(\frac{T_1}{100}\right)^4-\left(\frac{T_Э}{100}\right)^4\right] \tag{9-12}$$

式中 $C_{Э-1}$——反射屏对平板 1 的辐射系数。

由反射屏向平板 2 也有辐射热，因为反射屏的热阻很小，其温度也为 $T_Э$，其辐射热量 $Q_{Э-2}$ 为

$$Q_{Э-2}=C_{2-Э}\left[\left(\frac{T_Э}{100}\right)^4-\left(\frac{T_2}{100}\right)^4\right] \tag{9-13}$$

式中 $C_{2-Э}$——反射屏对平板 2 的辐射系数。

很明显，$Q_{1-Э}$ 和 $Q_{Э-2}$ 是相等的，即 $Q_{1-Э}=Q_{Э-2}$，经过合并整理后，则有

$$\left(\frac{T_Э}{100}\right)^4=\frac{C_{Э-1}\left(\frac{T_1}{100}\right)^4+C_{2-Э}\left(\frac{T_2}{100}\right)^4}{C_{Э-1}+C_{2-Э}} \tag{9-14}$$

同一块反射屏，它向平板 1 和向平板 2 的辐射系数应该是完全相等的，因而有 $C_{Э-1}=C_{2-Э}$，将此关系代入式（9－14），并消去同类项后得到

$$\left(\frac{T_Э}{100}\right)^4=\frac{1}{2}\left[\left(\frac{T_1}{100}\right)^4+\left(\frac{T_2}{100}\right)^4\right] \tag{9-15}$$

将式（9－15）代入式（9－12），经整理得

$$Q_{1-Э}=\frac{1}{2}C_{Э-1}\left[\left(\frac{T_1}{100}\right)^4-\left(\frac{T_2}{100}\right)\right] \tag{9-16}$$

假如没有反射屏，则平板 1 向平板 2 的辐射热量为

$$Q_{1-2}=C_{2-1}\left[\left(\frac{T_1}{100}\right)^4-\left(\frac{T_2}{100}\right)^4\right] \tag{9-17}$$

若辐射系数 C_{2-1}和 $C_{Э-1}$ 是相同的（即平板 2 的反射能力和反射屏 Э 相同），则比较式（9－16）和式（9－17）后，可以得出一个明显的结论，即在平板 1 和平板 2 之间，安装一层反射屏后，可将辐射热量降低 1/2。假如在两块平板之间安装 n 层反射屏，则可以把式（9－16）改写成下列形式

$$Q=\frac{1}{n+1}C_{1-Э}\left[\left(\frac{T_1}{100}\right)^4-\left(\frac{T_2}{100}\right)^4\right] \tag{9-18}$$

根据式（9－18）可以看出，当 $n=1$ 时，辐射热流降低 1/2，$n=2$ 时，辐射热流降低到 1/3。随着反射屏数量的增加，辐射热流将以 $\frac{1}{n+1}$ 的速度递减。由此可以看出，多层缠绕绝热的隔热效果了。但是，实际的效果并不能完全符合式（9－18）表达的关系，因为根据式（9－18），当 n 等于无限大时，可以使辐射热流趋近于零，即达到绝对不传热，这是不可能的，也是不符合实际情况的。由于式（9－18）是根据一维传热的理论建立的，而实际情况是多层绝热材料的各个方向的传热性能相差很大，试验结果表明，平行于层与层方向的横向热传导也是很大的，与我们推导式（9－18）时假定的径向辐射热流相比要大 3～6 个数量级[66]。因此，式（9－18）仅仅提供了一种相对比较的方法而已，并不能用该式计算出多层绝热的实际热流值。

实践证明，缠绕的反射屏和间隔物的层数并不是愈多愈好，而是有一个最佳层数，超过这个层数后，对表观导热系数的降低实际上起不了作用。图 9－2 所示为缠绕的层数 n 和隔热热流 Q 的关系[67]。n 为缠绕的层数，缠绕层由 5 层增加到 20 层的区间内，隔热热流降低得非常明显；但 n 继续增加时，隔热热流的值几乎不再变化；增加到 70 层后，隔热热流反而有所上升。文献［67］中介绍的这些数据是在特定的量热器条件下测得的。以真空镀铝的塑料薄膜为反射屏，玻璃纤维为间隔物。随着量热器条件的不同，最佳的绝热层数也会有所变化的。

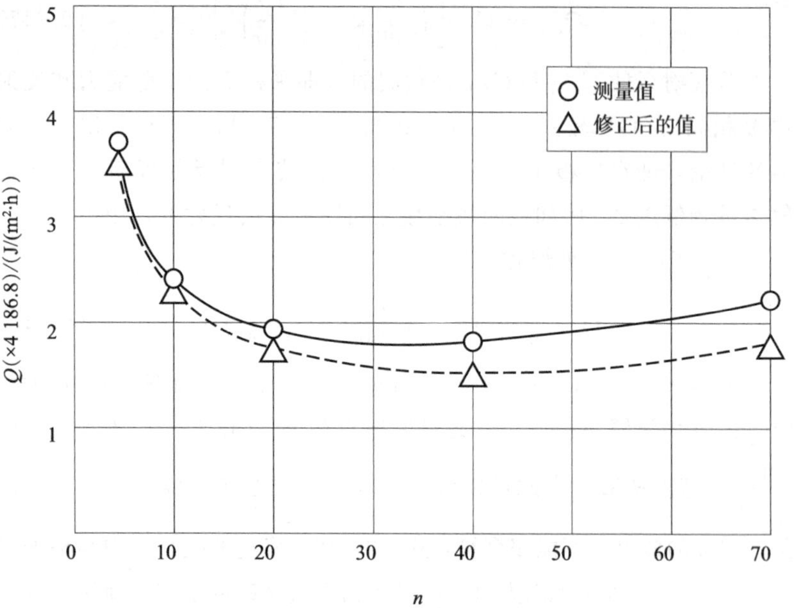

图 9-2 缠绕层数和隔热热流的关系

目前，工业上常用的隔热材料包括反射屏和间隔物，经常采用真空镀铝的涤纶薄膜（或铝箔）作为反射屏，导热系数很小的玻璃布或玻璃纤维纸作为间隔物。采用这些隔热材料的多层绝热方案进行的实际试验结果表明，对绝热性能起重要作用的因素是单位厚度上缠绕的松紧程度。缠绕的层数太少或者太多，都不能得到较好的绝热性能。文献［68］介绍了单位厚度上不同的缠绕层数对表观导热系数的影响，如表 9-3 所示。比较表 9-3 中的数据可以知道，当每厘米厚度上缠绕的层数小于 12 层，表观导热系数成 3～4 倍地增大。综合各种文献报道的数值后，可以认为每厘米厚度上缠绕 20～50 层比较合适。表 9-3 中的 SI-44、SI-62、SI-92，单位厚度上缠绕的层数都控制在 20～50 层，其表观导热系数都低于 3.5×10^{-5} W/（m·K）。我国制造的各种液氢容器，大都是 2.5 cm 厚度上缠绕 100～110 层，即每厘米厚度上缠绕 40～43 层，绝热效果都是很好的。

表 9-3　多层缠绕真空超绝热的性能[68]

方　案	反射屏材料	间隔物材料	缠绕松紧度/(层/cm)	绝热层密度/(kg/ m^3)	表观导热系数/(W/(m·K))
SI-10	0.006 5 mm 厚的铝箔	玻璃纤维网布	4～8	32	11.2×10^{-5}
SI-12	铝箔	玻璃纤维纸	6～12	40	15.56×10^{-5}
SI-44	铝箔	玻璃纤维纸	14～28	75	3.46×10^{-5}
SI-62	0.006 5 mm 厚的铝箔	0.05 mm 厚的玻璃纤维纸	20～40	88	3.11×10^{-5}
SI-92	0.006 5 mm 厚的铝箔	0.02 mm 厚的玻璃纸	47	35.2	2.00×10^{-5}

注：1）SI——超绝热（Superinsulation）；
　　2）夹套内的真空度为 0.013 3 Pa。

夹套内保持的真空度当然更是对绝热性能有重大影响的关键因素，这在真空绝热技术中已经阐明了。在多层缠绕绝热系统中，随着夹套内的真空度降低，其表观导热系数增大得非常快。我国在制造多层绝热液氢贮罐时进行的测试结果表明，在真空度由 0.013 3 Pa 降到 1.33 Pa 的过程中，真空度每下降一个数量级，表观导热系数约增大 1 倍。表 9－4 中列出的数据是采用涤纶薄膜真空镀铝为反射屏、玻璃布为间隔物的多层绝热液氢贮罐上的测量结果。当真空度由 1.33 Pa 降到 13.3 Pa 后，表观导热系数约增大 4.4 倍。由此可见，真空度对多层绝热性能影响是多么敏感。

表 9－4　真空度对表观导热系数的影响

夹套内的真空度/ Pa	表观导热系数/(W/(m・K))
0.013 3	1.56×10^{-4}
0.133	3.16×10^{-4}
1.33	6.51×10^{-4}
13.3	28.6×10^{-4}

9.4　氢氧火箭发动机的绝热问题

9.4.1　绝热的目的和任务

正如 9.1 节中所阐明的原则，设计上天产品的绝热方案时，应遵循在满足技术要求的前提下，千方百计地减小绝热结构的质量。因此，在氢氧火箭发动机上不可能采用双层壁的真空绝热方案。美国早期的 J－2 火箭发动机上的液氢轴流泵壳体，曾经采用了真空夹套的绝热结构，后来在 J－2S 上改成离心泵后，就改成发泡绝热方案了。当前的氢氧火箭发动机上都采用泡沫塑料为基础的绝热方案。

为了保证氢氧火箭发动机系统起动条件和建立稳定的工况，根据动态热平衡的原则，氢氧火箭发动机上只有某些部位需要采用绝热措施，而且可以根据工作条件的不同要求，采用不同的绝热措施，达到尽量减小发动机结构质量的目的。氢氧火箭发动机的绝热目的，归纳起来主要有两个：

1）保证液氢泵和液氧泵的起动要求和正常工作的条件；

2）保证发动机各种流量控制元件的起动要求和正常工作的条件。

液氢泵起动前必须充分预冷，特别是泵壳体内不允许有“气团”存在，如果没有良好的绝热，漏热的地方就是“气团”不断产生的热源，空气液化后的冷凝膜对液氢来说是最大的热源。为了控制发动机的混合比和涡轮工质的温度，在系统内一般都采用流量调节器、节流孔板、汽蚀文氏管，这些流量控制元件都是按液氢、液氧的饱和线以下的状态设计的，不允许有两相流状态出现，否则这些流量控制元件的流量系数就会发生很大的偏差，严重地影响流量控制的精度。特别是控制涡轮工质的汽蚀文氏管，其喉部直径都是非常小的，绝不允许有夹带气泡的液氢、液氧流经它的喉部。由于这些关键部位绝热措施不好而引起发动机试车失败的事故是发生过的。

预冷泄出系统的绝热要求也常常被人们忽视，以为排放系统可以放宽绝热要求，其实不然。在地面试车时，在液氢排放系统的管道上有大量的液化空气冷凝膜给排氢导管加热，这样会导致排氢导管内的流阻增大，从而严重影响发动机起动前预冷程序要求控制的时间。氢氧火箭发动机在飞行时的高空条件，没有液化空气的热源给排氢导管加热，而是高空的真空绝热条件，为了消除地面试车和高空起动的外界条件不同对发动机预冷程序的影响，排放系统也应设计良好的绝热方案。

9.4.2　泡沫塑料绝热材料的性能要求

当前的氢氧火箭发动机上都采用以泡沫塑料为基础的绝热方案，因此本节讨论的问题就是对泡沫塑料的热物理性能、机械强度等方面的要求。首先我们来分析绝热用的泡沫塑料必须具有什么样的热物理性能。

设图 9－3 为泡沫塑料绝热的液氢导管，导管内的液氢以流速 $w_L = 15\ \text{m/s}$ 的速度流动。假定管内压力为 4.6 MPa，要求管内壁的温度 $T_{b1} \leqslant 21.2\ \text{K}$，液氢的温度为 21 K，环境温度为 20℃（293 K），并有 8 m/s 的风在流动。当泡沫塑料的厚度为 10 mm 时，则泡沫塑料的导热系数 λ_p 应为多大才可以满足要求？

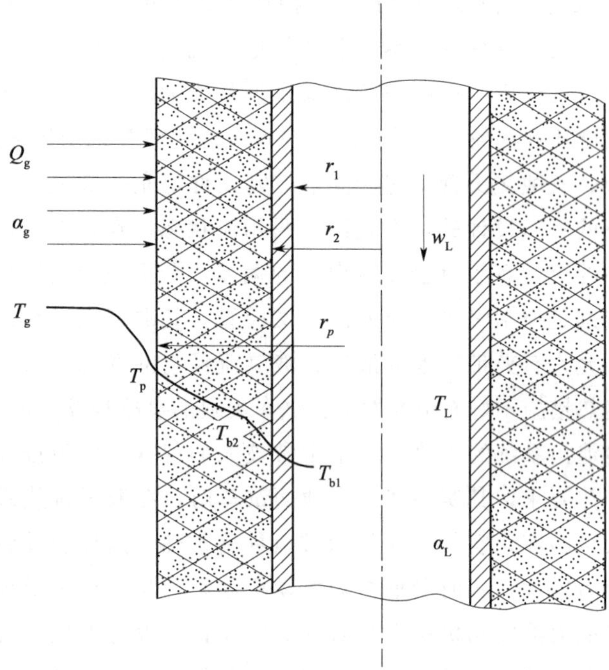

图 9－3　泡沫塑料绝热的液氢导管

根据对流换热的理论，若空气向导管的换热系数为 α_g，则向导管传的热流 Q_g 可以表示为

$$Q_g = 2\pi r_p L \alpha_g (T_g - T_p) \tag{9-19}$$

式中　L——管的长度（m）；

　　T_p——泡沫塑料外壁的温度（K）；

r_p ——泡沫塑料绝热层的外表面半径（m）；

下标 g——气面；

下标 p——泡沫；

下标 b——壁；

下标 L——液。

通过泡沫塑料绝热层传入的热流 Q_p 可表示为

$$Q_p = \frac{2\pi r_p L\lambda_p}{r_p \ln\frac{r_p}{r_2}}(T_p - T_{b2}) = \frac{2\pi L\lambda_p}{\ln\frac{r_p}{r_2}}(T_p - T_{b2}) \quad (9-20)$$

金属导管的材料为不锈钢，其低温下的导热系数 $\lambda_b = 10.35$ W/(m·K)，壁厚为 1 mm；通过不锈钢管壁传入的热流 Q_b 为

$$Q_b = \frac{2\pi r_2 L\lambda_b}{r_2 \ln\frac{r_2}{r_1}}(T_{b2} - T_{b1}) = \frac{2\pi L\lambda_b}{\ln\frac{r_2}{r_1}}(T_{b2} - T_{b1}) \quad (9-21)$$

不锈钢管壁向液氢传入的热流 Q_L 为

$$Q_L = 2\pi r_1 L\alpha_L(T_{b1} - T_L) \quad (9-22)$$

式中　T_L ——液氢的温度（K）；

α_L ——液氢流动下的对流换热系数。

由于传入的热流和被液氢流吸收的热流是平衡的，则又可写出下列方程式

$$Q_g = Q_p = Q_b = Q_L \quad (9-23)$$

将式（9-19）～式（9-23）联立起来，经过代换和整理得到以下方程式

$$T_{b1} = \frac{\dfrac{\lambda_p}{\ln\frac{r_p}{r_2}}T_g + r_1\left(1 - \dfrac{\lambda_p}{r_p\alpha_g\ln\frac{r_p}{r_2}} + \dfrac{\lambda_p\ln\frac{r_2}{r_1}}{\lambda_b\ln\frac{r_p}{r_2}}\right)\alpha_L T_L}{\dfrac{\lambda_p}{\ln\frac{r_p}{r_2}} + r_1\left(1 - \dfrac{\lambda_p}{r_p\alpha_g\ln\frac{r_p}{r_2}} + \dfrac{\lambda_p\ln\frac{r_2}{r_1}}{\lambda_b\ln\frac{r_p}{r_2}}\right)\alpha_L} \quad (9-24)$$

式（9-24）是计算泡沫塑料绝热的液氢导管内壁温度 T_{b1} 的理

论方程式，也是可以用作液氢导管采用泡沫塑料绝热方案时，如何选择泡沫塑料的导热系数和绝热层需要的厚度等重要参数的计算公式。下面利用式（9－24）进行一个算例以示各种参数在绝热方案中的作用。

设要求管内液氢的流速为 $w_L=15$ m/s，按照典型的管内流动条件下的对流换热计算公式求得液氢在 $w_L=15$ m/s 时的对流换热系数 $a_L=12\ 643$（W/（$m^2\cdot K$））。

管外的大气温度为20℃（293 K），并有风速等于 8 m/s 的气流对导管进行对流换热。空气向导管的对流换热系数 $a_g=63.59$（W/（$m^2\cdot K$））。如果已经将导管的泡沫塑料的厚度定为 10 mm，则要求泡沫塑料的导热系数为什么值，该绝热方案可以满足液氢工作的要求?

通过式（9－24）的计算，当泡沫塑料的导热系数 $\lambda_p=0.043\ 7$ W/（m·K）时，这种绝热方案是可行的。不过应考虑到实际的发泡工艺参数变化不一定能保证 $\lambda_p=0.043\ 7$ W/（m·K），在制定生产技术条件时可以更严一些。

9.4.3 热固性聚氨酯硬质泡沫塑料绝热

采用热固性聚氨酯硬质泡沫塑料作氢氧火箭发动机的绝热材料时，需要结合实际情况，解决一些具体的工程问题。

9.4.3.1 金属壳体的线膨胀系数与泡沫塑料相比相差比较大

例如，不锈钢的线膨胀系数一般为 $1.6\times10^{-5}\sim1.8\times10^{-5}$/K，铝合金的线膨胀系数在 $2.2\times10^{-5}\sim2.6\times10^{-5}$/K 之间，而工程上采用模具发泡的聚氨酯硬质泡沫塑料，线膨胀系数高达 1.05×10^{-4}/K（在－196～181℃范围内）。在预冷发动机过程中，金属壳体尺寸收缩得小，用于导管或壳体的绝热材料的泡沫塑料收缩的尺寸比金属壳体要大 4～5 倍，相当于壳体尺寸膨胀而迫使泡沫塑料产生裂纹，或者脱壳而形成间隙，严重时在预冷过程中会产生低温抽吸作用，把空气中的氧分离出来，并集聚在泡沫塑料与金属壳体之间的间隙内冷凝成固氧，在发动机工作过程中由于振动而引起泡沫塑料绝热层被炸裂而发生着火事故。为了解决这个问题，要求在泡沫塑料与金属壳体之间采用一种过渡层，来调节低温时其线膨胀系数差别太大的矛盾。

9.4.3.2　过渡缓冲层材料的线膨胀系数必须处于泡沫塑料与金属壳体之间

过渡缓冲层材料应具有较强的粘结能力，在液氢低温下不会发生“玻璃化”脆裂现象。泡沫塑料绝热层的剖面如图 9－4 所示，该绝热层共有 3 层，即密封层、泡沫塑料和过渡缓冲层。对于氢氧火箭发动机的导管、活门或液氢泵，由于尺寸都不太大，缓冲层设计可以简单地直接采用适合低温下工作的胶。这种低温胶的品种也比较多，例如以四氢呋喃聚醚环氧为主体，再配入适量的增粘剂和其他配料，使之满足流动性适当、室温下能固化和贮存期较长等使用要求。这种类型的低温胶的最大优点不仅线膨胀系数能满足要求，而且具有较高的粘结能力，在常温下测定的抗剪切强度应大于 19.6 MPa，而在－190℃的低温下抗剪切强度大约会增大约 39.2 MPa。因此，它在模具发泡的绝热方案上得到了广泛的应用。

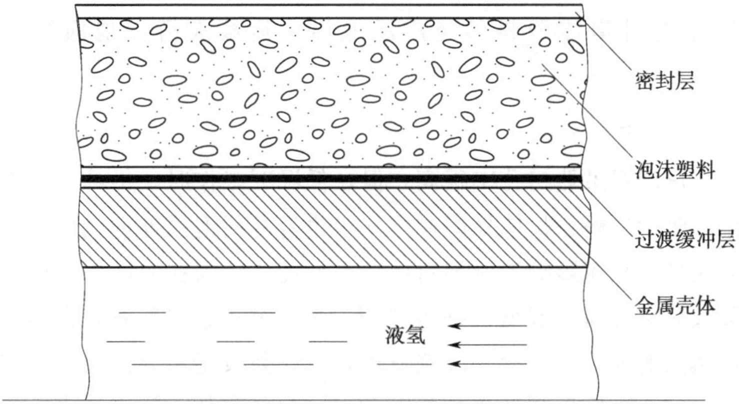

图 9－4　泡沫塑料绝热层的剖面示意

对于尺寸比较大的液氢贮箱，过渡缓冲层不能简单地用一种低温胶，必须用低温胶粘贴几层玻璃布或适合低温下工作的尼龙绸，以提高强度和改善过渡缓冲作用。如果成本允许的话，最好选用天然蚕丝材料织成的绸，因为天然丝绸在液氢低温下具有一定的弹性补偿能力，可以用于重复使用的贵重部件上。

9.4.3.3 聚氨酯硬质泡沫塑料

氢氧火箭发动机装配工艺复杂，装配后经过严格的气密性检查合格后，方能进行绝热层施工，这样结构复杂的组合件采用现场装配，模具发泡的工艺更为方便。我们研制成功的模具发泡聚氨酯硬质泡沫塑料，是一种闭孔率很高的热固性泡沫塑料，其热物理性能和机械性能如下：

1）热传导系数为 0.013 5 W/（m·K）（液氮温度下测得）；

2）密度为 50～60 kg/m^3；

3）平均膨胀系数为 1.05×10^{-4}/K（在 77～291 K）；

4）抗压强度为 0.18 MPa。

这种泡沫塑料在配料时加入一定比例的阻火剂更好，使之在空气中不容易着火燃烧（这种材料在氢氧火箭发动机上使用是很合适的）。这种泡沫塑料已经广泛地用于运载火箭和地面试验设备上。

9.4.3.4 密封加固层

泡沫塑料虽然闭孔率很高，但在低温下工作时，仍具有吸潮和低温抽吸的缺陷，长期暴露在空气中也容易使泡内外的气体互相扩散和交换，从而影响泡沫塑料的绝热性能，特别在泡沫塑料中产生微裂纹时更容易引起低温抽吸作用。为了解决这些问题，在泡沫塑料绝热层的外表面，涂一层聚氨酯环氧密封胶是必要的。这层密封胶可以完全隔绝周围环境中的各种可冷凝的气体，特别是水蒸气向泡沫塑料渗透，有这层密封胶也提高了泡沫塑料表面的抗压强度。为了进一步增强泡沫塑料抗压能力一般还要在涂密封胶的同时，粘贴一层尼龙绸。有时根据具体要求，还可以增加一层有机硅热反射涂料和抗烧蚀材料。这些都是辅助性的要求，可根据不同部位选择而用。

9.4.3.5　泡沫塑料绝热层的厚度

在测定了泡沫塑料的热物理性能之后，可以根据式（9－24）建立的关系来求得需要的绝热层厚度。在研究液氢泵绝热方案时进行过真实产品的液氢预冷试验，并在泡沫塑料绝热层内的不同厚度上安装了热电偶，测出了绝热层内不同厚度上温度随预冷时间的变化关系，如图 9－5 所示（图中 3 条曲线分别对应不同的预冷时间）。曲线 2 是经过 1 320 s 的液氢预冷后在绝热层内 3 个测点的温度分布实测数据。在横坐标 $X=0$ 时，即泵壳的金属表面温度；当泵壳温度达到 30 K 时，在绝热层9 mm处的温度一直保持在 235 K；在 32 mm 处的温度保持在 260 K 左右。该试验是在冬天的室外进行的，当时的环境温度为－8℃，试验结果表明，绝热层的有效厚度只需要 10 mm就可以满足要求了，超过 10 mm 的绝热层内温差是非常小的。在这个区域内的温度梯度约为 1.08 K/mm，这个数据表明漏热量已非常小了。实际测量的结果表明，我们研制的聚氨酯硬质泡沫塑料的导热系数可以达到 0.013 5 W/（m·K），因此绝热层的有效厚度大致为 10 mm 是可以满足要求的。但是，采用热固性聚氨酯硬质泡沫塑料后，特别在模具发泡的工艺上，发泡的质量不太稳定，气孔率的大小也不均匀，所以其绝热性能也有波动。为了保险起见，工程上建议用于液氢泵壳上的绝热层采用 20 mm 厚度比较合适。图 9－5中的曲线 1 是计算结果，它是假定预冷时间为 200 s 时的泡沫塑料绝热内的温度场分布情况。曲线 3 是假定预冷时间为 3 600 s 时计算的温度场分布。这些结果都说明泡沫塑料的厚度不需要超过 20 mm。

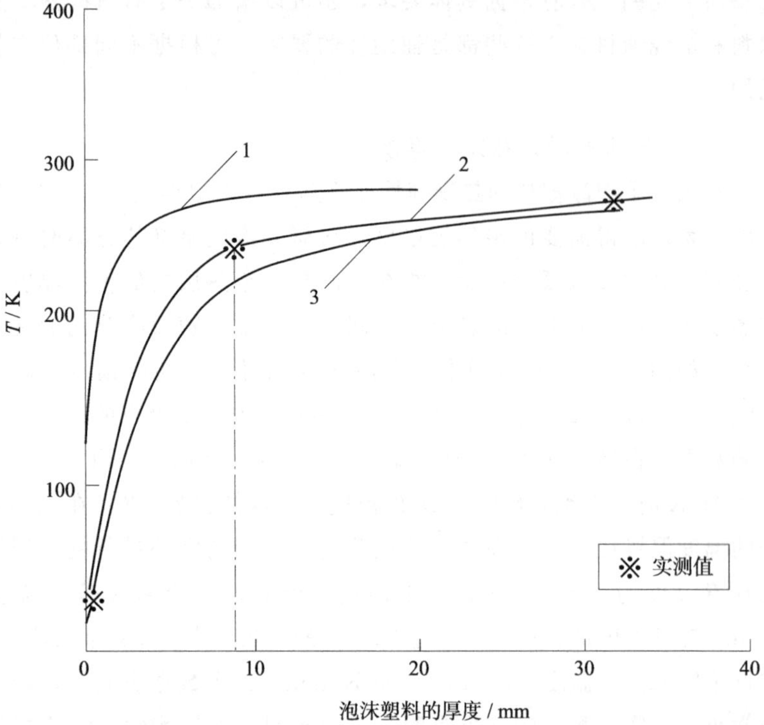

图 9－5　泡沫塑料绝热层内不同厚度的温度场分布

9.4.4　热塑性泡沫塑料绝热方案

前面介绍的热固性硬质泡沫塑料采用模具发泡，使用中存在一些问题，如发泡质量不太稳定，控制工艺因素也比较困难。ARIANE 火箭三子级液氢贮箱和氢氧火箭发动机 HM－7 上采用了热塑性泡沫塑料绝热方案，称为 PVC 新型泡沫塑料绝热方案，代号为 Klegecell H917。

Klegecell H917 的化学成分列于表 9－5 中，它的主要成分为聚氯乙烯（PVC）。这种热塑性泡沫塑料绝热方案具有很多优点。

表 9-5　Klegecell H917 的化学成分[69]

序号	名　称	成分/%
1	甲苯二异氰酸盐（TDI）	13
2	乙二异氰酸盐（HMDI）	15
3	马来酐	14
4	乙烯基单体	5
5	PVC（聚氯乙烯）	51.5
6	杂质	1.5
7	合计	100

PVC 新型泡沫塑料可以按照需要的尺寸成批在模具中浇铸成标准的平板状绝热材料。例如 ARIANE 三子级液氢贮箱绝热材料要求的平板型规格为 1 200 mm×600 mm×40 mm。在成批生产时，工艺参数稳定，可任意抽样批生产的材料制成试件进行热物理性能和机械强度测试。当这批材料的性能完全合格后，存放在仓库中，等待需要时再进行加工处理，因此生产质量保证较好。这种板状材料实际上是火箭贮箱绝热方案的基本原料。

需要使用时可将这种材料从仓库中取出，首先将材料去皮、裁切，加工成要求的厚度，再送入温度控制在 80～120℃的加热炉中，使绝热材料成为塑性材料，然后放在绝热部位要求的型面模板上，均匀地加上一定的压力使之成为要求的型面，而后降温得到要求型面的硬质绝热板块。

制成的绝热板块可以分别粘贴到液氢贮箱的外壁上去，粘贴质量也有保证。粘贴绝热材料之前，液氢贮箱外表面必须清洗，去油污和烘干，涂一层氨基酰胺环氧低温粘结剂后，把浸渍该粘结剂的细玻璃布贴到贮箱的外表面上，在粘结状态最佳时立即把加工好的型面符合要求的绝热板块贴合上去，然后均匀加压并保持在温度40℃环境中经历 24 h，使粘结剂得到完全固化。固化过程要在密闭室内进行，并且要不断地抽空，使粘结剂在固化过程释放出来的气体被不断抽去，否则容易在结合面上形成气穴。最后在绝热材料的外表面上缠一层玻璃布并喷涂密封胶，以增强绝热层外表面的抗压强度。

PVC 新型泡沫塑料的密度可以根据其强度要求的不同，在 30～90 kg/m^3的广泛范围内任意挑选；但通常使用的额定密度可以控制在较小的偏差之内，如（50±5）kg/m^3。

PVC 新型泡沫塑料的线膨胀系数比较接近于铝合金材料，这是一个非常好的优点。从 300～20 K 之宽广的温区内，它的平均线膨胀系数是 3.6×10^{-5}/K。这和广泛用作低温贮箱和其他部件的铝合金的线膨胀系数 2.6×10^{-5}/K 很接近了，有利于绝热层和铝合金部件之间的粘结能力的提高。

PVC 新型泡沫塑料的热物理性能也很好。该绝热材料的导热系数随温度变化的规律如表 9－6 所示。我国应用的热固性硬质聚氨酯泡沫塑料在 77 K 液氮温度中测得的导热系数为 0.013 5 W/（m·K）与 Klegecell H917 的导热系数在 75 K 时相比略高一些，也可以说两者在绝热性能上是相近的。

Klegecell H917 的比热随温度变化的规律如表 9－7 所示。由常温降到液氢温度，即 20～300 K 的温区内，比热变化约达两个数量级之多。在计算固体内部的温度场变化速度时，必须应用一个重要热物理性能导温系数 $a=\frac{\lambda}{c_p\rho}$（$\rho$为泡沫塑料的密度）。利用表 9－6 和表 9－7 中的 λ 和 c_p 值，即可求得对应温度下的导温系数 a 的值。该绝热材料的热物理性能都比较齐全。

表 9－6　Klegecell H917 的导热系数随温度的变化[69]

温度/ K	导热系数	
	W /(m・K)	kcal /(m・h・K)
20	0.25×10^{-2}	0.002 15
25	0.375×10^{-2}	0.003 23
75	1.25×10^{-2}	0.010 76
125	1.875×10^{-2}	0.016 13
273	3.026×10^{-2}	0.026 04
300	3.375×10^{-2}	0.029 04

表 9－7　Klegecell H917 的比热随温度的变化

温度/K	比热 c_p	
	J/(kg・K)	kcal/(kg・K)
20	25	5.971×10^{-3}
35	50	11.942×10^{-3}
60	100	2.388×10^{-2}
85	150	3.583×10^{-2}
195	500	11.942×10^{-2}
270	900	0.214 9
300	1 180	0.281 8

表 9－8 中列出 Klegecell H917 的力学性能，如弹性模量 E_t (MPa) 和拉伸强度 σ_r (MPa)、极限拉伸应变 ε_r (%)。极限拉伸应变和线膨胀系数是影响机械完整性的最重要因素。极限拉伸强度 σ_r 在同一温度下变化范围很大，这是由于泡沫塑料密度的可变性所引起的。当密度在 45～55 kg/m^3 范围内，极限拉伸强度与密度呈线性关系变化。另外，在 20 K 的低温下测量弹性模量 E_t 也是比较困难，给出的数值仅表明 E_t 的相对大小。

表 9－8　Klegecell H917 的力学性能[69]

温度/K	20	300
弹性模量 E_t/MPa	0.8	0.2
拉伸强度 σ_r /MPa	1～1.5	1～1.3
极限拉伸应变 ε_r /%	1.4～1.8	12～16

PVC 新型泡沫塑料在铸成板材后，要按表 9－8 中数据进行抽样试验。在同批生产的板材内任意选择某几块制成 4 个拉伸试件，如果在 20 K 的低温条件下极限拉伸应变的值小于 1.4%，拉伸强度小于 0.9 MPa 时，则认为该批原料不合格而报废。这样的绝热材料和生产质量保证体系显然比热固性硬质聚氨酯泡沫塑料更优良。

第 10 章 液氢的生产、贮存和运输

10.1 液氢生产成本分析

液氢虽然是高能而又干净的优质化学燃料，但由于它的生产价格很高，贮存问题也没有解决，因此严重地限制了这样优质燃料的推广。当前，液氢作为运载火箭的高能燃料，已在航天技术比较发达的国家得到了较为广泛的应用。在商业发射竞争日趋激烈的年代里，如果不设法控制它的价格，仍然有被淘汰的危险。价格比较低廉、燃烧产物对环境的污染又不太严重的烃类燃料，在运载火箭的推进剂选择中，显然是有力的挑战者。

我们应该如何评价液氢的价格是贵还是便宜呢？用每千克液氢的售价与其他燃料进行比较，显然是不合理的。因为燃料的使用价值应表现在它的热值的大小上，燃料的热值高，做功能力大，使用价值就应该高一些。文献［70］中把液氢的热值和汽油做了比较，用汽油作燃料，发出 100 万个 B. T. U 热值的价格为 1.83 美元，而用氢作燃料，发出同样热值的价格仅为 1.6 美元。因此，该文献的结论是氢燃料比汽油便宜。而且文献［70］还引用了试验数据，在汽车发动机上采用了氢燃料后，燃烧效率提高了 40%，因此，氢燃料在汽车发动机上的实际热值比汽油还要好。汽车发动机不需做大的改动就能使用氢燃料，使用氢燃料后汽车行驶每千米的燃料费将比汽油更加便宜。

当然，这样的结论可能是科学的，但真要在汽车上实际应用尚有一段距离。这是因为氢的长期贮存问题不解决，是无法把上述的试验结果应用于工业上来的。控制液氢价格，使之扩大应用范围，

不仅有很大的经济效益，而且具有很大的社会效益，因为以氢作燃料的燃烧产物中，基本上都是水蒸气，完全没有 CO_2 和 SO_2 等污染环境的有害气体。从保护环境的观点看，扩大氢燃料应用范围的社会效益，远远超过其经济效益。

最近几年内，由于环境问题日趋严重，扩大氢能源的研究已受到重视，液氢价格的控制也成为重要的课题。美国的液氢价格最便宜，大约是我国价格的 10%～20%。我国的液氢并不是一种能流通的商品，它是根据用户计划安排用量而组织生产的，所以价格很高。如果改变一下生产关系，由用户统一管理液氢生产、低温设备维修和氢氧火箭发动机试验，把人员、技术和设备集中起来，组成一个低温技术中心，这样就能大大减少人员，提高设备的利用率，我国的液氢价格就可以大幅度降下来。

我国液氢价格昂贵的主要原因有以下 3 个：

1）生产厂商不清楚用户的需要量，又怕指令性计划突然下来，完不成任务，只好盲目地提高生产能力，造成一个月的产量可以满足全年的需要，生产设备和人力长期闲置，谁也无法改变目前的状态。

2）生产工艺流程很落后，我国生产每千克液氢的能耗比国际上要高 20 倍之多。

3）液氢用户主要是少量的研究单位和火箭发射单位，每次用量不多，液氢贮存问题又没有得到解决，什么时候需要，什么时候开车生产，低温生产设备的起动、关车的频率太高，必然造成设备故障多，大修经费成了液氢成本的主要部分。

根据上述情况可以看出，控制液氢价格既有管理机制的改变问题，即由指令性计划经济改成市场竞争机制的问题，也有技术问题，如工艺流程的革新和液氢的长期贮存等问题。这里只讨论以下几个技术性问题：

1）正确地确定液氢生产能力；

2）液氢生产工艺流程的优化；

3）液氢的长期贮存问题探讨。

10.2　液氢生产能力的确定

10.2.1　液氢用量分析和统计

液氢生产设备每小时生产液氢（仲氢）的升数称为液氢生产能力。由于液氢设备起动前必须进行充分深冷，生产结束后又要进行完善的恢复温度的处理。不论是生产前的深冷，还是生产后的设备处理，都要消耗大量的能源和人力。如果生产能力选得太大，造成生产前后准备和处理的时间超过实际生产时间，则液氢的成本就不可能降下来；如果生产能力选得太小，而又没有良好的液氢贮存设备，又会造成供不应求的局面，甚至会影响氢氧火箭发动机的研制进度和火箭发射的液氢供应问题。因此，需要合理地确定液氢生产设备的生产能力。液氢生产能力可以根据两个原则来选定：

1）根据氢氧火箭发动机研制过程中试车频率最高的年用量确定；

2）根据氢氧火箭每年发射的频率最高的年用量来确定。

根据我国的情况，氢氧火箭仅仅用于同步定点轨道卫星的发射，而这种轨道的国际发射市场常常受到政治因素的影响而变化莫测。因此，只能根据氢氧火箭发动机研制的需要确定生产能力。实践证明，能满足氢氧火箭发动机研制过程中试车频率最高的年用量，则也能满足火箭发射的液氢需求，因为前者的需求必然大于后者。下面来分析一下氢氧火箭发动机研制过程中共有哪几种类型的试车。在一般情况下，研制一种新型的氢氧火箭发动机，需要进行以下几种类型的试车：

1）发动机起动点火短程试车；

2）发动机性能测定和参数精度统计试车；

3）全程功能演示和性能鉴定性试车；

4）长程结构考验可靠性鉴定试车；

5）火箭总体部门验收方案交付试车等。

如果把以上的几类试车统计中加一定安全余量，就可以得出比较准确的数值了。

应该考虑到在发动机系统试车之前，或者在发动机整机试车的研制过程中，还要进行许多组合件试验，有些大组合件如液氢泵、推力室等都可能平行地进行方案改进性研究试车，这些组合件试验的液氢用量也相当大，因此不能简单地完全根据发动机试车的液氢用量来确定液氢生产能力。比较可靠的方法是根据过去氢氧火箭发动机研制中的液氢总的用量和每年液氢用量的比值（%）进行分析统计，从中找出在整个研制过程中每年液氢用量百分比的变化规律，列成表格。这种液氢用量百分比的每年变化规律是有参考价值的。今后，只要把新型号发动机研制的液氢总量估算出来，则可以得出最高年用量了。

表 10－1 是根据某台氢氧火箭发动机在 8 年研制过程中的总用量和每年用量的比值制定的。根据经验分析，表 10－1 中的液氢用量百分比变化规律具有普遍性，它可以用来预测新研制氢氧火箭发动机过程中液氢的年需要量。

表 10－1　每年液氢用量占整个研制周期中总用量的百分比（统计值）

研制周期的年序/年	1	2	3	4	5	6	7	8
每年液氢用量占研制中液氢总用量的比值/%	2.4	4.3	11.6	16.2	21.2	25	14.7	4.6

从表 10－1 中列出的数据可以看出，液氢用量的高峰年在研制周期中的第五年、第六年。高峰年过后，发动机试车已停止，只有交付产品时需要进行少量试车用的液氢。因此，根据表 10－1 中的第六年，最大液氢的年用量为研制过程总用量的 25%来确定液氢生产设备的能力是可以的。

10.2.2　液氢生产能力的确定

准确地确定液氢生产能力是比较困难的。下面提出一个粗略的计算方法来确定液氢生产设备的能力。设液氢生产设备的能力为 C，则有

$$C = \frac{V}{T} \tag{10-1}$$

式中　V——液氢用量高峰年的需要量（m^3）；

T——液氢生产设备的无故障运行时间（h）。

这是一种确定生产能力的方法。因为生产液氢的设备无故障运行时间短，经常要检修设备，必然造成生产成本的上升。

另一种方法是根据 10.2.1 节中列出的试车类型和组合件试验的液氢用量来估算。发动机设计时已经确定了试车的秒流量，每一类试车都有规范的时间，每年最多可以安排多少次试车，则每年的液氢用量也就可以计算出来了。

1）第一种类型试车属于短程试车，令这一类试车的时间为 τ_1，液氢的秒流量为 Q_1，设备预冷和试车后容器需留的安全余量为 q_1，则每次试车需要的液氢净耗量为

$$V_1 = Q_1\tau_1 + q_1 \tag{10-2}$$

若这一类试车需要进行 n_1 次，则研制过程中第一种类型试车的液氢需要量为

$$\overline{V}_1 = (Q_1\tau_1 + q_1)n_1 \tag{10-3}$$

2）第二种类型的试车也是短程试车，但试车时间一般需要长一些，令其为 τ_2。按照前面的设想，这一类试车要求进行 n_2 次，于是有

$$\overline{V}_2 = (Q_1\tau_2 + q_2)n_2 \tag{10-4}$$

3）第三种类型试车为全程试车。若全程试车的时间为 τ_3，总共要求进行 n_3 次，则第三类试车总共需要的液氢量为

$$\overline{V}_3 = (Q_1\tau_3 + q_3)n_3 \tag{10-5}$$

4）第四种类型试车的时间一般要求为 $2\tau_3$。若需要进行 n_4 次，则第四种类型试车要求的液氢用量为

$$\overline{V}_4 = (Q_1 \cdot 2\tau_3 + q_4)n_4 \tag{10-6}$$

5）第五种类型试车的时间一般也为 $2\tau_3$，需要进行 n_5 次。则第五种类型试车需要的液氢用量为

$$\overline{V}_5 = (Q_1 \cdot 2\tau_3 + q_5)n_5 \tag{10-7}$$

把以上 5 种类型试车的液氢总需要量相加，就可以求得氢氧火箭发动机在研制过程中全部发动机试车的液氢用量。根据一般的规律，组合件试验的液氢用量约为发动机试车用量的 10%～20%，可取其平均值，或取其最高值，即试车用量的 20%。

试车台的贮箱及供应系统，不论是哪一种类型试车，每次试验时该系统预冷需要消耗的液氢量和在贮箱中应留的安全余量都应该是相等的。因此可以认为

$$q_1 = q_2 = q_3 = q_a \tag{10-8}$$

但是进行长程试车或者第五种类型试车，贮箱系统需要进行第二次加注推进剂，因此，q_4 或 q_5 至少等于 $2q_a$，故有

$$q_4 = q_5 = 2q_a \tag{10-9}$$

将式（10－8）和式（10－9）代入式（10－3）～式（10－7），并把式（10－3）～式（10－7）相加，就可以求得整个研制过程需要的液氢用量，即

$$\sum_{i=1}^{5} \overline{V}_i = 1.2(\overline{V}_1 + \overline{V}_2 + \overline{V}_3 + \overline{V}_4 + \overline{V}_5) \tag{10-10}$$

式（10－10）中的系数 1.2 是考虑了组合件试验的液氢用量为发动机试车用量的 20%。经过化简整理，式（10－10）可以写为

$$\sum_{i=1}^{5} \overline{V}_i = 1.2[Q_1(\tau_1 n_1 + \tau_2 n_2 + \tau_3 n_3 + 2\tau_3 n_4 + 2\tau_3 n_5) + q_a(n_1 + n_2 + n_3 + 2n_4 + 2n_5)] \tag{10-11}$$

按照表 10－1 中的统计数据，在氢氧火箭发动机的研制中，液氢用量的最多那一年，即高峰年约占全部研制过程用量的 25%。因此高峰年的液氢用量为

$$\overline{V}_{\max} = 0.3[Q_1(\tau_1 n_1 + \tau_2 n_2 + \tau_3 n_3 + 2\tau_3 n_4 + 2\tau_3 n_5) + q_a(n_1 + n_2 + n_3 + 2n_4 + 2n_5)] \tag{10-12}$$

根据式（10－12）即可求得液氢生产设备应具备的生产能力 C。如果规定每年开车 3～4 次，每次工作 T_1 h，则式（10－1）的 $T \geqslant 4T_1$。液氢生产设备的生产能力为

$$C = \frac{\overline{V}_{max}}{4T_1} \tag{10-13}$$

用式（10－13）来确定研制氢氧火箭发动机需要的液氢生产设备的生产能力，就不会出现液氢生产设备和液氢需求的不适应问题。如果认为按式（10－13）计算的生产能力太小时，可以根据某些不确定因素略增加一点，但绝对不应该成倍数增加。

10.3　液氢生产工艺流程的优化

液氢的生产成本与它的生产工艺流程是否先进有密切关系。生产工艺流程选择不好，可以造成能源损失严重。例如，国际上可将生产 1 kg 液氢消耗的电能控制在 20～24 kW，而采用早期落后的生产工艺流程时，生产 1 kg 液氢需消耗的电能却高达 350 kW。这样大的能耗，液氢价格必然非常昂贵。

液氢的生产，简单地说有两部分工作，其一为原料氢气的纯化；其二是高纯氢气的液化，并在液化过程中实现正仲氢的转换。

水力发电比较丰富的国家，可以采用电解水而获取氢原料，如加拿大的水力发电非常丰富，在工业用电低峰时间内，就可以把多余的电力去分解水获得氢气，而后把氢气纯化后再进一步液化，把液氢当成高能燃料而贮存起来。石油化工工业发达的国家，通常是从某种化工流程中的含氢尾气里获取原料氢气。

不论何种方法获得原料氢气，消耗电能的重要环节在于原料氢的纯化。若将化工尾气进行变温吸附，可以获得高纯氢气，但这种工艺通常采用液氮在负压下蒸发来建立低温吸附条件，消耗的液氮很多。用于液氢生产成本比较高，变温吸附工艺已不再使用。1966 年美国联合碳化物公司的林德分公司研制成功了一种先进的氢纯化

工艺流程，称为“变压吸附循环工艺流程”。这是一种常温下进行的氢纯化工艺，这种工艺的设备很简单，通过管道输送来的化工尾气，进入纯化流程中的吸附罐阵列（至少4个吸附罐组成），吸附罐内装有吸附剂，在高压状态时为吸附氢气的过程，在低压状态时为释放氢气的过程，当各个吸附罐依次进行“高压”和“低压”交替操作时，每交变一次作为一个循环，随着循环不断进行，源源不断获得要求的高纯氢气。这种纯化工艺，成本较低，在美国以及其他国家获得广泛的应用。

吸附罐内的吸附剂，通常采用分子筛，但也可以采用活性炭或硅胶，可根据尾气中所含的杂质不同和分离要求的高低来选用，可以单独使用一种吸附剂，也可以把几种吸附剂联合使用。研究表明，若采用含稀土金属的氢化物作吸附剂，效果更好，通过变压吸附装置后获得氢的纯度可以控制在99.5%～99.9999%范围内。文献［71］比较了各种氢纯化工艺流程的经济指标，其结论为变压吸附的工艺流程经济性最好、设备简单、操作方便，因而是生产成本最低的一种氢纯化工艺流程。

高纯氢的液化和在液化过程中转换成含仲氢95%以上的液氢，是液氢生产工艺流程的关键。必须选择热力循环先进、生产安全可靠、设备检修方便且简单的方案。液氢生产的耗能少，液氢的价格就可以低廉；如果这个环节没有选好，则液氢的价格就不可能便宜了。

氢于1766年就被英国的H·卡文迪什（H. Cavendish）发现了，由于当时人们尚未掌握气体的深冷技术，所以一直把氢当成是一种“绝对”气体。经过132年之后，1898年J·杜瓦在实验室内，利用液化空气进行减压蒸发获得－200℃的低温环境，在这种低温环境中，把20 MPa的高压氢气充分预冷后进行膨胀降温，成功地实现了氢的液化。人们把这种低温高压氢气的膨胀降温而获得液氢的过程，称为简单的“林德循环”。后来在工业实践中经过不断地改进，形成一种液氢的生产工艺流程，并得到普遍应用。

随着深冷技术的发展，氢液化的方法也随着各种具体条件的不同愈来愈多了。根据热力学的理论，大致可以分为以下几种：

1）林德循环；

2）克劳德循环；

3）双压膨胀循环；

4）氦一氢冷凝循环；

5）带膨胀机的双压循环。

根据热力学理论来选择氢液化方法固然非常重要，而且有可靠的理论基础作依据，但工业上选择氢液化工艺流程，还必须满足经济效益，因此很多其他条件常常也起决定性的作用，如氢原料的来源问题、设备操作的复杂程度、设备运行的可靠性问题等，还要考虑一次性投资多少等问题。

综合诸多因素和生产实践的结果表明，愈来愈多地采用以氦一氢冷凝循环为基础的工艺流程。当然根据具体条件的不同做一些局部的参数调整或优化，目的是取得较好的节能效果和获得较好的经济效益。下面具体介绍一种氦一氢冷凝循环的基本工艺流程。

典型的氦-氢冷凝循环系统如图 10－1 所示。氦气从低压贮气罐（6）出来，经过无油的氦压缩机（1），一般增压到 1.2～1.6 MPa。受压缩升温的氦气经过水冷器（2）后，使之保持常温，经过滤器（3 和 5）和干燥器（4），除去水分和其他杂质后，即进入图 10－1 中虚线所示的氢液化流程的主冷柜。在设备起动阶段，高压氦气进入主冷柜前，必须先经过液氮降温纯化器（7），并进行氦的纯度分析，以保证氦气的高纯度。待设备已运行正常后，整个氦循环系统都已是高纯氦在工作时，氦才可以从旁路进入主冷柜，之后就不再需要液氮降温纯化了，所以仅仅在设备起动时需要消耗一定量的液氮。

图 10－1 所示的主冷柜内，装有 3 个板翅式换热器（10、12 和 13），两台氦透平膨胀机（8 和 9）和一个液氮罐（11）。设备起动前，首先将主冷柜外的液氮降温纯化器（7）和主冷柜内的液氮罐（11）充满液氮，而后起动氦压缩机（1）和主冷柜内的氦透平膨胀机（8 和 9），经过起动段预冷运行达到热平衡状态时，第一个换热

器（10）的出口温度达到100 K，第二个换热器（12）的出口温度达到60 K，氦进入第一个透平膨胀机（8），而后进入第三个换热器（13），这时的低温氦已达到30 K，再进入第二个透平膨胀机（9）。这时氦的温度已降到18 K以下，处在这样低温状态的氦气，其返回流程是经过换热器（13、12和10）时把冷量留下后，再返回到氦压缩机的入口，完成了一个氦气循环。经过几个循环后，整个系统达到平衡状态而进行生产设备的正常运行。

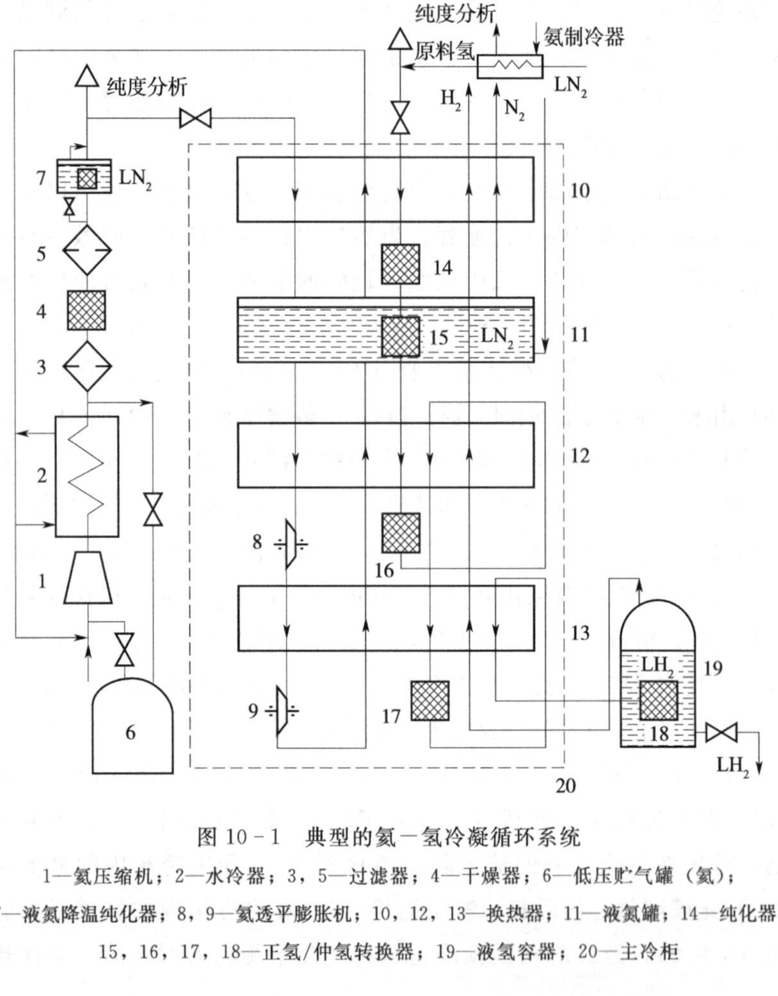

图 10-1　典型的氦—氢冷凝循环系统

1—氦压缩机；2—水冷器；3，5—过滤器；4—干燥器；6—低压贮气罐（氦）；7—液氮降温纯化器；8，9—氦透平膨胀机；10，12，13—换热器；11—液氮罐；14—纯化器；15，16，17，18—正氢/仲氢转换器；19—液氢容器；20—主冷柜

图10－1所示氢的流程比氦系统要简单一些，假如原料气中的含氢量为60%～70%，则经过变压吸附装置后，氢的纯度已达99.98%，可直接引入到虚线所示的主冷柜内。为了减轻氦压缩机的负担，进入主冷柜的氢气，最好事先预冷到一定程度，例如设计300 L/h的氢液化装置，如果直接引入常温气氢，则氦压缩机要求的功率达554 kW。如果在氢进入主冷柜前装一套氨制冷器，使氢气降温后再进入主冷柜，则氦压缩机要求的功率可下降到520 kW。如果再对氦系统的参数进行优化，则氦气的流量可从原来的6 100 m^3/h降到2 920 m^3/h，设备投资也会大幅度降低。

氢经过氨预冷后进入主冷柜的第一个换热器（10），氢的温度已降到100 K，经过纯化器（14）进行首次低温吸附纯化，使氢气的纯度提高到99.999%以上。这样高纯度的氢气才能保证以后的深冷换热器安全工作。由纯化器出来的高纯低温氢，进入液氮罐（11）中的第一个正氢/仲氢转换器（15），在液氮温度下可获得仲氢比例达到45%的转换率。经过换热器（12）之后，氢气温度已降到60 K，经过第二次正氢/仲氢转换器（16）后，使仲氢的比例增大到80%。转换器后的氢气一般略有些温升，为此，使含有80%仲氢的气体，再一次进入第二换热器（12），从而获得60 K的含仲氢80%的低温氢气。经过第三换热器（13）后，氢气与18 K的冷氦进行热交换冷凝成液氢，再经过一次正氢/仲氢转换器（17），这时仲氢的比例已超过90%；再绕行一次第三换热器（13），而后进入液氢容器（19）内的第四个正氢/仲氢转换器（18），获得最终的液氢产品。它含仲氢成分超过95%，而温度约为20K。在第四次正氢/仲氢转换过程中仍有少量的低温气氢形成，让其返回去经过换热器（13、12和10）时，把冷量留下来，这股低温氢可再重新进入氢的液化循环。

在选择氦—氢冷凝循环工艺流程时，应重点注意氦压缩机的参数优化问题。因为氦压缩机是该系统消耗功率最多的组件，要控制每千克液氢生产的功耗，必须全面分析氦－氢冷凝循环系统中各个环节的参数，最后使氦压缩机的参数优化。

连续开机时间的长短应根据系统内各组件的无故障运行时间的长短来确定，连续开机时间不应超过无故障运行时间，这样可以避免设备在运行中造成故障停机而检修设备，这也是控制液氢成本的重要因素。

10.4　液氢的长期贮存问题

液氢的长期贮存问题如果解决了，不仅可以降低液氢的价格，而且可以扩大氢燃料的应用范围，如汽车、航空发动机、各种内燃机和锅炉等。凡是以石油产品为燃料的内燃机，都可改用氢燃料，而且燃烧效率高。因此，液氢长期贮存问题不仅是对于火箭发动机迫切需要解决的关键问题，也是对于其他类型发动机迫切需要解决的问题。

氢或液氢的长期贮存问题是工业界正在努力研究的课题，我们在此只是做探讨，提供一些我们认为比较可行的技术途径，真正在工业上推广应用尚需做很多研究工作。

10.4.1　“电冰箱工作原理”用于解决液氢中短期贮存问题

在较小的液氢生产设备厂内，或者在火箭发射场内，常常配有高真空的超绝热液氢贮存容器。这种贮存容器总是因漏热而有0.25%～0.3%的日蒸发率，经过一定的贮存时间，必须从贮存容器内放氢卸压，否则贮存容器会因压力太高而自动打开保险阀卸压。每次卸压放出氢时，都要浪费一部分液氢。由于卸压放气时的氢气温度很低，一般为接近贮箱压力下的饱和温度，如在0.35 MPa下放氢时，氢的温度大约为25 K，如果在贮存容器上配备一套小功率氦制冷机系统，将25 K的氢气降到20 K的液氢，再输送到贮存容器内，则就能使贮存容器内贮存的液氢在较长时间内无损耗，当然其成本略有提高。这种贮存液氢的方法，相当于用“电冰箱工作原理”制冷来保存液氢。如图10－2所示，设有高真空缠绕超绝热球形贮罐（7）若干个并联在一起。这些贮罐的绝热性能都可达到日蒸发率0.3%以下，贮罐内存放的液氢，随着时间的增加，不断漏入的热量必然使部分液氢升温、汽化，最后贮罐内压力升高而要求放气阀（6）打开卸压。

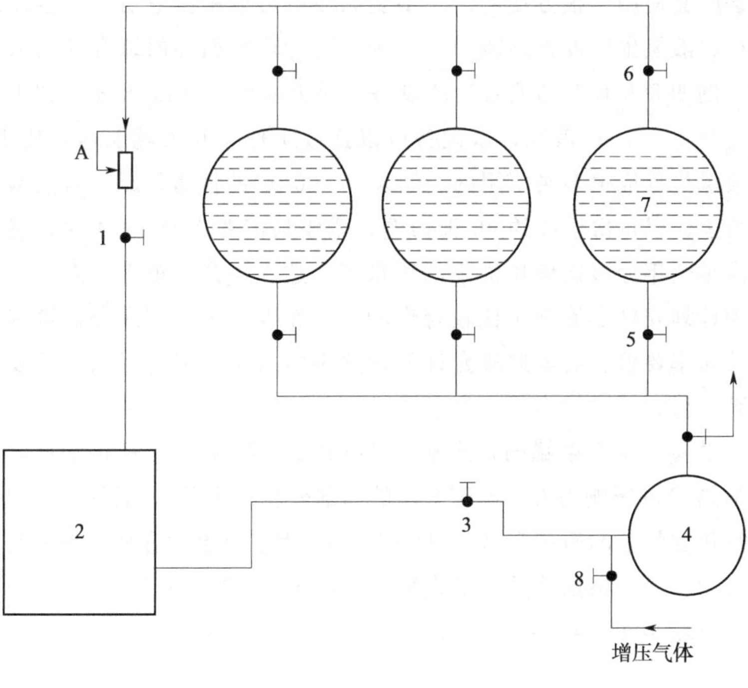

图 10－2　中短期液氢贮存系统

1—制冷系统起动阀；2—氦制冷机；3—回收阀；4—回收罐；5—加注阀；6—放气阀；7—球形液氢贮罐；8—增压阀；A—减压器

如果在放气系统中设置如图 10－2 所示的氦制冷系统，当放气阀（6）打开，有压力的氢气经过减压器 A 和制冷系统起动阀（1），进入氦制冷机（2）后，氢气已液化。液氢流经回收阀（3）后进入回收罐（4）。当球形贮罐（7）内的压力已降到初始值时，表明过热的液氢已经恢复到正常。这时关闭回收阀（3），打开增压阀（8）和贮箱底部的加注阀（5），将回收贮罐（4）中的液氢挤回到球形贮罐

(7) 中去，这样就完成了一次回收液氢的程序。这种液氢回收系统可以使液氢在一定的时期内贮存。这种工作原理近似于家用“电冰箱”贮存食品的办法，经过估算后认为在三个月到半年的时间，把液氢贮存起来是不成问题的。这种贮存液氢的设备和小型液氢生产设备配套使用是很方便的。小型氦制冷机可以根据液氢贮存容器的大小、液氢生产设备的能力大小等，进行热力循环的综合平衡来选定。例如 300 L/h 的液氢生产设备，每天能产 7.2 m^3液氢，如果全年需要 1 000 m^3液氢，该设备可以连续工作 140 天就能达到要求，但液氢是分成很多次使用的。如果有 300 m^3的液氢贮罐，将贮罐充满液氢，以每次生产约 40 天为例，全年只需要生产 3～4 次，就可以满足全年分多次使用液氢的用量了。这在生产规模上、人力使用上和计划安排上等都是比较合理的。下面以一个算例来分析氦制冷机的功率要求、液氢贮罐允许的漏热率多大等，来说明以上的设想是否可行。

设 Q 为液氢贮罐的日蒸发率（或者是漏热率），贮罐内的液氢受到漏热 Q 的影响而发生温度升高的那部分质量为 W_1，其中有一部分已汽化成气氢的质量为 W_2，则 W_1-W_2为已有温度升高但尚未变成气氢的质量。根据热量平衡的关系，可以写出下列关系式

$$Q\tau = (W_1 - W_2)c_{pL}(T_s - T_1) + W_2[\gamma + c_{pg}(T_2 - T_s)] \tag{10-14}$$

式中 τ——液氢在贮罐内存放的时间（h）；

c_p——氢的等压比热（kJ/（kg·K））；

γ——液氢的汽化热（kJ/kg）；

T_1——对应于状态 1 的温度（K）；

T_2——对应于状态 2 的温度（K）；

T_s——对应于饱和状态的温度（K）；

下标 L——液体；

下标 g——汽相。

假设液氢贮罐的气垫容积在存放过程中基本不变化，用 $\overline{V}$ 表示，

则已汽化而排放出来的液氢质量 W_2 可以用式（10－15）计算，即

$$W_2=\overline{V}(\rho_2-\rho_s)=\overline{V}\left(\frac{p_2}{RT_2}-\frac{p_s}{RT_s}\right) \tag{10-15}$$

式中　R ——氢的气体常数(J /(kg · K))；

ρ_2 ——在初始放气状态 2 时气氢密度（kg/m³）；

ρ_s ——在放气终结时气氢的饱和密度（kg/m³）；

p_2 ——放气时气垫的初始压力（Pa）；

p_s ——放气终结时的饱和压力（Pa ）。

式（10－15）可以改写为

$$W_2=\overline{V}\,\frac{p_2}{RT_2}\left[1-\left(\frac{p_s}{p_2}\right)^{\frac{1}{k}}\right] \tag{10-16}$$

式中　k ——氢气的绝热指数。

p_2 和 T_2 是可从监视压力传感器和温度传感器测定的，因此 W_2 是可以计算出来的。

假设图 10－2 中每个贮罐的容积为 100 m³，共 300 m³。若贮罐的日蒸发率为 0.3%（质量分数），则每天大约有 63 kg 液氢汽化成气氢，也就是说，每天向液氢贮罐漏入的热量为 27 760 kJ。因为日蒸发率是通过试验期内测定的平均值，如果存放 7 天就起动氦制冷机，将已被蒸发的氢重新深冷成液氢，则 7 天存放期内，300 m³ 液氢共有 441 kg 液氢变成气氢，共漏入的热量为 194 320 kJ。

设气垫容积为液氢容积的 10%，即 30 m³，而贮罐内压力只允许达到 0.35 MPa（ $p_2=0.35$ MPa），由式（10－16）可以求得 W_2 的质量约为 49 kg。

将上述 7 天内漏入贮罐内的总热量和其他对应的参数，代入式（10－14）后，可以求得 300 m³ 贮罐内，除 49 kg 的液氢变成气氢外，尚有大约 2 660 kg 的液氢已不同程度地升高了温度，即大约有 38 m³ 的液氢已受到了热影响。

如果选用一种氦膨胀制冷机，其制冷量为 300 W（258.3 kcal/h），则大约工作 179 h 即可使 7 天漏进贮罐的热量得到平衡。

氦制冷机的热效率一般可达 7.5%，按 300 W 输出的制冷量计算，该制冷机的电功率为 4 kW，工作 179 h，共耗电 716 kW·h，平均到每立方米液氢的贮存费用是不高的。因此，上述设想的方案在经济上和技术上都是可行的。

国际市场上出售的小型氦制冷机已很先进，价格也比较便宜，热效率很高，起动快，无故障运行时间也很长。例如，荷兰飞利浦公司出售的小型氦制冷机，采用了先进的斯特林（Stirling）热力循环，其制冷效果更好，可以在 10 min 内达到深冷的空气液化水平。

10.4.2 采用其他载体吸附氢的贮存问题

近年来，由于石油能源的大量应用，地球环境污染问题日趋严重，石油资源也逐渐枯竭，因此开发氢能源问题日益受到重视。贮存液氢是开发氢能源的重要环节，工业发达国家已将贮存氢和运输氢的问题作为重点课题开展研究。据文献［72］介绍，欧洲共同体和加拿大的魁北克市合作研究一项课题：如何将加拿大丰富的水力能源转成电解水获取氢燃料，并将氢燃料运送到欧洲去改善欧洲的能源结构。1989 年之后，欧洲已有 22 个研究所和公司，加拿大已有 8 个研究所参加了该课题的研究。他们希望把氢燃料运到欧洲，首先满足以下 3 种用途：

1）用于发电；

2）用作火箭燃料和飞机的燃料；

3）制成工业和家庭需要的天然气。

由于从加拿大通过海运将氢燃料送到欧洲，需要 50 天，所以需要解决贮存和运输问题。初步考虑采用化学吸附氢的办法。

10.4.2.1 利用甲苯和氢起作用，即甲苯进行氢化作用转变成甲基环乙烷

这部分工作在加拿大的魁北克市完成。它是一种在常温、常压下可以很方便地转注和运输的液体，运输过程中比较安全，运送到

欧洲的用户处，经简单的脱氢作用，释放出氢气作燃料。实际上是把甲苯作氢燃料的载体，用以解决氢燃料的贮存和运输问题，脱氢后的甲苯容器再返回魁北克市可重新进行氢化作用。这种贮存和运氢燃料的方法在技术上已不成问题，但经过一次氢化作用和一次脱氢作用的两次转换，可能要使氢能源的价格上涨，如果这种氢能源的价格超过石油能源很多，则氢能源仍然得不到广泛应用，所以氢能源的贮存和运输问题仍是它扩大应用的关键。

10.4.2.2　利用金属氢化物来吸附氢，解决氢的贮存和运输问题

这项研究已进行了很多年，而且已取得一定的进展。文献［73］介绍，已有很多研究工作表明，有一些金属合金的粉末或小型颗粒，能够大量地吸附氢气，可以把它们当成一种氢燃料“贮槽”来使用。不同的金属合金粉末，具有不同的温度区域和压力范围吸附氢气，因此只要研究出切实可行的使用工艺和操作方法，选择好可靠的参数，使之在适当的温度和压力下可吸附大量的氢，其吸附量可以达到单位体积内的含氢量接近或超过液氢的密度。例如 Mg、Mg_2Ni 等可以和氢化合，生成 Mg_2NiH_4、MgH_2 等金属氢化物。这些氢化物在常温、常压下是稳定的，当受热后使其温度升高到 260℃时就分解成氢气和金属，可以作为汽车的能源，使用汽车的排气余热使之升温。

文献［74］介绍了迪姆拉一奔驰汽车公司研究的结果。该公司研究的贮氢材料是 FeTi 合金和 Mg_2Ni 合金。这种贮氢材料释放氢时要求的温度较高，该汽车公司在氢化物贮槽中安装了一台换热器，冷却汽车发动机的热水通过换热器，使氢化物贮槽中的温度到 80℃，分解出氢气的压力高达 0.5 MPa，可以作为汽车的燃料。

文献［75］中较详细地介绍了荷兰飞利浦研究室的研究成果。他们利用人工合成的金属氢化物，给氢的安全贮存和纯化提供了极大的方便。在室温下向氢化物贮槽内加入几个大气压后，氢既可释放，也可以吸附，这就比较实用了。

他们采用了稀土元素，如金属镧（La）和镍的合金作为氢的吸

附剂，这种稀土元素和镍的合金呈粉末状，在室温下只需向存有粉末状合金的贮槽中，用氢气加压后，就可以吸附大量的氢，形成氢化物；而且在室温下加压吸附氢的过程是很快的，这就给充氢工艺的实际应用提供了极好的条件，也解决了氢燃料的安全贮存和运输问题。采用稀土元素的合金作为氢的吸附剂时，文献［75］中提出该种吸附剂的氢化物表达式，常用 $A \cdot B_5H_x$ 来表示其化合成分，其中 A 表示某种稀土元素，已经开发出的稀土元素为镧（La），B_5 表示镍或钴有 5 个原子，x 表示氢原子的数目。该研究室已经研制成功的金属氢化物的表达式为 $LaNi_5H_6$。

图 10－3 表示了在 4 种不同温度下，随着充氢压力 p 的变化，金属氢化物中含氢原子数量 x 的变化。由图 10－3 可以看到，在温度 20℃时，充氢的压力只需约 0.15 MPa 时，氢原子的数目可以由 1 个增加到 6 个，但超过 6 以后，即使压力成倍增大，氢原子的数量不再增加，有点像在 20℃时的“饱和”压力。在不同的温度下有不同的平衡压力，温度升高，平衡压力也随之增大。当温度升高到 80℃时，其平衡压力要超过 1 013.3 kPa，x 的变化是比较大的。在吸附氢时，可以使镍化稀土元素贮槽中的压力，稍稍高于它对应温度下的平衡压力，在这种条件下使镍化稀土元素和氢接触，可同时将吸收的热逐渐移去，直到达到生成富氢的氢化物为止。如果把这个过程称为灌注过程，则已灌注“满”的金属氢化物贮槽，可以在常温、常压下长期保存，在使用氢燃料时，只需向贮槽增压 0.3～0.4 MPa，氢就释放出来。当氢释放完后，贮槽内残留下来的粉末是贫氢的 $LaNi_5$ 化合物，它可以再次充氢。试验研究表明，每立方米的 $LaNi_5H_6$ 的金属氢化物粉末中，可以吸附氢的质量达 80.5 kg 之多，比纯液氢的密度大 1.15 倍。这就可以证明这种氢化物的实用价值了。

我国是稀土元素极为丰富的国家，因此有一个巨大的贮存氢燃料的资源有待去开发。在扩大氢燃料的应用范围的事业中，我国应做出自己的贡献。

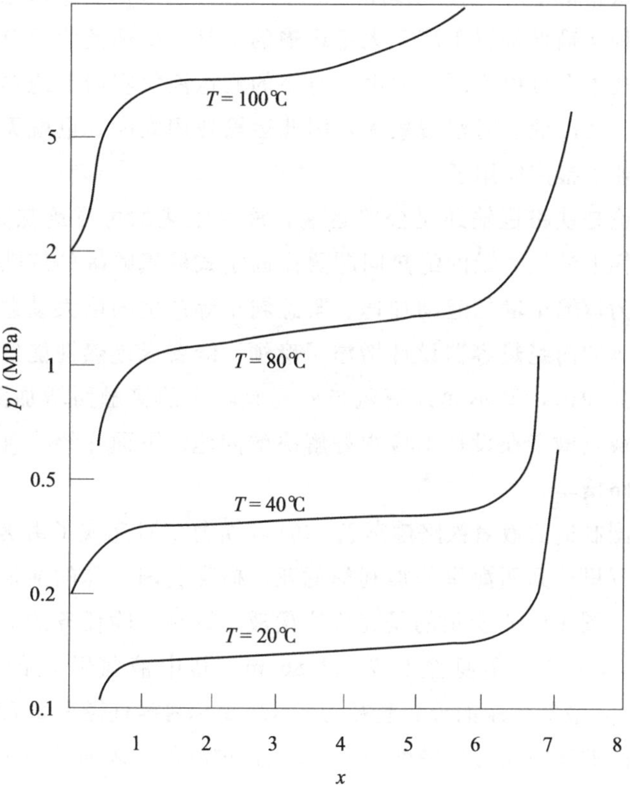

图 10－3　不同温度下氢的压力与金属氢化物中氢原子数量的关系

10.5　液氢的运输问题

液氢作为工业燃料应用时，必须解决液氢的运输问题，反过来说，如果液氢的运输不解决，则液氢也就不可能成为工业燃料。所以液氢的运输是液氢作为工业燃料的必要条件，是扩大液氢应用范围的关键问题。

目前，液氢主要在铁路上的特种装备的车辆上运输（通常称之为液氢铁路槽车），在短距离范围内也可以用特装的公路液氢槽车运输。这种运输设备属于液氢大量运输的工具，小规模的液氢运输问题虽然技术上可以实现，但由于对小的贮运液氢容器的绝热要求特别严格，转注液氢时浪费较大，因此运输费用太高，也就无法在实际的工业上推广应用了。

不论是铁路运输还是公路运输，液氢贮罐的可靠绝热是关键。运输车辆上液氢贮罐的绝热问题要比固定式液氢贮罐的绝热问题复杂，因为运输车辆的起动加速、紧急刹车等产生的巨大动载荷，给液氢槽车的内绝热容器设计增添了麻烦，既要求绝热性能好并能承受动载荷冲击，又不允许液氢与外壳有较多的接触而增加漏热点，这就是液氢槽车在设计上应很好解决的问题。下面介绍一种典型的液氢铁路槽车。

美国制造的液氢铁路槽车于 1961 年 7 月 5 日完成了由美国东海岸的佛罗里达到西海岸的加利福尼亚，横穿美国大陆的液氢铁路运输任务。图 10－4 所示的是完成这次液氢铁路运输任务的 6 辆液氢铁路槽车之一，车身全长为 22.86 m，其中液氢贮罐的长度为 20.42 m，液氢贮罐的外壳直径为 2.924 m，内罐直径为 2.72 m，内外壳之间的真空夹层的厚度为 102 mm。内罐的外表面采用了林德超绝热型 SI－62 多层缠绕真空超绝热技术。缠绕层由 0.006 35 mm 厚的铝箔和很薄的玻璃纤维纸组成，进行多层缠绕，缠绕层的总厚度为 25.4 mm。真空夹套内要求长期保持 $1.333\ 22\times10^{-6}$ Pa 真空度。为了达到这些要求，对所有焊缝都必须进行严格的氦质谱仪检漏。在真空夹套内装有“林德 5A°型分子筛”，这种分子筛吸附剂对氢气具有很强的吸附作用。全部绝热技术说明书可查美国专利 3007596 和 3009600。

内罐的材料为 304 不锈钢，外壳是用碳钢制成。该容器是按 ASME 的标准容器设计要求设计的，能承受内压 0.32 MPa，内罐可装载液氢 107.12 m^3（7498.4 kg 液氢），内罐的气垫容积占整个容积的 5%。

图 10-4　美国的液氢铁路槽车（容积为 107.12 m^3）

“林德超绝热型 SI-62”的表观导热系数为0.036 W/(m·K)。分析该车的内罐向外壳漏热的渠道有绝热层本身的热传导、内罐和外壳之间的支撑件传导、其他各种联接导管等 3 种。经过测定认为，这 3 部分总的漏热率为 101.4 W，可以引起内罐中液氢有稳定的蒸发率为 0.816 kg/h（日蒸发量为 19.596 kg 液氢），占全部装载液氢的 0.261%（按质量计）。设计要求的日蒸发率应小于 0.3%，说明“林德超绝热型 SI-62”的技术超过了设计要求。

该液氢铁路槽车还做过静态日蒸发率的试验，在车内仅装入 1/10容积的液氢，存放 74 h 之后进行检查；测得真空夹套内的真空度比设计值提高了一个数量级，达到 1.333 22×10^{-7} Pa，因而日蒸发率降到 0.21%。

从佛罗里达的阿克斯到加利福尼亚的方塔纳，共行车 7 天，加上停放 2 天，车内液氢共存放 9 天，贮罐内的压力仅升高 0.077 MPa。这个数值表明，只要采用多层缠绕的超绝热技术，液氢的短期贮存，例如 20～30 天之内，车内的压力不会超过保险阀门自动放气的压力。

随着氢氧火箭发动机的研制工作的开展，我国的液氢铁路运输技术得到了快速的发展，长距离铁路运输液氢和短距离公路运输液氢都已实际应用了。我国在1975年研制的第一辆液氢铁路槽车容积不大，只能装载液氢仅60 m^3，也是采用多层缠绕真空超绝热技术，当时由于生产的水平不高，真空度没有达到1.333 22×10^{-6} Pa的要求就交付使用，但由于夹套内装有大量的“林德5A°型分子筛”吸附剂，在实际使用中效果还比较好。在我国铁路上1 500 km往返的跑车试验中，测定的日蒸发量也能满足0.3%的要求。

最近几年来，我国的液氢铁路槽车设计制造技术又有了很大的进步，特别值得提出的是多层缠绕真空超绝热技术，不仅有成套的生产工艺和质量保证技术，而且已形成了较成熟的低温维修技术系统，使用10多年的液氢铁路槽车，经过修复可以恢复到近于新车的绝热水平，大大降低了槽车的使用成本。因此，多层缠绕真空超绝热技术已在我国液氢低温工程领域内得到了广泛的应用。

参考文献

[1] Vilja J O , Lobitz J R. Bell Annular Tripropellant Engine Concept. AIAA. 94 - 4680 1994. 9.

[2] Rachuk V, Orlov V. The Low Risk Development of a Fuel Rich Preburner Tripropel - lant Engine Using the RD - 0120. AIAA 94 - 9465 1994. 9.

[3] Beaurain A, Bonniot C. High performance LO_2 - CH_4 Engine With Ceramic Matrix composite materials. 27207 Vernon France SEP - Foret DE Vernon.

[4] Design Report for RL - 10A - 3 - 3 Rocket Engine. NASA - CR 80920.

[5] Liquid Rocket Engine Turbine. NASA SP - 8110.

[6] Operationally Efficient O2/H2 propulsion Module For Advanced Launch System. AIAA 90 - 2432.

[7] 王时任，陈继平．可靠性工程概论．武汉：华中工学院出版社，1983.

[8] AIAA paper No 64 - 272. 1964.

[9] Справочник Машиностроцтеля Том 3 1956.

[10] Huzel D K. Design of Liquid Propellant Rocket Engines. NASA SP - 125 1967.

[11] Шевелюк М И. Теоретические Оснвы проектирования жидкосгных ракетных Двигателей. Москва. Оворонгиз. 1960.

[12] Flight manual of the Vehicle Saturn - V. N70 - 17602.

[13] 用于运载火箭推进剂加注和测试的危险气体检测系统的设计和研制．N70 -18753.

[14] 朱森元．HM - 7 氢氧发动机．导弹与宇航，1978 (3)：15 - 19.

[15] J - 2 Engine performance Analysis. N68 - 35694 CR - 6199 1968. 5. 17.

[16] John W Eaton. Simulated Altitude Testing for Liquid Rocket AIAA. Paper

No71 - 679 1971. 6：14 - 18.

[17] Management of cryogenic propellant in a full - scale orbiting space Vehicle. NASA TN D - 4571 1968. 5.

[18] Centaur space Vehicle pressurized propellant feed system Tests. NASA TN D - 6876 1972. 10.

[19] Design Report of the RLIOA - 3 - 3 Rocket Engine. NASA - CR80920.

[20] Space Shuttle Main Engine (Rocketdyne Division) 1989. 3.

[21] Гахун Г Г. Конструкция и проектироваиие жидкостных ракетных двигателей. 1989.

[22] Abramovich G N. The Theory of Turbulent Jets. press. 1963.

[23] Wanhainen J P. Effect of Propellant Injection Velocity on Screech in a 20000 lbs Thryst Hydrogen-Oxygen Rocket. NASA TN D - 3373，1996.

[24] Andreyev A V. Hydrogen and Oxygen Combustion Stability in Liquid propellant Rocket Engines with generator gas afterburning. 1992. 9.

[25] Heat Transfer to cryogenic Hydrogen flowing turbulently in straight and curved Tubes at High Heat Fluxes，NASA CR - 678 1967. 2.

[26] Coolant - side Heat Transfer Rates for a Hydrogen - Oxygen Rocket and a new Technique for Date Correlation. Lewis Research Center. NASA TND - 7207 1973. 3.

[27] Шевелок М И. Теоретические Основы проектирования жидкостных ракетных двигателей. 1960.

[28] Bauen T L. 氢作军用燃料时的安全问题研究. 国外深冷，1978 (1)：20 - 26.

[29] Huzel D K. Design of Liquid Propellant Rocket Engine. 1967.

[30] ARIANE USER’s Manual. 1976. 8.

[31] ARIANE third Stage Ignition Improvement. AIAA - 88 - 2932.

[32] Fuller P N. Advanced Ignition Systems Final Report. NASA CR - 119928. 1971. 7.

[33] Resonance A. Igniter for Hydrogen - Oxygen Combustors. J. of Spacecraft and Rocket，1970，7 (5)：620.

[34] Morgan D, Beichel R. Stoichiometric Gas Generator—A Strategic Departure. AIAA - 91 - 2584.

[35] 杨 V，安德松 W E. 液体火箭发动机不稳定燃烧．张宝炯，等，译．北京：科学出版社，2001.

[36] Гахун Г Г. Конструкция и проектироьание жидкостных ракетных дьигателей 1989.

[37] Design Report of the RL - 10A - 3 - 3 Rocket Engine. NASA - CR80920, N67 - 14800.

[38] Оксянников Б В. Теория и расчёт насосов жидкостных ракетных эьигателей. 1960.

[39] Жирицкий Г С. Авиационные Газовые Турбнны. 1950.

[40] Серенсен С В. Спрабочник Машиностроителя. Том 3. СТР. 353.

[41] Gunter Jr E J. The Influence of internal Friction on the stability of High speed Rotors. J. of Engineering for Industry, 1967.

[42] Barwell F T. Bearing System - principles and practice. OxFord university press, 1979.

[43] Leo W, et al. Small High - speed Bearing Technology for cryogenic Turbopumps. NASA CR - 134615N75 - 11349, 1974.

[44] Беляев Н М. Сопротивление Материалов. 1953СТР. 153.

[45] Scibbe H W. Bearings and Seals for Cryogenic Fluids. SAE Transactions No77. 680550. 1968.

[46] Harold H C, David E B, Herbert W S. Cooling Requirements of ball Bearings Lubricated by glass - fiber - Filled poly Tetrafluoroethylene setainers in cold Hydrogen gas. NASA TND - 5607 1970.

[47] 休泽耳 D K，等．液体推进剂火箭发动机设计．赵元修，吴守生，等，译．北京：国防工业出版社，1973.

[48] Bisson E E, Anderson W J, et al, Lubricants, Bearings and Seals. Conferance on selected Technology for petroleum Industry. NASA SP - 5033 1965.

[49] Liquid Rocket Engine Turbopump Gears. NASA SP - 8100 1974. 3.

[50] Dardare J. HM - 7 oxygen - Hydrogen Rocket Engine Design, operation

and Development Status. Procrrdings of 11 International Symposium on space Technology and Science. Tokyo：1975.

[51] Blok H. Recent Development in Gear Tribology. Proceeding of I. Mech. Engines. 1969～1970，184 ：30 - 35.

[52] Справочник машиностроителя Том 3б стр 420 машгиз 965.

[53] Беляев Н М Сопротивление Материалов 1953 Москва.

[54] Huzel D K，Huang D H. Design of Liquid propellant Rocket Engines. 1967.

[55] 杨淑仙．减小汽蚀管压力损失之技术途径．推进技术，1988，8（4）：31 - 34.

[56] Senyuan Z. An experimental study of the Cavitating - Venturi of Liquid Hydrogen. 16th international symposium on space Technology and science. 1988. Sapporo.

[57] Robert D M，Lioyd A. weber Thermophysical propetirs of parahydrogen from the freezing liquid line to 5000R for pressures to 10000 psia. NBS TN 617 1972.

[58] Jones L W. Liquid Hydrogen a future fuel. Science ，1971，174（4007）：40 - 48.

[59] AD AO14127. 1975. 8.

[60] NASA TMX - 52454.

[61] Bauen T L. 液氢使用中的安全．国外深冷，1975（1）359 - 378.

[62] NASA N74 - 28457（氢的安全使用手册）.

[63] Scott R B. Cryogenic Engineering（Van Nostrand）1959.

[64] 斯卡洛克 R G，等．热导率小于 0.1μW/（cm·K）的多层绝热研制．国外深冷，1977（1，2）：250 - 271.

[65] Peterson P. The Heat Tight Vessel（Univ. of Lund，Sweden 1951）.

[66] Tien C L，Cunnington G R. 高效低温绝热的最新发展．国外深冷，1973（2）：156 - 169.

[67] 稻井信彦．多层绝热研究的现状．低温工学，1978，13（2）：53 - 62.

[68] 浙江大学低温工程教研组．国外低温贮运设备（续）．国外深冷，1975

(1)：211 - 229.

[69] Benning C J. Plastic Foams. 1969，1 ：413.

[70] 比林斯 R. 氢作汽车燃料的潜力 . 国外深冷，1975（2）：23 - 25.

[71] 斯图尔特 H A，赫克 J L. 用变压吸附法提纯氢气 . Symposium on Adsorption at the 64th National Meeting. AIchE，1969 .

[72] Bruce Bond. Can hydrogen be an economical dependable power generation fuel Co - generation. 1991，6 - 7 ：40 - 41.

[73] Jones L W. 液氢——一种未来的燃料 . Science ，1971，174（4007）：67 - 70.

[74] Bucher H. 氢-氢化物能概念 . Internation Journal of Hydrogen Energy，1978，3：37 - 56.

[75] 飞利浦研究室 . 金属互化物 . 国外深冷，1973（3）：140 - 142.

[illegible] 1996, 1(4):13 [illegible]

[illegible] 中国塑料 [illegible]

[illegible] A [illegible]

[illegible] Material [illegible]

[illegible]

[illegible]

[illegible]

[illegible]